SVEN SCHUBERT

Biochemie

348 Abbildungen
77 Definitionen
19 Tabellen

UTB basics

Verlag Eugen Ulmer Stuttgart

Inhaltsverzeichnis

Vorwort

Das vorliegende Lehrbuch richtet sich in erster Linie an Studierende der Ernährungswissenschaften, Ökotrophologie, Agrar-, Umwelt- und Sportwissenschaften der Bachelor-Studiengänge. Es stellt eine Einführung in das Fach Biochemie dar und soll den Studierenden auf dem unüberschaubar weiten Gebiet der Biochemie eine erste fachliche Orientierung bieten und sie mit den Grundlagen vertraut machen. Es behandelt den Stoff, den ich im zweiten bzw. dritten Semester im Modul Biochemie I anbiete. Das Modul soll die Voraussetzungen schaffen, biochemische Fachliteratur zu verstehen, und die Grundlage für w eiterführende biochemische Lehrveranstaltungen legen.

Das Fach Biochemie wird in vielen hervorragenden Lehrbüchern dargestellt, häufig allerdings mit einem medizinischen oder pflanzenbiochemischen Schwerpunkt. Ziel des vorliegenden Buches ist es, diese Spezialisierung zu vermeiden und ein breites, ernährungswissenschaftlich orientiertes Wissen zu vermitteln. Es soll ermöglichen, Prinzipien biochemischer Prozesse zu begreifen und Analogien zu erkennen. Es werden beispielsweise Assimilation und Dissimilation nicht als Gegensätze, sondern vielmehr als komplementäre Prozesse dargestellt, die von Organismen unterschiedlichen Autotrophiegrades zur Gewinnung von metabolisch verwertbarer Energie genutzt werden. So wird die biochemische Grundlage der Nahrungsmittelproduktion und der menschlichen Ernährung in mikrobielle, pflanzliche und humanphysiologische Prozesse eingebettet. Besonderer Wert wird auf die zelluläre Kompartimentierung biochemischer Prozesse und die funktionelle Zuordnung der Enzyme zu den sechs Hauptklassen gelegt.

Zur Vereinfachung werden Säuren in Strukturformeln in der nicht dissoziierten Form dargestellt und, wie in der Biochemie üblich, mit ihrer Anionenform bezeichnet. Zur Erläuterung wird jeweils bei der ersten Erwähnung des organischen Anions auch die Säurebezeichnung genannt. In zwei Ausnahmen wird hiervon abgewichen: Im Kapitel 5.5 (pH-Regulation) wird die Bedeutung der Säuredissoziation für die Pufferung beschrieben und daher die dissoziierte Säure dargestellt. Im Kapitel 8 (Lipide) werden die gebräuchlicheren Bezeichnungen der Fettsäuren den jeweiligen Anionenbezeichnungen vorgezogen. Zum besseren Verständnis wird auf die Verwendung von Abkürzungen weitgehend verzichtet.

Die Vorbereitung eines Lehrbuchs ist eine besondere Herausforderung. Erneut habe ich mich auf bewährte Hilfe verlassen können. Herrn Prof. Dr. Feng Yan schulde ich Dank für die fachlichen Hinweise zur Verbesserung des Manuskripts. Meiner Tochter Mareike danke ich für die Prüfung auf Verständlichkeit und Christina Plachta für die Erstellung der großen Anzahl von Strukturformeln, die sie mit viel Akribie digital konstruiert hat. Dem Verlag Eugen Ulmer möchte ich für die Realisierung des Buches danken.

Gießen, im Mai 2008 Sven Schubert

1 | Enzymatische Reaktionen

Inhalt

Als Grundlage biochemischer Reaktionen werden die energetischen Triebkräfte Enthalpie und Entropie erklärt. Enzyme als Biokatalysatoren nutzen die Gibbsche Freie Energie aus, indem sie durch Verminderung der Aktivierungsenergie thermodynamisch mögliche Reaktionen beschleunigen. Eigenschaften von Enzymen werden vorgestellt und wesentliche Charakteristika anhand der Enzymsystematik beschrieben. Abschließend werden wichtige Parameter der Enzymaktivität eingeführt und die Beeinflussung durch Ionen erläutert.

1.1 | Überblick

Chemische Reaktionen bilden die Grundlage des Lebens. Dies trifft beispielsweise für so wichtige Prozesse wie Wachstum, Entwicklung, Stoffwechsel, Bewegung und Fortpflanzung zu. Viele chemische Reaktionen laufen jedoch unter physiologischen Bedingungen, zum Beispiel bei einer Temperatur von 37 °C und bei normalem Luftdruck der Atmosphäre, nicht oder nur mit geringer Reaktionsgeschwindigkeit ab. Ein ausreichender und geordneter Ablauf von Lebensvorgängen setzt daher Beschleunigungs- und Steuerungsmöglichkeiten voraus. Hiermit befasst sich die Biochemie, die die Besonderheiten chemischer Reaktionen in Lebewesen untersucht. Dabei stehen vor allem zwei Fragen im Vordergrund biochemischer Untersuchungen:

- Welche Kräfte treiben die chemischen Reaktionen an?
- Wie werden die Abläufe kontrolliert?

Die erste Frage wird von einem Teilgebiet der Physik, der **Thermodynamik** (→ Def.) behandelt, die zweite von einem typischen Teilgebiet der Biochemie, der **Enzymologie** (→ Def.). Diese beiden Teilbereiche sind Gegenstand des ersten Kapitels.

Definition

Die **Thermodynamik** ist die Wärmelehre.
Die **Enzymologie** ist die Lehre von den Enzymen.

Biochemische Reaktionen

1.2

Viele chemische Reaktionen laufen unter normalen, physiologischen Bedingungen nicht oder nur mit geringer Reaktionsgeschwindigkeit ab. So reagiert Kohlenstoff mit Sauerstoff nur nach Erhitzen (Abb. 1). Ein Streichholz entzündet sich beispielsweise erst nach Reiben an der Streichholzschachtel. Ist der Brennvorgang jedoch einmal in Gang gesetzt, kann er ablaufen, bis der Kohlenstoff zu einem großen Teil verbrannt ist, und fast nur die Asche zurückbleibt. Obwohl bei der Verbrennung Wärme freigesetzt wird, muss also zunächst Energie in Form von Wärme zugeführt werden, um diese Reaktion zu starten, bis sie dann von alleine weiter abläuft. Diese anfänglich zugeführte Energie wird als **Aktivierungsenergie** (→ Def.) bezeichnet.

Definition

Die **Aktivierungsenergie** ist die Energie, die notwendig ist, um eine Reaktion zu starten.
Ein **Katalysator** ist eine Substanz, die eine thermodynamisch mögliche Reaktion beschleunigt, indem sie die Aktivierungsenergie herabsetzt.
In einer **exergonen Reaktion** wird Energie freigesetzt ($\Delta G < 0$). In einer endergonen Reaktion wird Energie verbraucht ($\Delta G > 0$).

Hohe Temperaturen, wie sie für das Anzünden des Streichholzes erforderlich sind, können die meisten Lebewesen jedoch nicht tolerieren, da Proteine schon ab etwa 45 °C denaturiert werden und damit nicht mehr ihre Funktionen erfüllen können (siehe unten). Eine andere Möglichkeit, die Reaktion auszulösen, ist die Verminderung der notwendigen Aktivierungsenergie mit Hilfe eines **Katalysators** (→ Def.).

Abb. 1

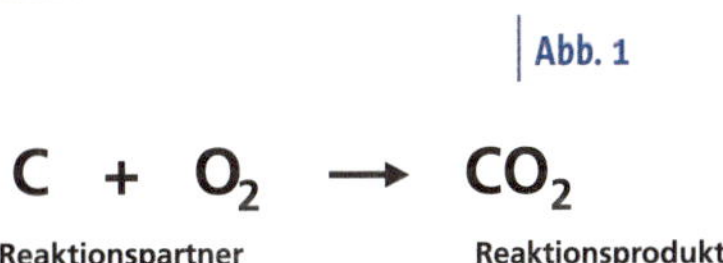

Reaktion von Kohlenstoff mit Sauerstoff zu Kohlendioxid.

Ein Katalysator kann eine thermodynamisch mögliche Reaktion beschleunigen, indem er die Aktivierungsenergie herabsetzt. Katalysatoren werden beispielsweise in Auspuffsystemen von Kraftfahrzeugen eingesetzt, um einen möglichst vollständigen Abbau von Schadstoffen zu erzielen. Ein Beispiel ist in Abb. 2 dargestellt. Trägt man die Energie in Abhängigkeit vom zeitlichen Verlauf einer chemischen Reaktion ab, so ist zu sehen, dass die Energie zu Beginn der Reaktion größer ist als am Ende der Reaktion. Es wird also Energie abgegeben. Man spricht von einer **exergonen Reaktion** (→ Def.).

Eine exergone Reaktion ist thermodynamisch möglich, das heißt sie läuft freiwillig (ohne Energiezufuhr) ab, wenn die Reaktion nach Überwinden des Energiebergs durch Zufuhr von genügend Aktivierungsenergie gestartet worden ist. Die freigesetzte Energie treibt die weitere Reaktion an. Ein Katalysator vermindert die notwendige Aktivierungsenergie (Abb. 2), nimmt aber keinen Einfluss auf die Nettofreisetzung (oder den Nettoverbrauch) der Energie. Die Verbrennung von Kohlenstoff zu

Abb. 2

Wirkungsprinzip eines Katalysators: A nicht katalysierte Reaktion, B katalysierte Reaktion.

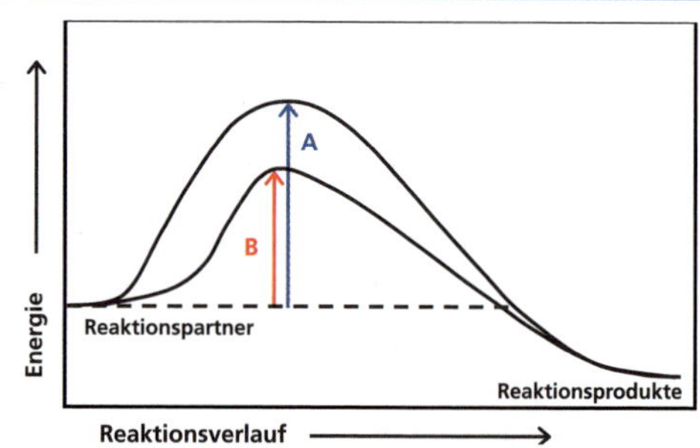

Abb. 3 $\Delta G = \Delta H - T\,\Delta S$

Die Gibbsche Freie Energie (G) setzt sich aus der Enthalpie (H = Wärmetönung) und der Entropie (S = molekulare Unordnung) zusammen; T = absolute Temperatur.

Definition

Die **Enthalpie** ist die Wärmetönung.
Die **Entropie** ist ein Maß für die molekulare Unordnung.
In einer **exothermen Reaktion** wird Wärme freigesetzt ($\Delta H < 0$). In einer endothermen Reaktion wird Wärme verbraucht ($\Delta H > 0$).

Kohlendioxid ist thermodynamisch möglich, da Energie freigesetzt wird. Diese Energie wird als **Gibbsche Freie Energie (ΔG)** bezeichnet (Abb. 3). Sie besteht aus zwei additiven Komponenten, der **Enthalpie** (→ Def.) und der **Entropie** (→ Def.).

Eine Reaktion kann exergon sein, wenn entweder genügend Wärme freigesetzt wird (ΔH ist negativ) oder wenn die molekulare Unordnung zunimmt (ΔS ist positiv). Die Verbrennung von Kohlenstoff ist deswegen exergon, weil Wärme freigesetzt wird (Abb. 4). Man spricht von einer **exothermen Reaktion** (→ Def.). Die molekulare Unordnung nimmt jedoch mit der Bildung von Kohlendioxid ab: Das Reaktionsprodukt CO_2 ist komplexer aufgebaut als die Reaktionspartner C und O_2. Die Reaktion ist nur deswegen exergon, weil die Wärmeabgabe größer ist als die Abnahme der molekularen Unordnung.

Es gibt auch Beispiele, dass Wärme verbraucht wird, und die Reaktion dennoch thermodynamisch möglich ist. In diesem Fall wird Energie

Abb. 4

Beispiel für eine exergone Reaktion. Die Reaktion verläuft freiwillig, weil die Freisetzung von Wärme die Abnahme der molekularen Unordnung übersteigt. Die Aktivierungsenergie bleibt in der Darstellung unberücksichtigt.

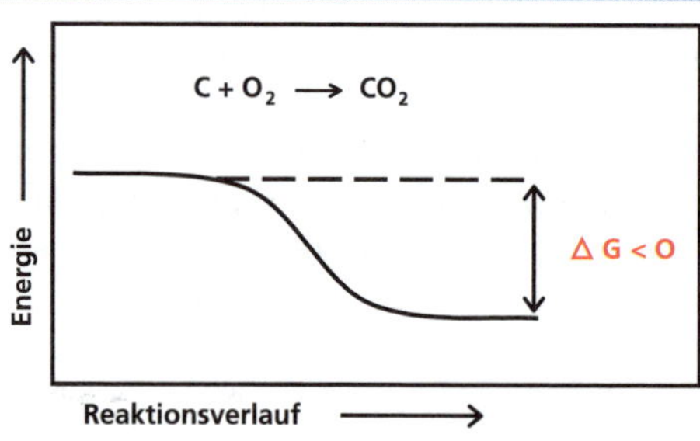

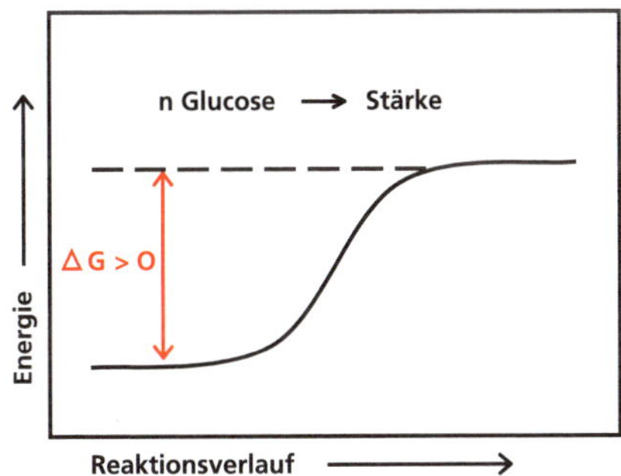

Abb. 5

Beispiel für eine endergone Reaktion. Die Reaktion kann nur ablaufen, wenn Energie zugeführt wird, da die Zunahme der molekularen Unordnung die Freisetzung von Wärme überwiegt; n = Anzahl der Glucosemoleküle.

freigesetzt, weil die **Zunahme der molekularen Unordnung** größer ist als der Wärmeverbrauch. Setzt man im Winter auf der Straße Streusalz ein, um Eis aufzutauen, so wird beim Schmelzen von Eis Wärme verbraucht. Sowohl die Salzkristalle als auch die Eiskristalle, die beide ein hohes Maß an Ordnung besitzen, werden zerstört, so dass die molekulare Unordnung stark zunimmt. Die Reaktion ist daher exergon und thermodynamisch möglich, obwohl Wärme verbraucht wird.

Lebende Systeme sind dadurch charakterisiert, dass sie ständig bestrebt sind, ein höheres Maß an molekularer Ordnung zu schaffen. Dieses Ziel können sie nur erreichen, wenn sie Energie aus ihrer Umgebung aufnehmen. Für viele dieser chemischen Reaktionen reicht es nicht aus, die Aktivierungsenergie mit Hilfe von Katalysatoren abzusenken, da es sich häufig (aber nicht immer!) um **endergone Reaktionen** handelt (→ Def.). Ein solches Beispiel ist in Abb. 5 dargestellt. Pflanzen bauen aus einfachen Zuckerbausteinen (Glucose) ein komplizierteres Speichermolekül, die Stärke auf, die dem Menschen als Nahrungsmittel dient. Die Synthese der Stärke führt zu einer Zunahme der molekularen Ordnung (die Entropie nimmt ab), ohne dass bei der Reaktion eine ausreichende Wärmefreisetzung erfolgt. Damit diese endergone Reaktion möglich wird, muss Energie in geeigneter Form bereitgestellt werden (siehe unten).

1.3 Enzymeigenschaften

Lebende Systeme haben ein weiteres Problem zu meistern. Technische Katalysatoren sind häufig nur dazu geeignet, chemische Reaktionen unter Extrembedingungen (hohe Temperatur, hoher Druck) zu beschleunigen. Wie bereits angesprochen sind solche unphysiologischen Bedingungen für die meisten Lebewesen nicht tolerierbar. Aus diesem Grund haben biologische Systeme sehr effiziente Katalysatoren entwickelt, die

Definition

Enzyme sind Biokatalysatoren.

Enzyme (→ Def.). Sie können die Reaktionsgeschwindigkeit teilweise um einen Faktor > 10^6 (millionenfach) erhöhen.

Abb. 6

$$CO_2 + H_2O \rightleftharpoons H_2CO_3$$

Carboanhydrase

Das Enzym Carboanhydrase katalysiert die reversible Reaktion von Kohlendioxid mit Wasser zu Kohlensäure.

Ein solches Enzym ist beispielsweise die **Carboanhydrase** (Abb. 6). Beim Abbau von Kohlenhydraten in unserem Organismus entsteht Kohlendioxid, das über die Blutbahn in die Lunge transportiert und von dort ausgeatmet wird. Beim Übergang von Kohlendioxid in das Blut muss das Kohlendioxid zunächst in Form von Kohlensäure gebunden werden. Dieser Vorgang verläuft zwar spontan, aber zu langsam. Die Carboanhydrase unterstützt den Prozess, indem jedes einzelne Enzym pro Sekunde 10^5 Moleküle Kohlendioxid zu Kohlensäure hydratisiert. Beim Übertritt des Kohlendioxids in die Atemluft sorgt das Enzym andererseits dafür, dass genügend CO_2-Moleküle aus Kohlensäure nachgeliefert werden, und wir das Kohlendioxid mit ausreichend hoher Rate ausatmen können.

Durch die Beschleunigung der Reaktionsgeschwindigkeit mit Hilfe eines Enzyms kann ein Lebewesen seinen Stoffwechsel in eine bestimmte Richtung lenken. Je nachdem, ob das Enzym vorhanden ist oder nicht, ergeben sich unterschiedliche Reaktionsabläufe. Da Enzyme eine hohe **Spezifität** für bestimmte Reaktionen aufweisen, lässt sich durch die Synthese eines bestimmten Enzyms die Reaktionsabfolge im Stoffwechsel festlegen. Die Spezifität eines Enzyms beruht darauf, dass sich das **Substrat** für Bruchteile von Sekunden an sein **Enzym** (→ Def.) anlagert und auf diese Weise eine Umwandlung des Substrats zum **Produkt** bewirkt. Diese Bindung tritt nur für Femto- bis Nanosekunden auf (Tab. 1).

Definition

Substrate sind die Reaktionspartner von Enzymen. Sie werden zu Produkten umgewandelt.
Das **katalytische Zentrum** eines Enzyms ist der räumliche Bereich, in dem sich das Substrat bindet und zum Produkt umgewandelt wird.

Die Spezifität eines Enzyms lässt sich mit der räumlichen Struktur seines **katalytischen Zentrums** (→ Def.) erklären, in das sich das Substrat ähnlich wie ein Schlüssel in ein Schloss einpasst (Abb. 7). Allerdings darf man sich das Enzym und sein Substrat nicht als starre Strukturen vorstellen. Enzym und

Tab. 1.1 **Die Femtochemie untersucht chemische Reaktionen in extrem kurzen Zeiträumen.**

Sekunde	1 s	10^0 s
Millisekunde	1 ms	10^{-3} s
Mikrosekunde	1 µs	10^{-6} s
Nanosekunde	1 ns	10^{-9} s
Pikosekunde	1 ps	10^{-12} s
Femtosekunde	1 fs	10^{-15} s

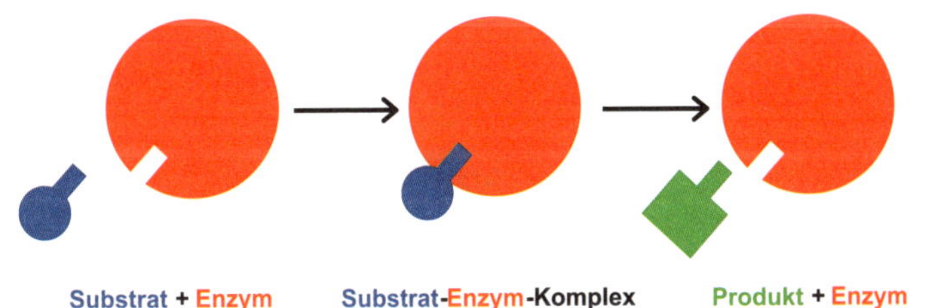

Abb. 7

Schlüssel-Schloss-Prinzip einer enzymatischen Reaktion.

Substrat sind in ständiger Bewegung (Vibration) und stellen so die Passgenauigkeit her. Man kann den Vorgang mit dem Bemühen vergleichen, einen schlecht passenden Schlüssel durch Rütteln in ein Schloss zu schieben. Während der enzymatischen Reaktion wird das Substrat zu einem Produkt umgewandelt, während das Enzym am Ende der Reaktion wieder in seiner ursprünglichen Form vorliegt und für die nächste Reaktion bereitsteht.

Die wichtigste Komponente eines Enzyms ist ein **Protein**. Komplexere Enzyme können auch aus mehreren Proteinen aufgebaut sein (siehe unten). Nur sehr einfache Enzyme, zum Beispiel manche Hydrolasen, bestehen lediglich aus Protein. Viele Enzyme enthalten neben dem Protein auch eine Nichtproteinkomponente (Abb. 8). Den Proteinteil bezeichnet man als **Apoenzym**. Es kann mit einer (oder mehreren) **prosthetischen Gruppen** oder einem (oder mehreren) **Coenzymen** zusammenarbeiten. Während die prosthetische Gruppe fest, meistens über kovalente Bindungen, mit dem Apoenzym verbunden ist, wird das Coenzym nur kurzzeitig, ähnlich wie das Substrat, an das Enzym gebunden (Abb. 9). Im Unterschied zum Apoenzym können Coenzym und prosthetische Gruppe nach der Reaktion verändert sein, so dass sie vor einer erneuten Reaktion zunächst regeneriert werden müssen.

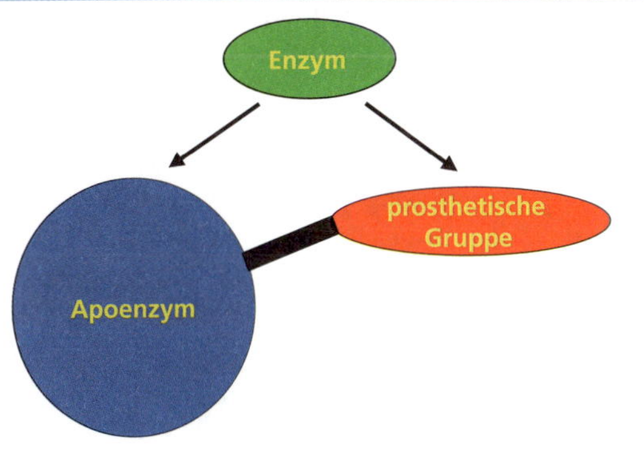

Abb. 8

Komponenten eines Enzyms.

Abb. 9

Coenzym + Enzym + Substrat

→

Coenzym-Enzym-Substrat

→

Coenzym + Enzym + Produkt

Zusammenarbeit eines Enzyms mit einem Coenzym. Unterschiedliche Farben im Laufe der Reaktion repräsentieren Veränderungen.

1.4 Enzymsystematik

Nach ihrer Wirkungsweise werden Enzyme ähnlich wie in der biologischen Systematik hierarchisch verschiedenen Gruppen zugeordnet. Insgesamt unterscheidet man vier **hierarchische Ebenen**:

- Hauptklasse
- Gruppe
- Untergruppe
- Individuelles Enzym

Auf diese Weise entsteht ein vierstelliger Code, mit dem ein Enzym eindeutig bezeichnet wird. Die zuvor angesprochene **Carboanhydrase** hat beispielsweise den Code 4.2.1.1. Damit wird sie als Enzym aus der Hauptklasse der Lyasen ausgewiesen. Insgesamt werden sechs Hauptklassen unterschieden (Tab. 2).

Die erste Hauptklasse bilden die **Oxidoreduktasen**, die Redox-Reaktionen (→ Def.) katalysieren. Je nachdem, welche funktionellen Gruppen am Substrat und welche Coenzyme und prosthetischen Gruppen beteiligt sind, erfolgt eine Unterteilung in Gruppen und Untergruppen. Die mitochondriale Succinat-Dehydrogenase trägt den Code 1.3.5.1. Es

Tab. 1.2 **Enzymhauptklassen mit Beispielen einzelner Enzyme**

Hauptklasse	Beispiel	Code
1. Oxidoreduktasen	Succinat-Dehydrogenase	1.3.5.1
2. Transferasen	6-Phosphofructo-Kinase	2.7.1.11
3. Hydrolasen	Saccharosephosphat-Phosphatase	3.1.3.24
4. Lyasen	Fructosebisphosphat-Aldolase	4.1.2.13
5. Isomerasen	Triosephosphat-Isomerase	5.3.1.1
6. Ligasen	Glutamin-Synthetase	6.3.1.2

COOH
H-C-H
H-C-H
COOH

Succinat

FAD → FADH_2

Succinat-Dehydrogenase

(Oxidoreduktase)

COOH
C-H
C-H
COOH

Fumarat

Abb. 10

Redox-Reaktion: Übertragung von H-Atomen von Succinat auf FAD durch das Enzym Succinat-Dehydrogenase.

handelt sich um ein Enzym, das H-Atome (2 e^- + 2 H^+) von Succinat aufnimmt und auf seine prosthetische Gruppe FAD (Flavin-Adenin-Dinucleotid, siehe unten) überträgt (Abb. 10).

In der zweiten Hauptklasse sind die **Transferasen** zusammengefasst. Wie der Name andeutet, werden von diesen Enzymen Atomgruppen von einem Molekül auf ein anderes (intermolekular) übertragen. Spezifisch ist außerdem, dass es sich bei den übertragenen Gruppen um **Radikale** (→ Def.) handelt. Typische Transferasen sind die Kinasen. Sie übertragen das Radikal der Phosphorsäure, das **Phosphoryl** (Abb. 11), und können so die Aktivität anderer Enzyme und die Reaktivität von Substraten beeinflussen (Abb. 12). Auch die Gruppe der **Synthasen** zählt zu den Transferasen (→ Def.).

Definition

Eine Redox-Reaktion besteht aus einer Reduktion und einer Oxidation. Reduktion ist die Aufnahme von Elektronen, Oxidation ist die Abgabe von Elektronen.

Radikale sind Teilchen mit ungepaartem Elektron. Sie sind sehr reaktiv.

Synthasen sind Enzyme aus der Hauptklasse der Transferasen. Synthetasen sind Enzyme aus der Hauptklasse der Ligasen.

Hydrolasen stellen die dritte Hauptklasse. Es sind Enzyme, die durch Anlagerung von Wasser eine Verbindung spalten können (→ Def.). Phosphatasen sind Enzyme, die auf diese Weise ein Phosphat abspalten kön-

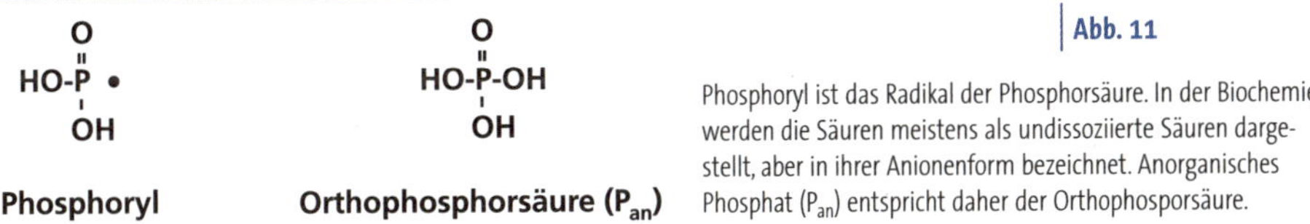

Abb. 11

Phosphoryl ist das Radikal der Phosphorsäure. In der Biochemie werden die Säuren meistens als undissoziierte Säuren dargestellt, aber in ihrer Anionenform bezeichnet. Anorganisches Phosphat (P_{an}) entspricht daher der Orthophosporsäure.

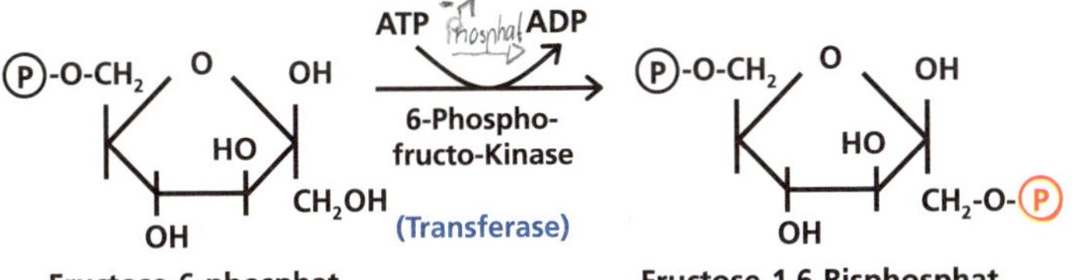

Abb. 12

Transferase-Reaktion: Übertragung des Phosphoryl-Radikals von ATP auf Fructosephosphat durch das Enzym 6-Phosphofructo-Kinase.

Definition

Eine hydrolytische Spaltung erfolgt unter Anlagerung von Wasser.

nen (Abb. 13). Phosphatasen arbeiten den Kinasen entgegengerichtet und können so ebenfalls auf die Aktivität von Enzymen und die Reaktivität von Substraten Einfluss nehmen.

In die vierte Hauptklasse sind die **Lyasen** eingeordnet. Es sind Enzyme, die Verbindungen spalten oder anlagern können. Im Unterschied zu den Hydrolasen spalten sie ohne Anlagerung von Wasser. Von den Transferasen unterscheiden sie sich ebenfalls eindeutig, weil sie keine Radikale, sondern vollständige Moleküle anlagern. Manche Lyasen arbeiten reversibel und können so Verbindungen spalten und zusammensetzen. Ein Beispiel zeigt die Abb. 14 mit der Fructosebisphosphat-Aldolase: Sie kann Fructose-1,6-Bisphosphat in Triosephosphate spalten oder aus diesen Bausteinen zusammensetzen.

Die Enzyme der fünften Hauptklasse sind die **Isomerasen**. Sie bauen Verbindungen um, indem sie innerhalb eines Moleküls (intramolekular)

Abb. 13

Hydrolase-Reaktion: Abspaltung eines Phosphats von Saccharosephosphat mittels Wasseranlagerung durch das Enzym Saccharosephosphat-Phosphatase.

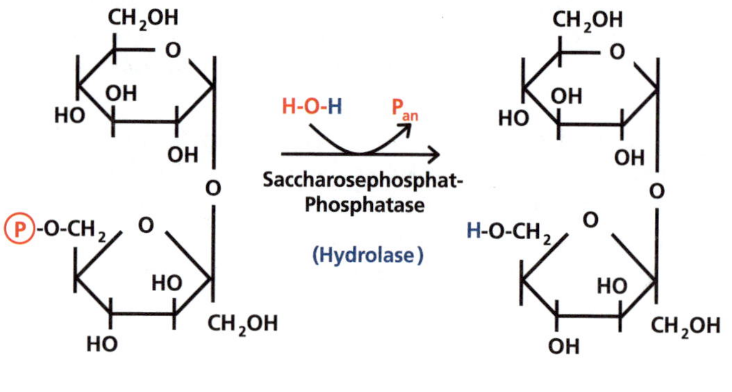

Abb. 14

Lyase-Reaktion: Die Spaltung von Fructose-1,6-Bisphosphat (FBP) in die Triosephosphate Phosphoglycerinaldehyd (PGA) und Dihydroxyacetonphosphat (DHAP) durch das Enzym Aldolase ist reversibel.

CH₂-O-(P)
C=O
HO-C-H
H-C-OH
H-C-OH
CH₂-O-(P)
FBP

FBP-Aldolase
(Lyase)

CH₂-O-(P)
C=O
CH₂-OH
DHAP

H O
C
H-C-OH
CH₂-O-(P)
PGA

PGA

Triosephosphat-Isomerase

DHAP

Abb. 15

Isomerase-Reaktion: Reversible intramolekulare Umwandlung von Phosphoglycerinaldehyd (PGA) zu Dihydroxyacetonphosphat (DHAP) mit dem Enzym Triosephosphat-Isomerase.

Glutamat

ATP

ADP + P_{an}

NH_3

Glutamin-Synthetase

(Ligase)

Glutamin

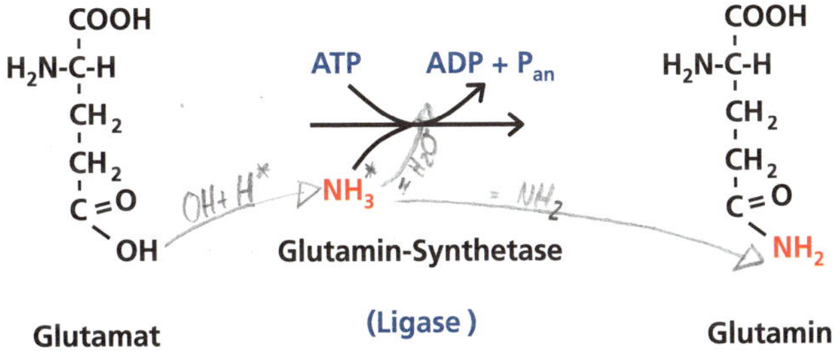

Abb. 16

Ligase-Reaktion: Verküpfung von Glutamat mit Ammoniak unter Spaltung von ATP mit dem Enzym Glutamin-Synthetase.

Gruppen verschieben. Dabei geht kein Atom verloren, und es kommt auch keines hinzu. Als Beispiel ist in Abb. 15 die Isomerierung des Zuckers Phosphoglycerinaldehyd zu Dihydroxyacetonphosphat dargestellt.

Die Enzyme der sechsten Hauptklasse, die **Ligasen**, verknüpfen zwei Moleküle unter ATP-Verbrauch. Mit dieser Eigenschaft sind sie eindeutig sowohl von den Transferasen als auch von den Lyasen zu unterscheiden. Eine typische Gruppe dieser Hauptklasse sind die **Synthetasen** (→ Def.). Die Glutamin-Synthetase verknüpft unter hydrolytischer Spaltung von ATP Glutamat mit Ammoniak (Abb. 16).

Enzymkinetik 1.5

Mit der **Enzymkinetik** versucht man, die Eigenschaften eines isolierten Enzyms unter definierten Bedingungen zu beschreiben. Dabei werden für die Enzymaktivität so wichtige Faktoren wie zum Beispiel Temperatur, pH-Wert, Ionenaktivität und Enzymkonzentration konstant gehalten. Man misst den Verbrauch an Substrat oder die Bildung des Produkts pro Zeiteinheit und wertet die Daten anschließend mathematisch aus. Auf diese Weise lässt sich eine Vielzahl von Informationen ableiten, die das Enzym ***in vitro*** (→ Def.) charakterisieren. Dabei darf man nicht

Definition

In vitro bedeutet im Reagenzglas. *In vivo* bedeutet im lebenden System.

vergessen, dass die Bedingungen ***in vivo*** (→ Def.) von den Versuchsbedingungen erheblich abweichen können, so dass sich die Enzymaktivität im lebenden System deutlich von den gewählten Standardbedingungen unterscheiden kann.

Ein wichtiger Ansatz zur Charakterisierung eines Enzyms *in vitro* ist die Messung der Reaktionsgeschwindigkeit bei unterschiedlicher Substratkonzentration. In verschiedenen Varianten bietet man dem Enzym unterschiedliche Substratkonzentrationen an und bestimmt die Menge an Produkt, die pro Zeiteinheit gebildet wird. Dabei ist es wichtig, dass die Substratkonzentrationen der Varianten während der gesamten Messdauer konstant bleiben. Dies ist besonders im niedrigen Konzentrationsbereich manchmal problematisch, so dass man **Puffer** oder Reaktionen einsetzen muss, die das Substrat kontinuierlich nachliefern.

Steigert man im Enzymtest die Konzentration des Substrats, so nimmt die Reaktionsgeschwindigkeit zu. Trägt man die so gemessene Reaktionsgeschwindigkeit gegen die Substratkonzentration auf, erhält man im einfachsten Fall eine Sättigungskurve (Abb. 17). Nach den Urhebern der zugrunde liegenden Gleichung wird diese Beziehung als **Michaelis-Menten-Kinetik** bezeichnet. Mit ihrer Hilfe lassen sich zwei wichtige Parameter ableiten, die die Eigenschaften eines Enzyms grundlegend beschreiben:

- Maximale Reaktionsgeschwindigkeit (V_{max})
- Michaelis-Konstante (k_m)

Die **maximale Reaktionsgeschwindigkeit (V_{max})** beschreibt den maximalen Umsatz pro Zeiteinheit, bezogen auf eine definierte Menge an Enzym. Die Reaktionsgeschwindigkeit lässt sich mit einer weiteren Steigerung der Substratkonzentration nicht weiter erhöhen. Der Grund hierfür ist, dass sich jedes Enzym an sein Substrat binden muss, um es zum Produkt umzuformen. Da die Anzahl der Bindungsstellen begrenzt ist, sind ab einer bestimmten Substratkonzentration alle Bindungsstellen besetzt. V_{max} stellt damit eine Kapazitätsgröße dar.

Die **Michaelis-Konstante (k_m)** bezeichnet die Substratkonzentration, bei der die halbe maximale Reaktionsgeschwindigkeit ($V_{max}/2$) erreicht wird. Damit charakterisiert k_m die Affinität des Enzyms zu seinem Substrat. Besitzt ein Enzym einen kleinen k_m-Wert, so weist es eine große Affinität zu seinem Substrat auf. Dies bedeutet, dass das Enzym bereits bei geringen Substratkonzentrationen relativ stark aktiv ist. Umgekehrt erfordert ein Enzym mit hohem k_m-Wert *in vivo* hohe Substratkonzentrationen, damit es eine hohe Reaktionsgeschwindigkeit erreichen kann. Bei unterschiedlichen Umweltbedingungen können Lebewesen die Eigenschaften ihrer Enzyme an den Bedarf anpassen. Besonders Pflanzen sind in dieser Hinsicht sehr flexibel (Info-Box 1).

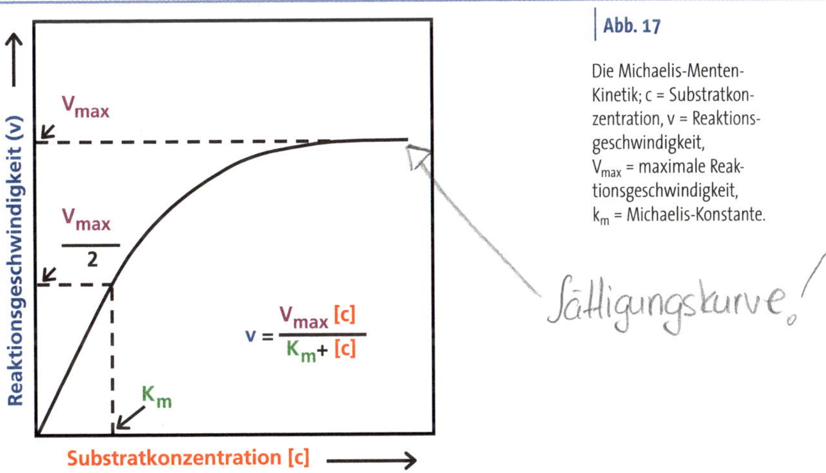

Abb. 17

Die Michaelis-Menten-Kinetik; c = Substratkonzentration, v = Reaktionsgeschwindigkeit, V_{max} = maximale Reaktionsgeschwindigkeit, k_m = Michaelis-Konstante.

Durch mathematische Umformungen lassen sich die Beziehungen auf unterschiedliche Art und Weise auswerten. Mit der **Lineweaver-Burk-Beziehung** lässt sich zum Beispiel testen, ob tatsächlich eine Michaelis-Menten-Beziehung vorliegt (Abb. 22). Trägt man den Kehrwert der Reaktionsgeschwindigkeit gegen den Kehrwert der Substratkonzentration auf, so muss sich bei Vorliegen einer Michaelis-Menten-Beziehung eine Gerade ergeben. Dabei lässt sich der Kehrwert von V_{max} als Schnittpunkt mit der Ordinate und der Kehrwert von k_m als Schnittpunkt mit der Abszisse ermitteln. Liegt keine Gerade vor, so handelt es sich nicht um eine Michaelis-Menten-Beziehung. Dies muss bei der Auswertung der Daten berücksichtigt werden.

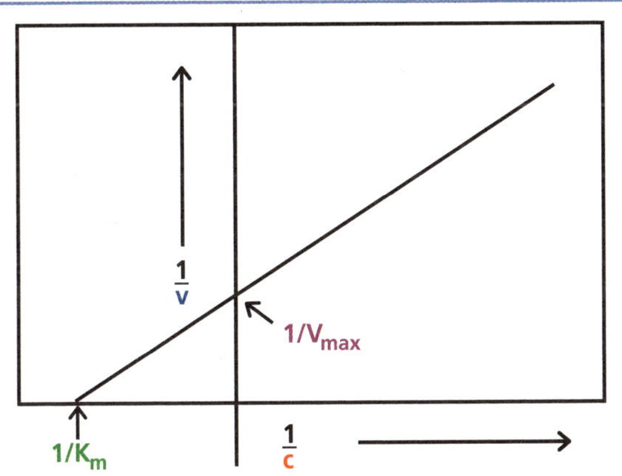

Abb. 22

Die Lineweaver-Burk-Beziehung stellt die doppeltreziproke Auftragung der Substratkonzentration (c) gegen die Reaktionsgeschwindigkeit (v) dar.

Box 1

Anpassung von Maiswurzeln an Protonenstress

Der **pH-Wert** ist der negative dekadische Logarithmus der freien Protonenkonzentration (Protonenaktivität).

Werden Maiswurzeln einem extrem niedrigen **pH-Wert** (→ Def.) von 3,25 ausgesetzt, so stirbt die Wurzelspitze innerhalb von wenigen Stunden ab. Nach etwa 2 Tagen kann man beobachten, dass im Gegensatz zur nicht gestressten Wurzel Seitenwurzeln ausgebildet werden (Abb. 18). Grund für die Seitenwurzelbildung ist die Aufhebung der Apikaldominanz nach Absterben der Wurzelspitze. Die neu gebildeten Wurzeln sind gegenüber der hohen Protonenaktivität resistent. Offensichtlich hat sich diese Resistenz durch den Protonenstress neu herausgebildet. Man spricht von **adaptiver Resistenz**.

Das Absterben der Wurzelspitze lässt sich vermeiden, wenn man die Wurzeln langsam an niedrige pH-Werte anpasst. Dabei muss man den pH-Wert umso behutsamer absenken, je niedriger die erreichten Werte sind. Hierfür ist der logarithmische Charakter der pH-Skala verantwortlich (Tab. 3). Senkt man den pH-Wert von 6 auf 5, so nimmt die Protonenaktivität nur um 9 μM zu, von pH 5 zu pH 4 jedoch um 90 μM.

Das **Plasmalemma** ist die Membran, die den Protoplasten einer Zelle umschließt.

Es stellt sich die Frage, wie sich die Maiswurzeln an diesen Protonenstress anpassen können. Biochemische und physiologische Untersuchungen zeigen, dass hierfür ein Enzym im **Plasmalemma** (→ Def.) der Wurzelzellen verantwortlich ist, das für das Herauspumpen von Protonen aus den Zellen sorgt (Abb. 19). Steigt die Protonenaktivität im Wurzelmedium, so wird es für dieses Enzym zunehmend schwieriger, Protonen nach außen zu pumpen. Dies führt zu verschiedenen physiologischen Störungen. Die Anpassung der Maiswurzeln besteht in der Anpassung dieses Enzyms an die neuen Bedingungen. Mittels Ultrazentrifugation lassen sich Fragmente des Plasmalemmas aus den Wurzelzellen isolieren, so dass eine direkte Untersuchung des Enzyms möglich ist. Diese Membran-

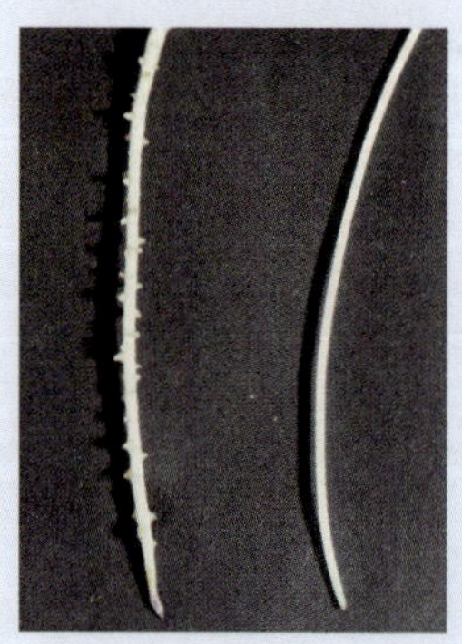

Abb. 18 Einfluss von zweitägigem Protonenstress auf die Entwicklung von Maiswurzeln; links pH 3,25, rechts pH 7,00 (YAN et al. 1992).

Tab. 1.3 **Zunahme der Protonenaktivität bei Absenkung des pH-Wertes.**

pH-Absenkung	Änderung der Protonenaktivität
pH 6,0 → pH 5,0	1 μM → 10 μM
pH 5,0 → pH 4,0	10 μM → 100 μM
pH 4,0 → pH 3,5	100 μM → 316 μM

fragmente bilden spontan **Membranvesikel** (Abb. 20).

Die **hydrolytische Spaltung von ATP** liefert die Energie für den Pumpvorgang. Die biochemischen Eigenschaften der Protonenpumpe lassen sich kinetisch anhand der Freisetzung von anorganischem Phosphat (P_{an}) untersuchen. Zu diesem Zweck werden die Membranvesikel so aufbereitet, dass die ursprüngliche Innenseite mit dem katalytischen Zentrum des Enzyms nach außen zeigt (Abb. 21). Auf diese Weise ist das katalytische Zentrum des Enzyms für sein Substrat ATP frei zugänglich, und das freigesetzte Produkt P_{an} kann quantifiziert werden. Kinetische Untersuchungen der Aktivität der Protonenpumpe haben gezeigt, dass die adaptive Resistenz von Maiswurzeln auf Veränderungen dieses Enzyms zurückzuführen ist. So sind die maximale Reaktionsgeschwindigkeit (V_{max}), die Michaelis-Konstante (k_m) und die Aktivierungsenergie (E_a) nach Anpassung an den Protonenstress verändert und tragen zur adaptiven Resistenz bei (Tab. 4).

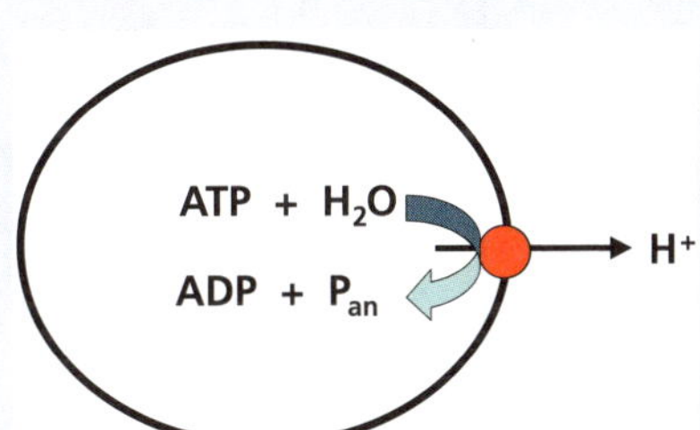

Abb. 19

Eine Protonenpumpe (H^+-ATPase) ist in pflanzlichen Zellen für den H^+-Export verantwortlich; ATP = Substrat, P_{an} = Produkt.

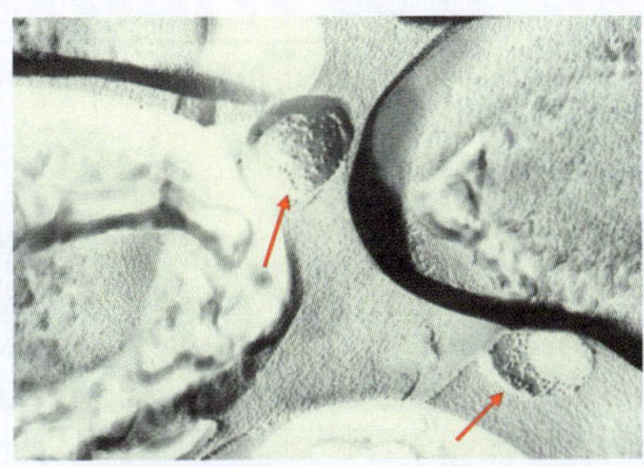

Abb. 20

Elektronenmikroskopische Aufnahme von isolierten Plasmamembranvesikeln (↑) aus Maiswurzeln (Photo: Kramer).

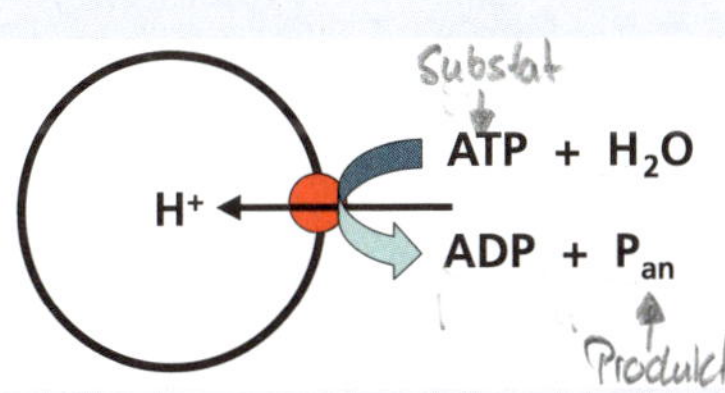

Abb. 21

Messung der hydrolytischen Aktivität der Protonenpumpe an umgekehrten (sogenannten *inside out*) Vesikeln aus pflanzlichen Zellen.

Tab. 1.4

Einfluss der Anpassung von Maiswurzeln an niedrige pH-Werte auf die maximale Reaktionsgeschwindigkeit (V_{max}), die Michaelis-Konstante (k_m) und die Aktivierungsenergie (E_a) der Protonenpumpe im Plasmalemma von Wurzelzellen (Yan et al. 1998).

Parameter	pH 6,0	pH 3,5
V_{max} (µmol mg^{-1} min^{-1})	1,49	2,29
K_m (µM)	413	712
E_a (kJ mol^{-1})	97,3	115,1

Abb. 23

Enzymkinetik bei allosterischer Wirkung des Substrats.

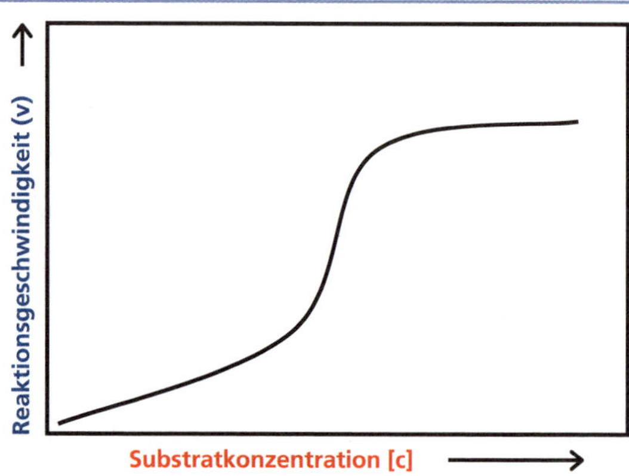

Definition

Unter Konformationsänderung eines Enzyms versteht man die Veränderung seiner räumlichen Proteinstruktur. Sie ist normalerweise mit einer Veränderung der Enzymaktivität verbunden.

Eine sigmoide Kinetik (Abb. 23) anstelle einer Sättigungskinetik (Abb. 17) kann auf eine allosterische Wirkung des Substrates auf das Enzym hindeuten. Dabei bindet ein Effektor (zum Beispiel das Substrat) an eine Stelle des Enzyms, die nicht identisch ist mit dem katalytischen Zentrum (Abb. 24). Die allosterische Bindung des Effektors an das Enzym führt zu einer Konformationsänderung des Enzyms (→ Def.), wodurch seine Aktivität verändert wird. Mit steigender Substratkonzentration lässt sich daher zunächst eine verhaltene Steigerung der Reaktionsgeschwindigkeit beobachten. Erst wenn die Substratkonzentration weiter erhöht wird, ergibt sich ein exponentieller Anstieg, der schließlich in die Sättigung übergeht. Dies ist ein Beispiel, wie die Enzymaktivität durch die Konzentration seines Substrats modifiziert und damit reguliert werden kann.

Abb. 24

Allosterische Hemmung der Enzymaktivität durch das Substrat. Die Affinität des allosterischen Zentrums zum Substrat ist größer als die Affinität des katalytischen Zentrums.

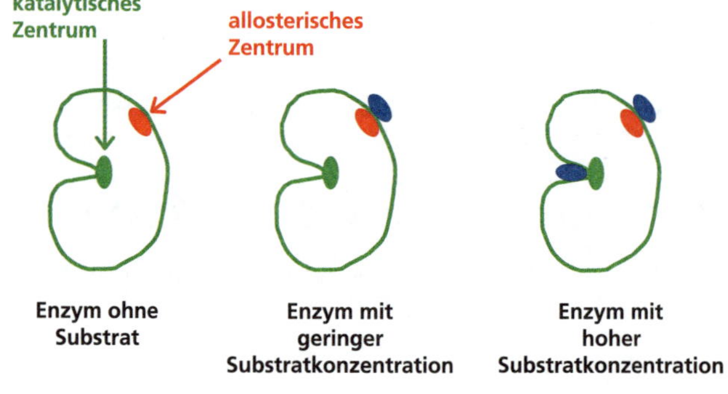

Enzymaktivität in unterschiedlichen Milieus

1.6

Grundkörper von Enzymen sind Proteine. Sie sind aus verschiedenen Aminosäuren aufgebaut (siehe unten), die aufgrund von Seitengruppen bestimmte Eigenschaften aufweisen, die die katalytischen Eigenschaften eines Enzyms bestimmen (Tab. 5). Mit der lipophilen **Methylgruppe** kann sich ein Protein in eine Biomembran integrieren und als membrangebundenes Enzym wirken. Die **Sulfhydrilgruppe** ist sehr reaktionsfreudig und stellt eine wichtige Komponente im katalytischen Zentrum von Oxidoreduktasen dar. Besondere Bedeutung für die Beeinflussung von Enzymen durch Ionen besitzen die saure (→ Def.) **Carboxylgruppe** und die basische (→ Def.) **Aminogruppe**.

Definition

Eine Säure ist eine Substanz, die Protonen abgibt. **Eine Base** ist eine Substanz, die Protonen anlagert.

Tab. 1.5

Beispiele für wichtige Seitengruppen von Aminosäuren in Enzymen.

Seitengruppe	Eigenschaft	Reaktion
Methylgruppe ($R\text{-}CH_3$)	lipophil	hydrophobe Bindung
Sulfhydrilgruppe (R-SH)	reaktionsfreudig	Redox-Reaktion
Carboxylgruppe (R-COOH)	sauer	$R\text{-}COOH \rightarrow R\text{-}COO^- + H^+$
Aminogruppe ($R\text{-}NH_2$)	basisch	$R\text{-}NH_2 + H^+ \rightarrow R\text{-}NH_3^+$

Durch die Dissoziation in ein Anion und ein Proton kann die Carboxylgruppe in einem Protein eine negative Ladung bilden, die ein Kation elektrostatisch anziehen und binden kann. Umgekehrt führt die Protonierung einer Aminogruppe zu einer positiven Ladung, die ein Anion binden kann. Die Bindung eines Ions kann eine **Konformationsänderung** (→ Def.) des Enzyms bewirken, die die katalytischen Fähigkeiten des Enzyms modifizieren (fördern oder hemmen) kann (Abb. 25). Dabei ist die Wirkung einzelner Ionen auf verschiedene Enzyme sehr unterschiedlich. Dennoch kann man verallgemeinern, dass sehr viele Enzyme durch K^+ aktiviert, aber durch Na^+ gehemmt werden. Dies lässt sich damit erklären, dass während der Evolution die Zellen Membrantransporter entwickelt haben, die K^+ in den Zellen anreichern, aber Na^+ ausschließen. Daraus ergeben sich intrazellulär hohe K^+- und niedrige Na^+-Konzentrationen, aber extrazellulär hohe Na^+- und geringe K^+-Konzentrationen.

Es stellt sich die Frage, wie die unterschiedliche Wirkung von Ionen (selbst bei gleicher Ladung) erklärt werden kann. Die elektrostatische Bindung geladener Ionen an eine entgegengesetzt geladene Oberfläche wird mit dem **Coulombschen Gesetz** beschrieben (Abb. 26). Die Bindungs-

Abb. 25

Modifikation der Enzymaktivität durch K^+: Durch die Bindung von K^+ ändert sich die Enzymkonformation und das katalytische Zentrum wird für das Substrat zugänglich.

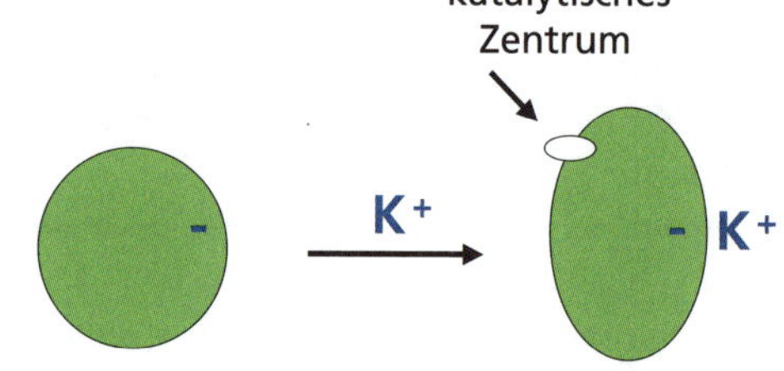

Abb. 26

$$E = \frac{Q_1 \times Q_2}{\varepsilon \times r^2}$$

Die Bindung von Ionen wird durch das Coulombsche Gesetz beschrieben; E = Bindungsenergie, Q_1 = Ladung des Enzyms, Q_2 = Ladung des Ions, ε = Dielektrizitätskonstante, r = Abstand zwischen Enzym und Ion.

Definition

Sorption ist die elektrostatische Bindung von Ionen. Sie wird mit dem Coulombschen Gesetz beschrieben. Bei der Sorption bleibt die Hydrathülle erhalten.
Stöchiometrie ist die Lehre von der Berechnung der Massen-, Volumen- und Ladungsverhältnisse in Verbindungen und bei chemischen Reaktionen.

energie ergibt sich aus dem Produkt der Ladungen von Enzym und Ion dividiert durch das Produkt der Dielektrizitätskonstanten mit dem Quadrat des Abstands der Ladungspartner. Physikalisch ist die Ionenbindung an Enzyme eine **Sorption** (→ Def.).

Drei Faktoren sind dafür ausschlaggebend, ob ein Ion gebunden oder durch ein anderes Ion ausgetauscht wird:

- Ionenladung
- Ionendurchmesser
- Ionenaktivität

Die Bindung eines Ions an ein Enzym ist umso stärker, je größer seine **Ladung** ist. Zweiwertige Ionen werden stärker gebunden als einwertige und dreiwertige Ionen stärker als zweiwertige (Abb. 27). Man darf sich diese Bindung nicht statisch vorstellen. Die gebundenen Ionen können vielmehr von anderen Ionen ausgetauscht werden. Dabei erfolgt der Austausch stöchiometrisch (→ Def.), das heißt ein Ca^{2+} kann durch zwei K^+ ausgetauscht werden.

Ein wesentliches Kennzeichen der Sorption ist, dass die Ionen eine Bindung eingehen, ohne ihre Hydrathülle abzustreifen. Ionen mit großer Hydrathülle können nicht so nah an ihren Bindungspartner gelangen, wie Ionen mit kleiner Hydrathülle. Da nach dem Coulombschen Gesetz das Produkt der Ladungen sogar durch das Quadrat des Abstands dividiert wird (Abb. 26), werden Ionen mit großer Hydrathülle wesentlich schwächer gebunden als solche mit kleiner Hydrathülle. Eine große Hydrathülle wird bei gleicher Ladung gebildet, wenn der **Ionendurchmesser** klein ist. Grund hierfür ist, dass sich die Ladung auf eine kleinere Oberfläche verteilt, so dass die Oberflächenladung groß ist. Sie kann damit

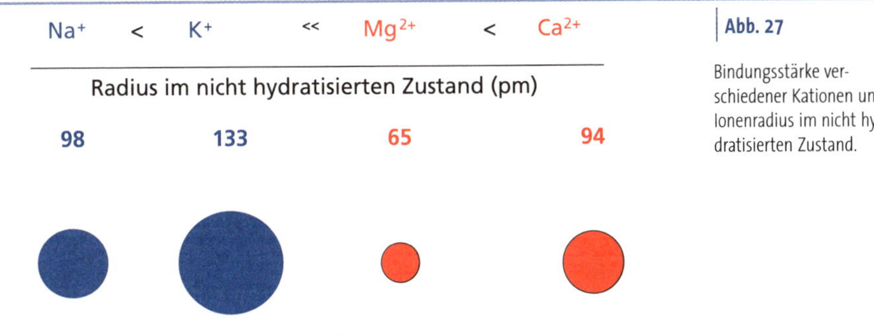

Abb. 27

Bindungsstärke verschiedener Kationen und Ionenradius im nicht hydratisierten Zustand.

mehr molekulare Wasserschichten mit ihren partiell geladenen Dipolen anlagern. Das einwertige Na^+ bildet daher aufgrund seines kleineren Ionendurchmessers eine größere Hydrathülle als K^+ aus und wird daher schwächer gebunden. Das Gleiche trifft für das zweiwertige Mg^{2+} zu: Aufgrund seines kleineren Ionendurchmessers bildet es eine größere Hydrathülle und wird daher schwächer gebunden als Ca^{2+}.

Für die Bevorzugung eines Ions gegenüber einem anderen Ion ist außerdem von Bedeutung, mit welcher Aktivität es in der Lösung vorliegt. Die **Ionenaktivität** eines Ions wird anders definiert als die Enzymaktivität (Abb. 28). Sie entsteht durch die **Brownsche Bewegung** (→ Def.). Ein Ion, das eine hohe Aktivität aufweist, kann ein bereits gebundenes Ion austauschen. Statistisch gesehen kann ein einwertiges Ion mit großer Hydrathülle (zum Beispiel Na^+) sogar ein zweiwertiges Ion mit kleiner Hydrathülle (zum Beispiel Ca^{2+}) austauschen, wenn es nur mit ausreichend großer Aktivität vorliegt.

Definition

Die Brownsche Bewegung ist die dauernde ungerichtete Ortsveränderung von kleinen Teilchen, die in einem Gas oder in einer Flüssigkeit suspendiert vorliegen. Die Brownsche Bewegung nimmt mit der Temperatur zu und mit der Masse der Teilchen ab.

$$a = f \times c$$

Abb. 28

Die Ionenaktivität (a) ist das Produkt aus dem Aktivitätskoeffizienten (f) und der Gesamtkonzentration (c) mit $0 \leq f \leq 1$.

Aus Abbildung 28 ist abzuleiten, dass für die quantitative Untersuchung von Ioneneffekten auf die Enzymaktivität nicht die Gesamtkonzentration, sondern die Ionenaktivität bestimmt werden muss. Sie lässt sich mit ionenspezifischen Elektroden (zum Beispiel pH-Elektrode, Ca^{2+}-Elektrode), Indikatorpapier oder Indikatorlösungen quantifizieren. Durch Bindung von Ionen an Oberflächen oder Beeinflussung durch andere Ionen wird die Aktivität eingeschränkt. Die Einschränkung der Aktivität wird mit dem Aktivitätskoeffizienten f beschrieben. Er liegt theoretisch zwischen 0 und 1. Beträgt er 0, so ergibt auch das Produkt mit der Gesamtkonzentration 0. In diesem Fall sind alle Ionen gebunden und daher nicht aktiv. Beträgt der Aktivitätskoeffizient 1, so liegt keine Bindung oder Beeinflussung der Ionen vor: Aktivität und Gesamtkonzentration sind identisch. Beide Fälle sind als theoretische Extremfälle anzusehen, die in der Realität nicht auftreten. Die Gesamtkonzentration von Ionen wird mit unterschiedlichen chemischen Methoden bestimmt. Die Gesamtkonzentration von Protonen in einer Lösung kann man mittels Titration erfassen.

Fragen

1 Was versteht man unter Aktivierungsenergie?

2 Was ist die Funktion eines Katalysators?

3 Was versteht man unter einer thermodynamisch möglichen Reaktion?

4 Worin besteht der Unterschied zwischen einer endergonen und einer endothermen Reaktion?

5 Welche Funktionen haben Enzyme?

6 Welche Reaktion wird von dem Enzym Carboanhydrase katalysiert?

7 Beschreiben Sie die Funktionsweise eines Enzyms mit seinem Coenzym!

8 Worin besteht der Unterschied zwischen einem Coenzym und einer prosthetischen Gruppe?

9 Beschreiben Sie die sechs Hauptklassen der Enzymsystematik und nennen Sie jeweils ein Beispiel!

10 Was sind Radikale?

11 Was ist der Unterschied zwischen Phosphorsäure, Phosphat und Phosphoryl?

12 Welche Informationen liefern die kinetischen Parameter K_m und V_{max} eines Enzyms?

13 Wie ist die Lineweaver-Burk-Beziehung definiert?

14 Wie lässt sich die unterschiedliche Wirkung von Ionen auf die Enzymaktivität erklären?

15 Warum ist die Sorption von Na^+ schwächer als von K^+?

16 Was versteht man unter Ionenaktivität?

ATP und NAD(P)$^+$: Wichtige Coenzyme | 2

Inhalt

Enzyme können nicht nur thermodynamisch mögliche Reaktionen beschleunigen, sondern sie können sogar Energie übertragen und so thermodynamisch nicht mögliche Reaktionen realisieren. Dabei helfen ihnen Coenzyme, die sich kurzfristig an das Enzym binden. Die beiden wichtigsten Coenzyme, Adenosintriphosphat (ATP) und Nicotinamid-Adenin-Dinucleotidphosphat (NADP$^+$) werden vorgestellt und die wichtigsten Funktionen erläutert. Die Beschreibung von Redoxreaktionen anhand der Nernst-Gleichung schließt das Kapitel ab.

Überblick | 2.1

In Kapitel 1 wurde gezeigt, wie Enzyme als Biokatalysatoren thermodynamisch mögliche Reaktionen beschleunigen, indem sie die Aktivierungsenergie herabsetzen. Sie können aber auch **thermodynamisch nicht mögliche Reaktionen** katalysieren, indem sie Energie von Coenzymen übernehmen und in die Reaktion einschleusen. Ähnlich wie das Enzym bindet das Coenzym nur für extrem kurze Zeit an das Substrat und hilft dem Enzym, das Substrat zu einem Produkt umzuformen. Für Bruchteile von Sekunden entsteht ein Enzym-Coenzym-Substrat-Komplex, der wieder zerfällt und das Enzym in seiner ursprünglichen Form freisetzt (Abb. 9). Im Unterschied zum Enzym gibt das Coenzym Energie ab und liegt nach der Reaktion meistens nicht mehr im Ausgangszustand vor.

Ein typisches Coenzym, das auf diese Weise Energie für thermodynamisch nicht mögliche Reaktionen bereitstellt, ist **A**denosin**tri**phosphat **(ATP)**. Es ist die generelle Energiewährung von Zellen. Ähnlich wie bei Geldwährungen Münzen beim Zahlungsvorgang nicht verbraucht werden, wird auch das ATP-Molekül nicht verbraucht, sondern umgeformt: Es nimmt Energie auf und gibt sie wieder ab. In diesem Sinne „verbraucht“ ein ruhender Erwachsener täglich eine ATP-Menge, die seinem halben Körpergewicht entspricht. Bei harter körperlicher Arbeit kann der „Verbrauch" sogar auf eine Tonne ansteigen. Dieses Beispiel mag den enormen Stoffwechselumsatz verdeutlichen, den ein Organismus leisten kann.

Eine weitere wichtige Gruppe von biochemischen Prozessen stellen Oxidationen und Reduktionen dar. Dabei werden Elektronen von einem Reaktionspartner auf einen anderen übertragen. Auch in diesem Fall treten Coenzyme als Vermittler auf. Wichtige Beispiele sind **N**icotinamid-**A**denin-**D**inucleotid (**NAD$^+$**) und **N**icotinamid-**A**denin-**D**inucleotid**p**hosphat (**NADP$^+$**). Die beiden unterschiedlichen Formen arbeiten spezifisch mit bestimmten Enzymen zusammen. Während NAD$^+$ charakteristisch für **katabolische** (abbauende) Reaktionen (→ Def.) ist, überwiegt NADP$^+$ bei **anabolischen** (aufbauenden) Reaktionen (→ Def.). Es gibt jedoch auch Ausnahmen von dieser Regel.

Definition

Katabolismus ist die Gesamtheit der abbauenden, Energie-freisetzenden Stoffwechselwege.
Anabolismus ist die Gesamtheit der aufbauenden, syntheseorientierten Stoffwechselwege.

2.2 | Struktur und Eigenschaften von ATP

Adenosintriphosphat (ATP) ist ein **Nucleotid**. Ein Nucleotid setzt sich aus einem Nucleosid und ein oder mehreren Phosphaten zusammen (Abb. 29). Nucleotide sind auch Bausteine der Nucleinsäuren DNA und RNA (siehe unten). Ein **Nucleosid** besteht aus einer N-Base und einem Zucker. Während die N-Base einem Nucleotid basische Eigenschaften verleiht, wirkt Phosphat (Phosphorsäure) sauer. Zwei wichtige Basen stellen das Grundgerüst für die N-Basen in den Nucleotiden (Abb. 30):

Abb. 29 | Zusammensetzung von Nucleotiden.

Nucleotid = N-Base + Zucker + Phosphat

Nucleosid = N-Base + Zucker

Abb. 30 | Pyrimidin und Purin sind die Grundgerüste der N-Basen in Nucleotiden.

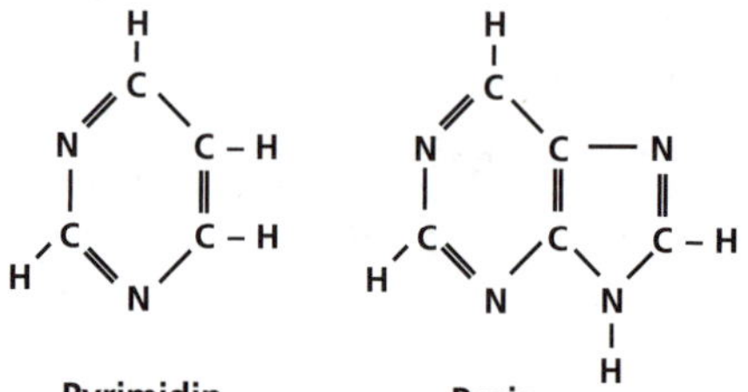

- Pyrimidin
- Purin

Pyrimidin ist die Grundstruktur von Cytosin, Thymin und Uracil, **Purin** ist das Grundgerüst von Guanin und Adenin (Abb. 31). Die N-Atome in den Ringstrukturen besitzen ein freies Elektronenpaar, das nucleophil wirkt und damit ein Proton binden kann.

Pyrimidinderivate:	*Purinderivate:*
Cytosin	Guanin
Thymin	Adenin
Uracil	
Nucleoside:	
Cytidin	Adenosin
Thymidin	Guanosin
Uridin	

Abb. 31

Pyrimidin und Purinderivate sowie abgeleitete Nucleoside.

Die N-Base des ATP ist das **Adenin**, das sich vom Purin ableitet (Abb. 32), indem ein Wasserstoffatom durch eine Aminogruppe substituiert wird. Der Zucker des ATP ist die **Ribose** (Abb. 33). Durch Aufbau einer Bindung zwischen der Hydroxylgruppe an der vierten Position und dem Sauerstoff der Aldehydgruppe bildet sie einen Ring, der als Halbacetal bezeichnet wird (Abb. 34). Dadurch entsteht ein **glycosidisches Hydroxyl**, das sehr reaktiv ist. Es kann grundsätzlich unterhalb (α-Stellung) und oberhalb (β-Stellung) der Molekülebene stehen (Abb. 34).

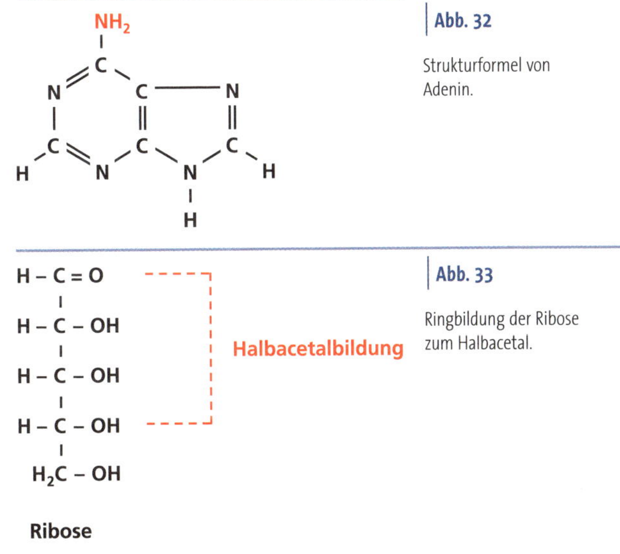

Abb. 32

Strukturformel von Adenin.

Abb. 33

Ringbildung der Ribose zum Halbacetal.

Zwischen dem Adenin und der Ribose kann eine **glycosidische Bindung** aufgebaut werden (→ Def., Abb. 35). Dabei reagiert das glycosidische Hydroxyl der Ribose mit dem Adenin unter Wasserabspaltung zu dem Nucleosid **Adenosin** (Abb. 36). Biochemisch formuliert substituiert das Radikal der Ribose (Ribosyl) ein Wasserstoffatom des Adenins. Auf diese Weise entsteht zwischen der Ribose und dem Adenin eine N-glycosische Bindung in β-Stellung.

Definition

Eine glycosidische Bindung kann unter Abspaltung von Wasser zwischen zwei Zuckern oder zwischen einem Zucker und einem Nichtzucker aufgebaut werden. Für den Aufbau der Bindung ist immer ein glycosidisches Hydroxyl erforderlich. Biochemisch liegt eine Substitution eines Wasserstoffatoms durch ein Zuckerradikal (Glycosyl) vor.

Das Nucleotid **Adenosinmonophosphat (AMP)** wird durch Veresterung des Nucleosids Adenosin mit Phosphat (Phosphorsäure) gebildet. Dabei substituiert das Radikal der Phosphorsäure (Phosphoryl) ein Wasser-

Abb. 34

Bei der Ringbildung der Ribose entsteht ein glycosidisches Hydroxyl, das sehr reaktionsfreudig ist.

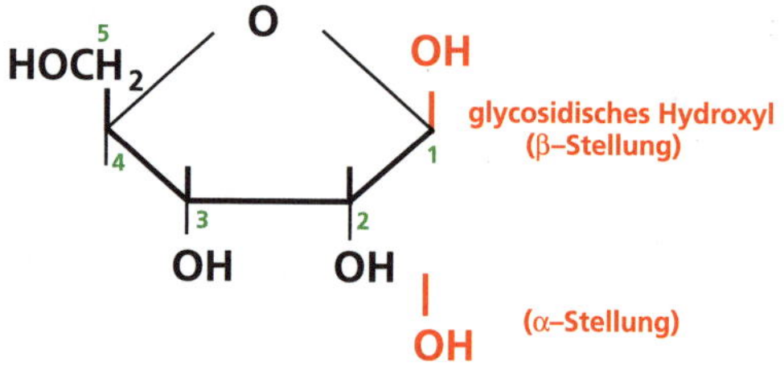

Abb. 35

Beispiele für glycosidische Bindungen.

1. O-glycosidische Bindung
   R-OH + HO-R' —> R-O-R' + H_2O
2. N-glycosidische Bindung
   R-OH + H_2N-R' —> R-NH-R' + H_2O
3. S-glycosidische Bindung
   R-OH + HS-R' —> R-S-R' + H_2O

Abb. 36

Bei der Bildung von Adenosin sustituiert das Radikal der Ribose (Ribosyl) ein Wasserstoffatom des Adenins. Es entsteht eine N-glycosidische Bindung.

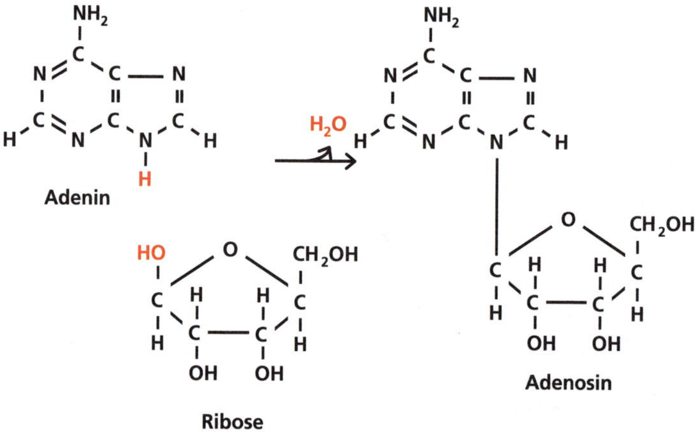

Abb. 37

Bei der Bildung von Adenosinmonophosphat (AMP) substituiert das Radikal der Phosphorsäure (Phosphoryl) ein Wasserstoffatom von Adenosin.

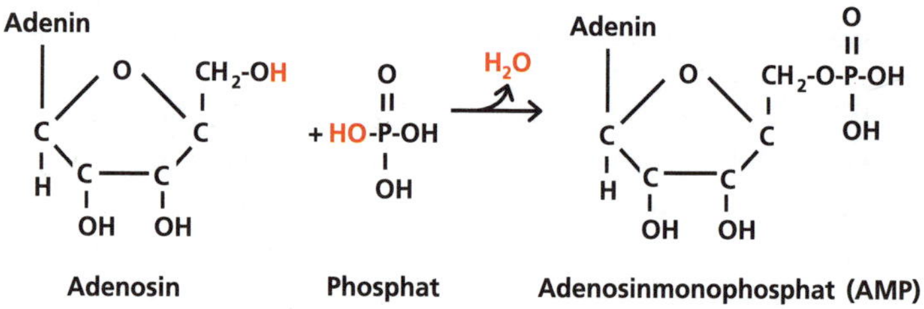

Adenosintriphosphat (ATP)

Abb. 38

Strukturformel von Adenosintriphosphat (ATP).

stoffatom des Adenosins (Abb. 37). Ersetzt man ein Wasserstoffatom des Phosphats durch ein weiteres Phosphoryl, so erhält man Adenosindiphosphat (ADP) und, bei Wiederholung dieses Vorgangs, schließlich **Adenosintriphosphat** (Abb. 38).

In der Strukturformel für ATP ist angedeutet, dass die zwei Esterbindungen (~) zwischen den Phosphaten eine andere Qualität haben als die Esterbindung zwischen Ribose und Phosphat (-). Es handelt sich bei den besonderen Esterbindungen (~) um sogenannte **energiereiche Bindungen** (→ Def.). Dieser Begriff ist zunächst verwirrend, da er besondere Phosphatester-Bindungen bezeichnet, die einen Energiegehalt von mindestens 32 kJ mol^{-1} aufweisen. Dies ist jedoch ein relativ kleiner Energiebetrag, wenn man ihn mit demjenigen normaler kovalenter Bindungen vergleicht, der allgemein über 200 kJ mol^{-1} beträgt (Tab. 6). Er ist jedoch größer als in anderen Phosphatester-Bindungen, die nicht energiereich sind (Tab.7).

Definition

Eine **Esterbindung** erfolgt zwischen einer Säure und einem Alkohol (oder einer weiteren Säure) unter Abspaltung von H_2O. Biochemisch liegt eine Substitution eines Wasserstoffatoms des Alkohols durch das Radikal der Säure vor.

Eine **energiereiche Bindung** liegt vor, wenn der Energiegehalt einer Phosphatester-Bindung mindestens 32 kJ mol^{-1} beträgt.

Energiereiche Bindungen können gebildet werden, wenn ein H-Atom einer Carboxylgruppe, einer anorganischen Säure, einer Enolgruppe, einer Aminogruppe oder einer Sulfhydrilgruppe durch ein Phosphoryl

Tab. 2.6

Energiegehalte verschiedener kovalenter Bindungen.

Bindung	Energie (kJ mol^{-1})	Bindung	Energie (kJ mol^{-1})
H-H	436	C-H	414
C-C	348	C-N	292
C-O	352	N-H	391
O-H	463	S-S	213

Tab. 2.7 **Energiegehalte der kovalenten Bindungen verschiedener Phophatester.**

Verbindung	Energie (kJ mol^{-1})	Verbindung	Energie (kJ mol^{-1})
2-Phosphoglycerat	10	ATP	32
Glucose-6-phosphat	14	Kreatinphosphat	42

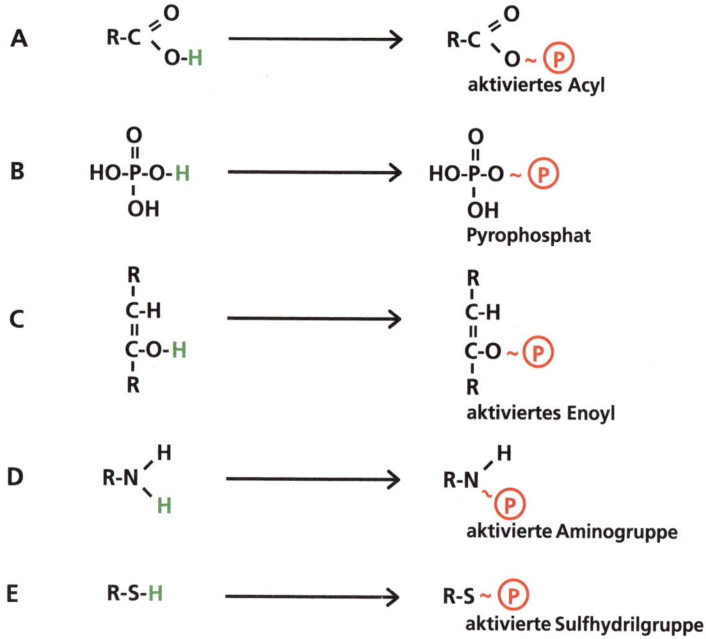

Abb. 39 Bildung energiereicher Bindungen durch Phosphorylierung einer Carboxylgruppe (A), einer anorganischen Säure (B), einer Enolgruppe (C), einer Aminogruppe (D) und einer Sulfhydrilgruppe (E).

ersetzt wird (Abb. 39). Bei der Substitution eines Wasserstoffatoms einer Alkoholgruppe entsteht jedoch keine energiereiche Bindung. Aus diesem Grund ist das Phosphoryl in 2-Phosphoglycerat und Glucose-6-phosphat nicht energiereich gebunden (Tab. 7). Auch die erste Anbindung von Phosphoryl an Adenosin im ATP-Molekül ist nicht energiereich (Abb. 38), da das Wasserstoffatom in einer Alkoholgruppe substituiert wird.

2.3 Funktionen von ATP

Adenosintriphosphat (ATP) ist das wichtigste Coenzym. Es aktiviert eine Vielzahl von enzymatischen Reaktionen, indem es Energie aus seinen energiereichen Bindungen auf andere Moleküle überträgt. ATP wird in Zellen für **vier wichtige Aufgaben** benötigt:

- Mechanische Arbeit
- Aktiver Transport von Molekülen und Ionen
- Synthese von Makromolekülen aus Vorstufen
- Übertragung von Signalen

Geiselbewegungen von Bakterien oder Muskelkontraktionen in Tieren stellen **mechanische Arbeit** dar. Dabei wird chemische Energie in Bewegungsenergie umgesetzt. Untersucht man einen Skelettmuskel im Elektronenmikroskop, so kann man in der Aufnahme eines Längsschnitts durch die Mikrofibrillen Bereiche dicker und dünner Filamente unterscheiden. In manchen Bereichen überlappen sich dicke und dünne Filamente. Man weiß heute, dass die dünnen Filamente eine Art Hülse bilden, in die die dicken Filamente hineinfahren können. Die Bewegungsenergie wird bereitgestellt, indem ATP an den dicken Filamenten enzymatisch zu ADP und P_{an} hydrolysiert wird (Abb. 40). Die damit verbundene Energiefreisetzung führt zu Konformationsänderungen des Proteins, so dass eine Bewegung ausgelöst wird (Abb. 41). Man kann den Vorgang mit einer Schraube vergleichen, die in einen Dübel gedreht wird. Millionen von Filamenten können so durch diesen Bewegungsvorgang die Kontraktion des Muskels bewirken.

Ein **aktiver Transport von Ionen oder Molekülen** setzt voraus, dass ein Kompartiment durch eine Biomembran abgeschlossen wird. Gegenüber dem

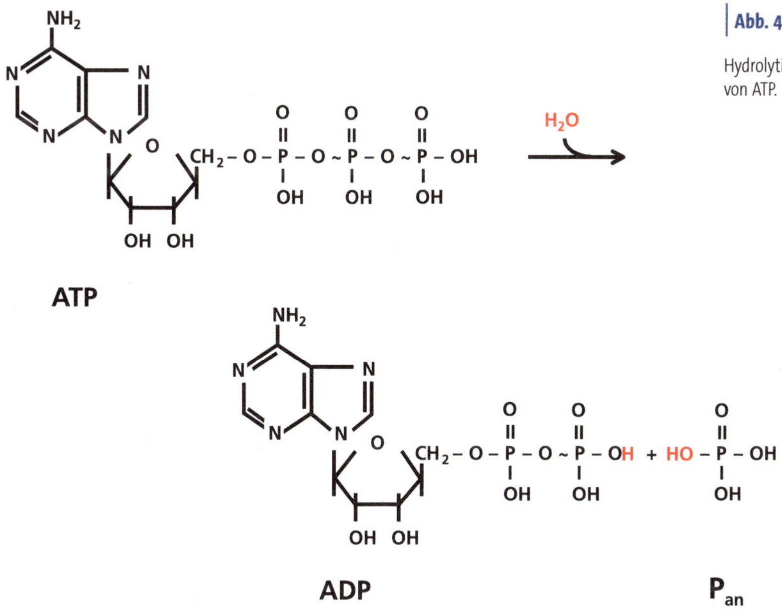

ATP $\xrightarrow{H_2O}$ ADP + P_{an}

Abb. 40

Hydrolytische Spaltung von ATP.

Abb. 41

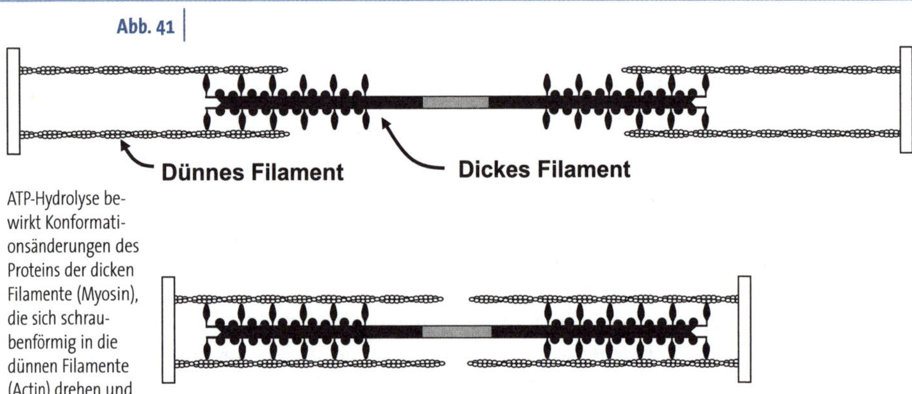

ATP-Hydrolyse bewirkt Konformationsänderungen des Proteins der dicken Filamente (Myosin), die sich schraubenförmig in die dünnen Filamente (Actin) drehen und so die Kontraktion des Skelettmuskels bewirken.

Definition

Ein aktiver Transport ist ein Transport gegen einen elektrochemischen Gradienten.

Außenmedium sind Zellen durch eine Plasmamembran abgegrenzt (siehe unten). Da pflanzliche Zellen mit dem Tonoplasten eine zweite Plasmamembran besitzen, spricht man auch spezifisch vom **Plasmalemma**. Wie alle Biomembranen stellt das Plasmalemma eine selektive Barriere dar, die dafür sorgt, dass nur bestimmte Ionen oder Moleküle in die Zelle gelangen. Teilweise sind für diese Funktionen **aktive Transportvorgänge** erforderlich (→ Def.). Ein aktiver Transport ist immer endergon, das heißt, es muss Energie zugeführt werden (siehe unten). In vielen Fällen ist es das ATP, das diese Energie primär bereitstellt. Es wird von speziellen Hydrolasen, den **Adenosintriphosphatasen (ATPasen)** in ATP und P_{an} gespalten (Abb. 40) und die freigesetzte Energie für den aktiven Ionentransport genutzt.

Hierbei gibt es einen grundsätzlichen Unterschied zwischen den meisten tierischen Zellen und pflanzlichen Zellen. Während in vielen tierischen Zellen eine **Na^+/K^+-ATPase** dominiert, die zwei K^+ in die Zelle aufnimmt und drei Na^+ herauspumpt, ist die **H^+-ATPase** das wichtigste Enzym im pflanzlichen Plasmalemma und wird sogar als **Masterenzym** bezeichnet (Abb. 42). Diese Enzyme werden als **P-ATPasen** (**P**lasmalemma-ATPasen) oder auch als **E_1E_2-ATPasen** bezeichnet. Sie haben die gemeinsame Eigenschaft, dass ihr Enzymprotein während der ATP-Hydrolyse ein phosphoryliertes Zwischenprodukt bildet und dadurch seine Konformation ändert (Abb. 43). Der Grundzustand (E_1) wird durch Übertragung und kovalente Bindung eines Phosphorylrestes an einen Aspartylrest des Enzyms in einen Übergangszustand (E_2) überführt. Die Abspaltung von P_{an} stellt den Ausgangszustand (E_1) wieder her. E_1E_2-ATPasen lassen sich spezifisch mit Vanadat hemmen (Abb. 44) und auf diese Weise identifizieren (Info-Box 2)

Die **Synthese von Makromolekülen aus Vorstufen** ist meistens ein endergoner Prozess (Abb. 5). Die hierfür notwendige Energie wird von ATP oder anderen Trinucleotiden (s.u.) bereitgestellt. Häufig wird das Substrat zunächst in einer vorgeschalteten Reaktion mit Energie beladen, das heißt aktiviert. Im Fall der Stärkesynthese wird das Substrat Glucose-1-phosphat mit ATP unter Abspaltung von Pyrophosphat zu ADP-Glucose aktiviert (Abb. 48). ADP-Glucose ist das Substrat der Stärke-Synthase, die als Transferase das Glucosyl-Radikal auf Stärke überträgt und so das Molekül verlängert.

Eine besondere Aufgabe von ATP besteht in der **Steuerung des**

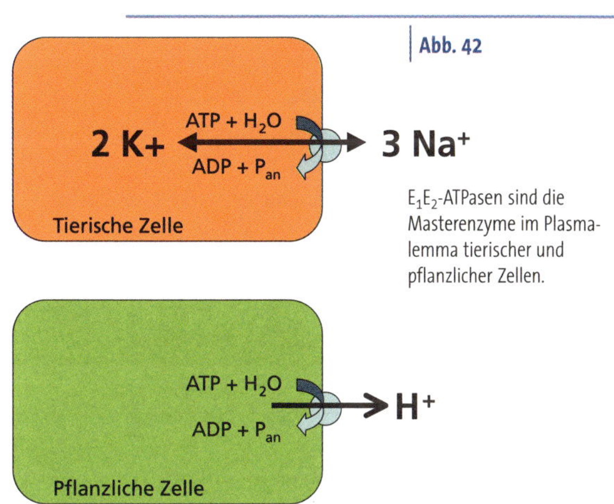

Abb. 42

E_1E_2-ATPasen sind die Masterenzyme im Plasmalemma tierischer und pflanzlicher Zellen.

ATPase–COOH (E₁) —ATP → ADP→ ATPase–CO–O~Ⓟ (E₂) → ATPase–COOH (E₁) + HO–P(=O)(OH)–OH (P_{an})

Abb. 43

E_1E_2-ATPasen bilden ein phosphoryliertes Zwischenprodukt.

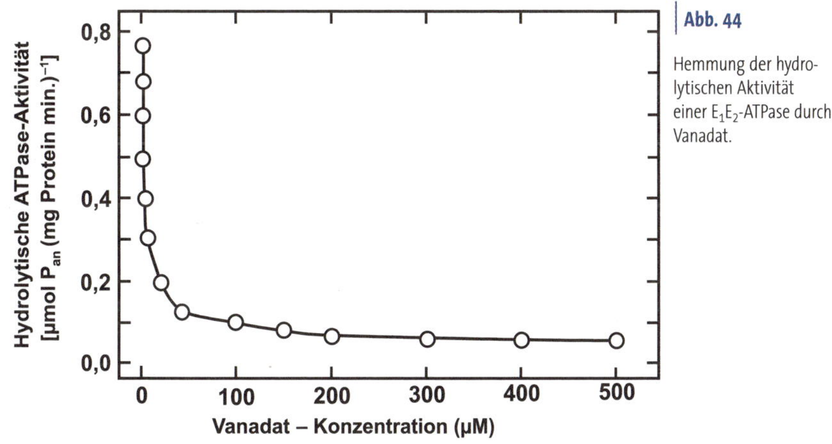

Abb. 44

Hemmung der hydrolytischen Aktivität einer E_1E_2-ATPase durch Vanadat.

Stoffwechsels. In seiner Funktion als Coenzym von aktiven Transporten oder endergonen Synthesen kann die Konzentration von ATP auf die Richtung der Prozesse Einfluss nehmen. Darüber hinaus dient es der Bereitstellung eines Grundkörpers für die Signalübertragung innerhalb von Zellen. Signale können eine Zelle von außen zum Beispiel in Form von Hormonen erreichen. Spezifische Rezeptoren (siehe unten) nehmen

Box 2

Nachweis einer E_1E_2-H^+-ATPase in isolierten Membranvesikeln

Abb. 45 Vanadat ist das anionische Oxid von Vanadium.

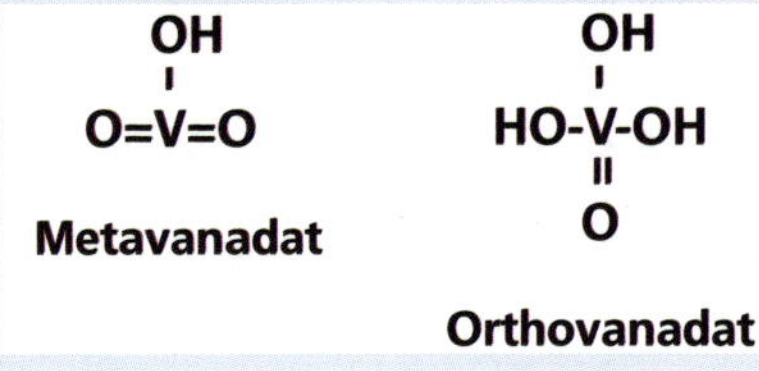

E_1E_2-ATPasen können in isolierten *inside out*-Membranvesikeln (Abb. 21) identifiziert werden, da sie spezifisch durch **Vanadat** gehemmt werden (Abb. 45). Man kann nicht nur die ATP-Hydrolyse, sondern auch den aktiven Transportvorgang eines Ions messen. Bei einer H^+-ATPase lässt sich der Ionentransport sehr elegant mit Hilfe des ionenspezifischen Farbstoffs **Acridinorange (AO)** erfassen (Abb. 46). Es handelt sich bei AO um eine schwache Base, die bei höheren pH-Werten ungeladen vorliegt. Bei niedrigeren pH-Werten wird sie protoniert und damit positiv aufgeladen. Nur das nicht protonierte, ungeladene Molekül kann die Membran der Vesikel überwinden.

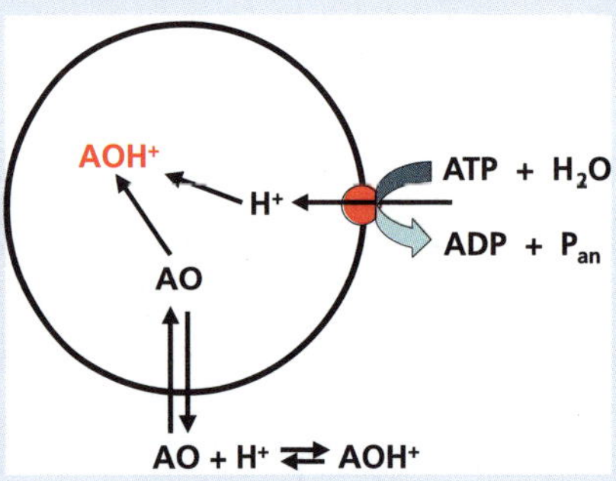

Abb. 46 Messung des pH-Gradienten an *inside out*-Vesikeln mit Hilfe der schwachen Base Acridinorange (AO).

Aktiviert man die H^+-ATPase durch Zugabe von ATP, so werden Protonen in das Innere der Vesikel gepumpt. Dadurch nimmt dort die H^+-Aktivität zu, so dass AO stärker zu AOH^+ protoniert wird. In dieser Form kann es die Vesikel nicht mehr verlassen und wird gefangen (Kationenfalle). Je stärker die H^+-ATPase Protonen in das Innere der Vesikel pumpt, desto mehr Acridinorange wird in den Vesikeln angereichert. Da AO photometrisch durch Absorption bei einer Wellenlänge von 492 nm spezifisch nur im Außenmedium quantifiziert wird, lässt sich so indirekt auf den H^+-Pumpvorgang zurückschließen.

Dies ist in Abb. 47 dargestellt. ATP-Zugabe startet die hydrolytische Aktivität der H^+-ATPase, wodurch der H^+-Pumpprozess in Gang gesetzt das Signal wahr und geben die Information in das Zellinnere weiter. Dort wird die Botschaft von zelleigenen Botenstoffen an die speziellen Zielorte weitergeleitet. Da diese Botenstoffe den primären Signalen nachgeordnet sind, spricht man von **sekundären Botenstoffen** (second messenger). Ein solcher sekundärer Botenstoff ist das zyklische AMP, das mit dem Enzym Adenylat-Cyclase aus ATP synthetisiert wird (Abb. 49, Info-Box 3).

wird. Zunächst erfolgt eine schnelle Anreicherung von Protonen, so dass die Absorptionsabnahme pro Zeit groß ist. Da der H^+-Gradient mit der Zeit zunimmt und auch verstärkt Protonen zurück diffundieren, wird es für die H^+-ATPase zunehmend schwieriger, den Gradienten weiter zu erhöhen, bis ein Gleichgewicht aus aktivem Transport von H^+ in die Vesikel und dem Herausdiffundieren von Protonen erreicht ist. Mit Vanadat lässt sich nachweisen, dass zumindest ein Teil des pH-Gradienten auf die E_1E_2-ATPase zurückgeht. Allerdings erfolgt kein vollständiger Abbau des pH-Gradienten. Erst das Ionophor Gramicidin, das wie ein Tunnel wirkt und die Barrierefunktion der Membran spezifisch für Protonen aufhebt, lässt den pH-Gradienten vollständig kollabieren. Es kann vermutet werden, dass Verunreinigungen mit anderen ATPasen (zum Beispiel F_0F_1-ATPasen aus Mitochondrien oder V-ATPasen aus dem Tonoplasten) für einen Teil der Transportaktivität in diesen Membranvesikeln verantwortlich sind.

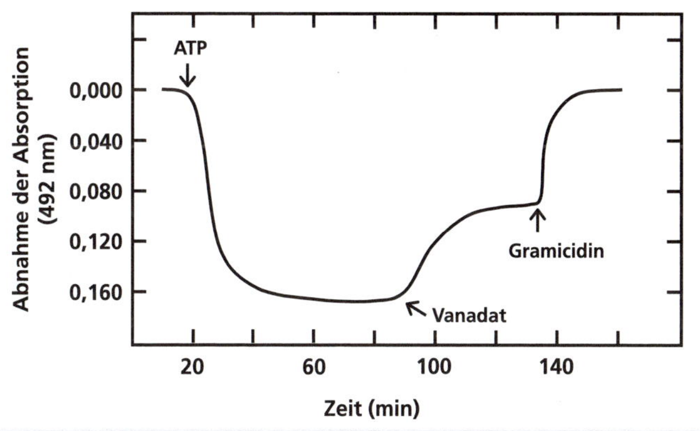

Abb. 47

Der Aufbau eines pH-Gradienten wird als Absorptionsabnahme von Acridinorange gemessen (YAN et al. 2002).

Abb. 48

Aktivierung von Glucose mit ATP zu ADP-Glucose.

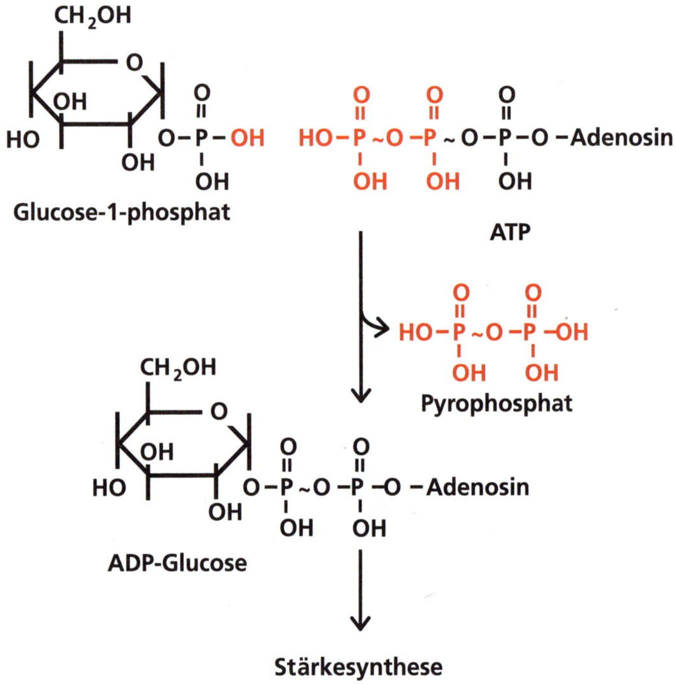

Abb. 49

Adenylat-Cyclase spaltet ATP in zyklisches AMP (cAMP) und Pyrophosphat.

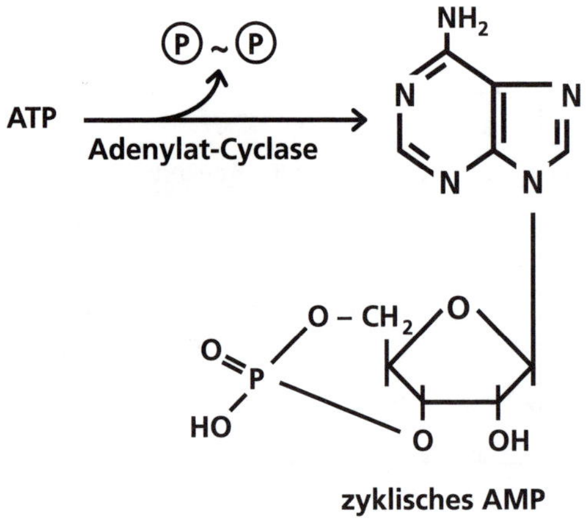

Box 3

Regulation der Blutzuckerkonzentration im menschlichen Organismus über Glucagon

Entsteht im menschlichen Organismus ein zusätzlicher Bedarf an Glucose, so wird von der Bauchspeicheldrüse das Hormon Glucagon in die Blutbahn abgegeben und zur Leber transportiert (Abb. 50). Ein Rezeptor bindet das Hormon und leitet das Signal an das Enzym **Adenylat-Cyclase** weiter (Abb. 51), die ATP in zyklisches AMP (cAMP) spaltet (Abb. 49). Das cAMP kann eine **Kinase** aktivieren, die die Phosphorylierung einer Phosphorylase katalysiert, die dadurch selbst aktiviert wird (Abb. 52).

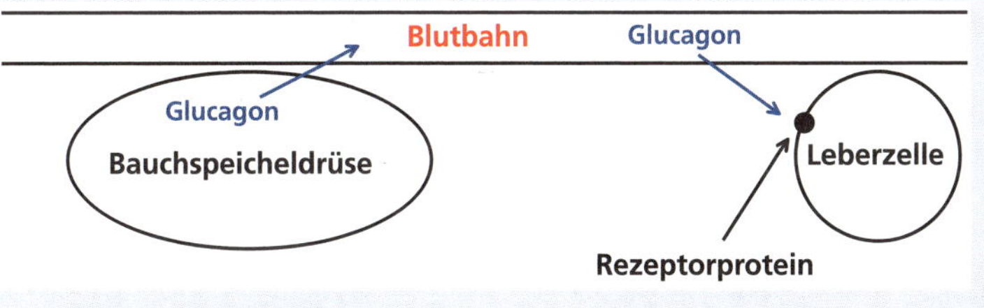

Abb. 50 Bei zusätzlichem Bedarf an Glucose im menschlichen Organismus wird das Hormon Glucagon von der Bauchspeicheldrüse in die Blutbahn abgegeben und zur Leber transportiert.

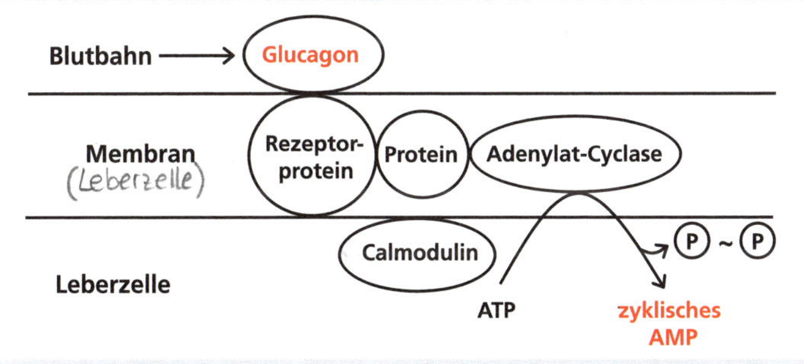

Abb. 51 Glucagon bindet an einen Rezeptor in der Plasmamembran einer Leberzelle und aktiviert die Adenylat-Cyclase.

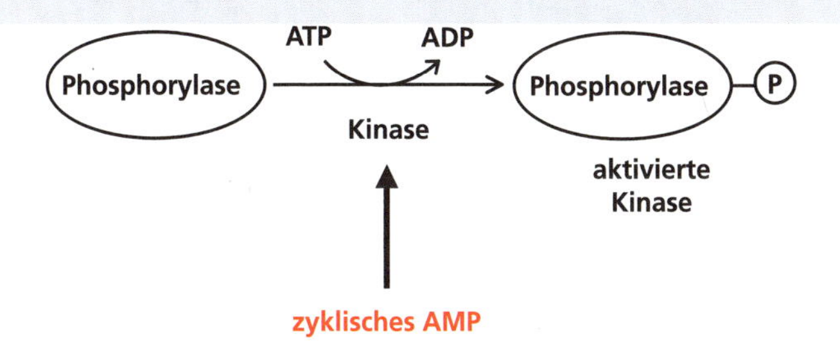

Abb. 52 Aktivierung der Phosphorylase-Kinase durch zyklisches AMP.

Box 3 (Forts.)

In dieser aktiven Form kann die **Phosphorylase** von dem Glucosespeicher Glycogen in der Leber endständig Glucose als Glucosephosphat abspalten und so für die Blutbahn zur Verfügung stellen (Abb. 53). Da der Glycogenspeicher der Leber begrenzt ist, kann nur kurzfristig Glucose aus der Leber mobilisiert werden. Die Hormonwirkung auf den Rezeptor erfolgt nur vorübergehend. Zyklisches AMP wird dann nicht weiter synthetisiert. Da aber noch cAMP in der Zelle vorhanden ist, muss der sekundäre Botenstoff auch inaktiviert werden, um zukünftige Regulationsoptionen offen zu halten. Der Abbau von cAMP erfolgt mit dem Enzym **Phosphodiesterase** (Abb. 54).

Das Enzym Phosphodiesterase wird durch **Coffein** und **Theophyllin** gehemmt. Die anregende Wirkung von Kaffee und Tee lässt sich damit erklären, dass cAMP nicht so schnell abgebaut wird. Dies bedeutet eine Verlängerung der Phosphorylase-Kinase-Aktivität, so dass die Phosphorylase länger Glycogen spaltet, und Glucose in die Blutbahn abgegeben wird.

Abb. 53

Phosphorylase spaltet von Glycogen Glucose-1-phosphat ab.

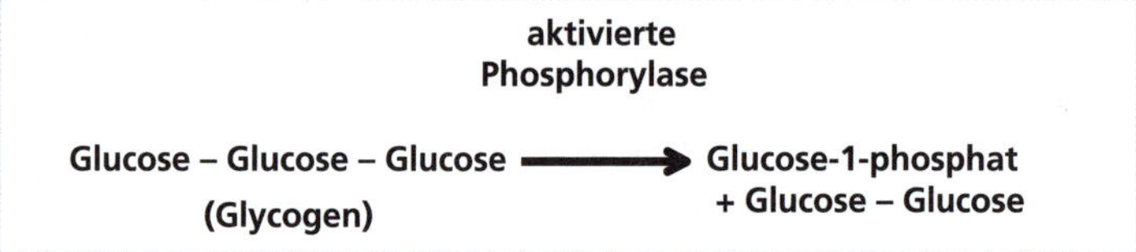

aktivierte Phosphorylase

Glucose – Glucose – Glucose (Glycogen) ⟶ Glucose-1-phosphat + Glucose – Glucose

Abb. 54

Phosphodiesterase baut durch hydrolytische Spaltung zyklisches AMP zu AMP ab und inaktiviert so den sekundären Botenstoff.

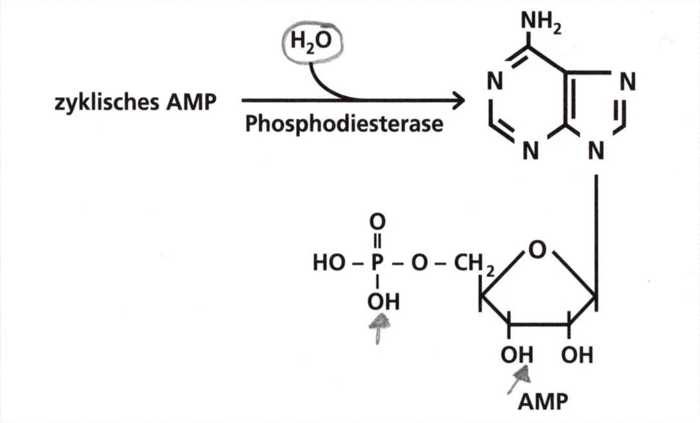

zyklisches AMP ⟶ (H_2O, Phosphodiesterase) AMP

NH_2
N
N
N
N
O
HO – P – O – CH_2
OH
O
OH OH
AMP

Struktur und Eigenschaften von NAD(P)$^+$

2.4

Neben dem ATP spielt auch das NAD(P)$^+$ eine wichtige Rolle als Coenzym in vielen Stoffwechselprozessen. **N**icotinamid-**A**denin-**D**inucleotid (**NAD$^+$**) baut sich, wie der Name andeutet, aus zwei Nucleotiden auf und besteht daher aus **zwei N-Basen**:

- Adenin
- Nicotinamid (= Nicotinsäureamid)

Definition

Ein Amid entsteht durch Substituion von OH durch eine Aminogruppe in einer Carboxylgruppe.

Nicotinamid ist das Amid (→ Def.) der Nicotinsäure (Anion: Nicotinat). Es kann vom menschlichen Organismus nicht synthetisiert werden. Es ist aber auch für den Menschen essentiell und muss daher als Vitamin (Niacin) der B-Gruppe mit der Nahrung aufgenommen werden. Es darf nicht mit Nicotin (N-Methylpyrrolidylpyridin), das als Suchtmittel in Zigaretten vorkommt und giftig ist, verwechselt werden (Abb. 55). Nicotinamid kann als Base am N-Atom der Ringstruktur ein Proton anlagern, so dass das Molekül positiv aufgeladen wird (Abb. 56). Auf diese Protonierung ist es zurückzuführen, dass NAD$^+$ eine positive Ladung trägt.

Nur in der protonierten Form kann Nicotinamid (ähnlich wie Adenin) N-glycosidisch mit Ribose verbunden werden (Abb. 57). Durch Phosphorylierung des Ribosylrests entsteht das Nicotinamid-Mononucleotid, das mit einem weiteren Phosphorylrest von AMP pyrophosphatartig verbunden werden kann. Man erhält ein Dinucleotid (Abb. 58). Phosphoryliert man die Ribose im AMP-Teil an der C_2-Position, so erhält man das NADP$^+$, das meistens an anabolischen Reaktionen beteiligt ist, während das NAD$^+$ eher an katabolischen Reaktionen teilnimmt.

Die Funktion von NAD(P)$^+$ besteht in der Übertragung von Wasserstoffatomen (Abb. 59). Da es sich um Redox-Reaktionen handelt, arbeitet NAD(P)$^+$ meistens mit Oxidoreduktasen zusammen. Diese Reaktionen sind im Allgemeinen reversibel und werden von Enzymen aus der Gruppe der Dehydrogenasen katalysiert. Pro Reaktion werden zwei Elektronen an NAD(P)$^+$

Abb. 55

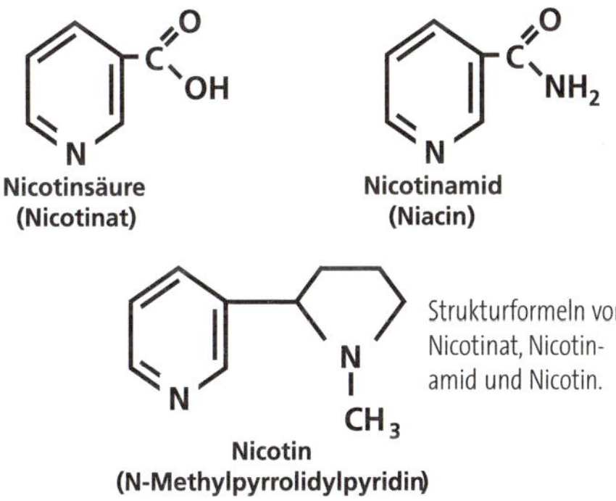

Nicotinsäure (Nicotinat) — Nicotinamid (Niacin) — Nicotin (N-Methylpyrrolidylpyridin)

Strukturformeln von Nicotinat, Nicotinamid und Nicotin.

Abb. 56

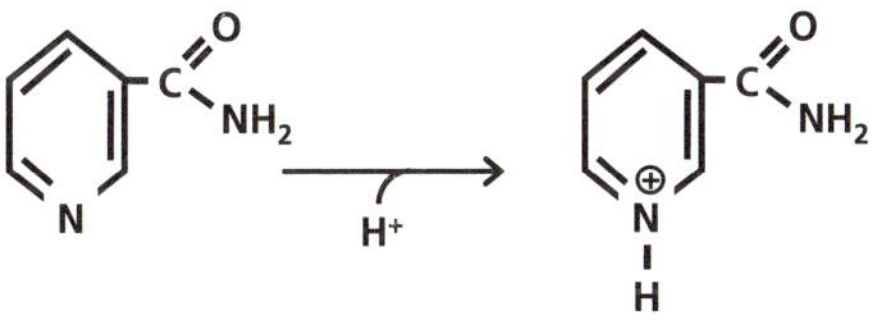

Protonierung von Nicotinamid.

Abb. 57

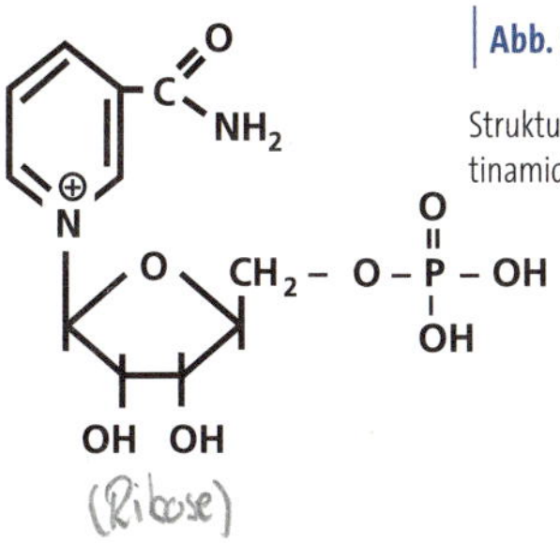

Strukturformel von Nicotinamid-Mononucleotid.

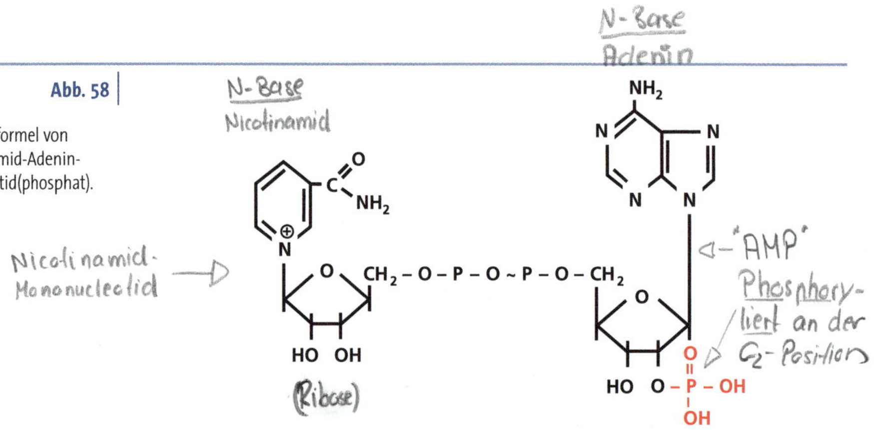

Abb. 58 | Strukturformel von Nicotinamid-Adenin-Dinucleotid(phosphat).

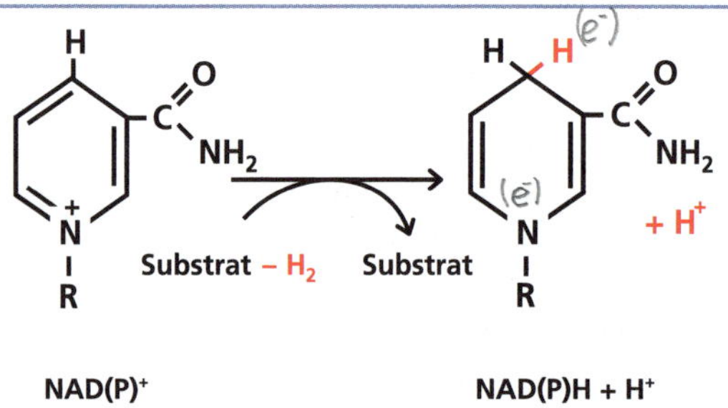

Abb. 59 | Reduktion von $NAD(P)^+$ zu $NAD(P)H + H^+$.

$NAD(P)^+$ — Substrat – H_2 → Substrat — $NAD(P)H + H^+$

angelagert. Da das Molekül einfach positiv geladen ist, bleibt eine zusätzliche negative Valenz übrig, so dass ein Proton angelagert werden kann. Das zweite Proton bleibt im Reaktionsmedium frei zurück (Abb. 59).

2.5 | Oxidation und Reduktion

Ob eine Substanz oxidiert oder reduziert wird, hängt von ihrem **Redoxpotential (E)** ab. Darunter versteht man das Vermögen, in den oxidierten bzw. reduzierten Zustand überzugehen (→ Def.). Um unterschiedliche Substanzen unter verschiedenen Bedingungen vergleichen zu können, misst man das Redoxpotential unter Standardbedingungen relativ zu einem Referenzpotential des Redoxsystems:

$$H_2 \leftrightarrow 2\,H^+ + 2\,e^-$$

Dabei liegt H_2 mit einem Druck von 1 bar und H^+ in 1 M Konzentration vor. Das Redoxpotential dieses Systems wird als 0 definiert und als **Standard-Redoxpotential (E_0)** bezeichnet (→ Def.).

Definition

Unter **Redoxpotetial** (E) versteht man das Vermögen, in den oxidierten bzw. reduzierten Zustand überzugehen.
Das **Standard-Redoxpotential** (E_0) ist das unter Standardbedingungen gemessene Redoxpotential.

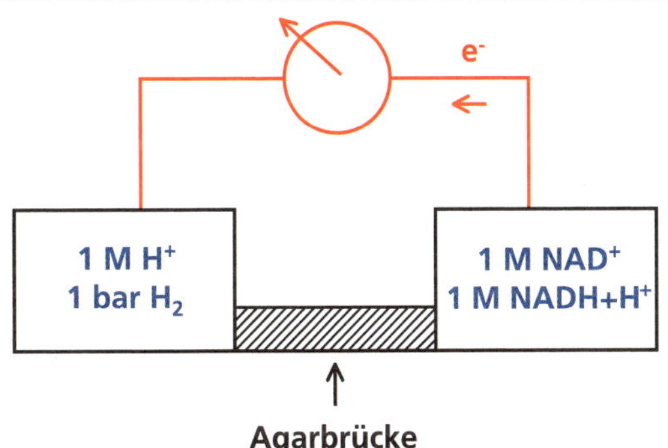

Abb. 60

Messung des Standard-Redoxpotentials des Redoxsystems $NAD^+/NADH + H^+$.

Andere Redoxsysteme werden mit diesem Standard-Redoxpotential verglichen, indem man sowohl die reduzierte Form als auch die oxidierte Form in einer Konzentration von 1 M vorgibt (Abb. 60). Ist das Standard-Redoxpotential eines Redoxsystems negativ, so bedeutet dies, dass seine Affinität für Elektronen gering ist. Dieses System ist bestrebt, diese Elektronen abzugeben und das Referenz-Redoxsystem zu reduzieren. So ist zum Beispiel das Standard-Redoxpotential für $NAD^+/NADH + H^+$ negativer als das für H^+/H_2. Es fließen daher Elektronen vom NADH zum Wasserstoff.

Bei vielen Redox-Reaktionen werden nicht nur Elektronen, sondern auch Protonen übertragen. Solche Reaktionen sind daher auch aus diesem Grunde pH-abhängig. Es ist aus diesem Grund sinnvoll, die physiologischen Bedingungen zu berücksichtigen. Da biochemische Reaktionen überwiegend im Cytoplasma lokalisiert sind, das einen pH-Wert um 7 und nicht pH 0 (1 M H^+ = 10^0 M H^+) aufweist, legt man einen physiologischen pH-Wert von pH 7 (10^{-7} M H^+ = 0,1 µM H^+) zugrunde. Ver-

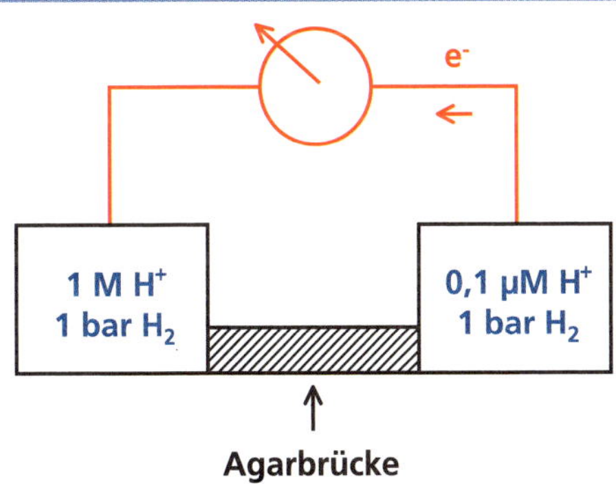

Abb. 61

Messung des Physiologischen Standard-Redoxpotentials am System H^+/H_2.

Definition

Das **Physiologische Standard-Redoxpotential** (E_0') ist das unter physiologischen Bedingungen (pH 7) gemessene Standard-Redoxpotential.

gleicht man dieses Redoxpotential mit dem Standard-Redoxpotential, so überwiegt in dem System H^+/H_2 die reduzierte Form (H_2) gegenüber der oxidierten Form (H^+), so dass ein Elektronenüberschuss vorliegt. Es entsteht ein Elektronenfluss in Richtung Standard-Redoxsystem, da dessen Redoxpotential weniger negativ ist (Abb. 61). Man bezeichnet dieses Standard-Redoxpotential, das bei pH 7, also unter physiologischen Bedingungen gemessen wird, als **Physiologisches Standard-Redoxpotential E_0'** (→ Def.). Es unterscheidet sich vom Standard-Redoxpotential um 0,42 V:

$$E_0' = E_0 - 0{,}42\ \mathrm{V}$$

Die Beispiele zeigen, dass das Reduktionsvermögen eines Redoxsystems von seinem Physiologischen Standard-Redoxpotential abhängt. Ist dieses negativer als dasjenige des Reaktionspartners, so kann es den Partner reduzieren. Allerdings hängt das Reduktionsvermögen zusätzlich von den tatsächlichen Konzentrationsverhältnissen *in vivo* ab. Ist die Konzentration der reduzierten Form eines Partners mit weniger negativem Physiologischem Standard-Redoxpotential sehr hoch, so kann diese Substanz eine andere mit negativerem Physiologischen Standard-Redoxpotential reduzieren, wenn letztere überwiegend oxidiert vorliegt. Durch Bereitstellung von entsprechend hohen Konzentrationen an Reduktionsäquivalenten kann der Stoffwechsel eine Redox-Reaktion, die vom Physiologischen Standard-Redoxpotential her nicht möglich wäre, erzwingen. Quantitativ wird die Abhängigkeit des Redoxpotentials von den Konzentrationsverhältnissen der oxidierten bzw. reduzierten Partner mit der **Nernst-Gleichung** beschrieben (Abb. 62).

Abb. 62

$$E = E_0' + \frac{RT}{zF} \ln \frac{[ox]}{[red]}$$

Die Nernst-Gleichung beschreibt das Redoxpotential; E = Redoxpotential, E_0' = Physiologisches Standard-Redoxpotential, R = Gaskonstante, T = absolute Temperatur, z = Anzahl der beteiligten Elektronen, F = Faraday-Konstante, [ox] = freie molare Konzentration der oxidierten Form (zum Beispiel NAD^+), [red] = freie molare Konzentration der reduzierten Form (zum Beispiel NADH + H^+).

Fragen

1. Was ist ein Nucleosid?
2. Was ist ein Nucleotid?
3. Nennen Sie die Pyrimidin- und Purinbasen von Nucleotiden!
4. Was versteht man unter einer glycosidischen Bindung?
5. Was ist eine energiereiche Bindung?
6. Wie ist ATP aufgebaut?
7. Beschreiben Sie die hydrolytische Spaltung von ATP zu ADP und P_{an}!
8. Welche gemeinsame Eigenschaft haben die verschiedenen E_1E_2-ATPasen?
9. Warum erfordert die Stärkesynthese zunächst eine Aktivierung von Glucose?
10. Welche Aufgabe erfüllt zyklisches AMP in Zellen?
11. Was ist Nicotinamid?
12. Warum ist $NAD(P)^+$ positiv geladen?
13. Worin besteht die Funktion von $NAD(P)^+$?
14. Was versteht man unter dem Physiologischen Standard-Redoxpotential?
15. Von welchen Faktoren wird die Richtung des Elektronentransports zwischen zwei Redoxsystemen bestimmt?

3 | Kompartimentierung als Grundlage biochemischer Reaktionen

Inhalt

Enzyme wirken spezifisch und werden durch das Ionenmilieu und die Metabolitenkonzentration beeinflusst. Durch Schaffung von abgetrennten Reaktionsräumen, den Kompartimenten, ist es eukaryotischen Zellen möglich, parallel spezialisierte Reaktionen durchzuführen. Wichtige Zellkompartimente werden erläutert. Biologische Membranen trennen mit ihrer Lipidmatrix diese Kompartimente voneinander. Transportproteine heben die Barriere selektiv auf. Die drei Hauptgruppen der Transportproteine, nämlich Ionenpumpen, Carrier und Ionenkanäle werden vorgestellt.

3.1 | Überblick

In Kapitel 1.6 wurde angesprochen, dass die Aktivität von Enzymen wesentlich vom Ionenmilieu beeinflusst wird. Auch die Konzentrationen an Substraten und Produkten bestimmen die enzymatischen Reaktionen. So führt allgemein eine Erhöhung der Substratkonzentration zu einer Steigerung der Enzymaktivität, da das Substrat besser verfügbar wird (Kapitel 1.5). Ein Anstieg der Produktkonzentration kann andererseits die Enzymaktivität hemmen. Hierbei sind zwei wichtige Fälle zu unterscheiden:

- Produkthemmung
- Feedback-Hemmung

Wird das katalysierende Enzym direkt von dem Produkt gehemmt, das in dieser Reaktion entsteht, so spricht man von einer **Produkthemmung** (Abb. 63). Aber auch Produkte, die von nachgelagerten Reaktionen gebildet werden, können das Enzym hemmen. In diesem Fall spricht man von einer **Feedback-Hemmung** (Abb. 64). Sie ermöglicht, dass bereits am Anfang eines Reaktionsweges stehende Enzyme reguliert und in ihrer Aktivität dem Bedarf angepasst werden.

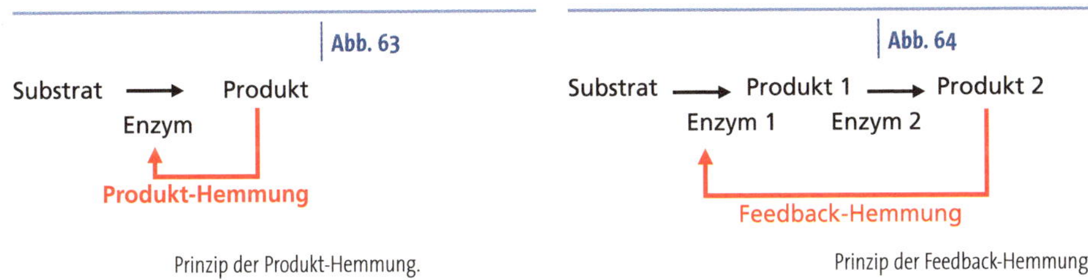

Prinzip der Produkt-Hemmung.

Prinzip der Feedback-Hemmung.

Sollen Enzyme in unterschiedlichen Ionenmilieus aktiv sein, oder sollen bestimmte Metaboliten (Stoffwechselprodukte) angereichert werden, so ist eine **Kompartimentierung** erforderlich (→ Def.). Während **Prokaryoten** über einen einheitlichen zellulären Reaktionsraum verfügen, sind **Eukaryoten** vielfältig kompartimentiert (→ Def.). Nach der **Endosymbiontentheorie** sind die vielfältigen Kompartimente der Eukaryoten infolge der Inkorporation von Prokaryoten entstanden (Info-Box 4). Durch die Domestikation von bestimmten Bakterien konnten die eukaryotischen Wirtszellen ihr metabolisches Spektrum wesentlich erweitern. Dies trifft besonders für pflanzliche Zellen zu, die über weit mehr Assimilationsmöglichkeiten als tierische Zellen verfügen. Aus diesem Grund soll die Kompartimentierung einer Mesophyllzelle als Beispiel einer pflanzlichen Zelle näher vorgestellt werden.

Definition

Unter zellulärer **Kompartimentierung** versteht man die Abgrenzung verschiedener Reaktionsräume einer Zelle durch biologische Membranen. **Prokaryoten** (zum Beispiel Bakterien) sind Lebewesen ohne Zellkern. **Eukaryoten** (zum Beispiel Pilze, Algen höhere Pflanzen, Tiere) sind Lebewesen mit echtem Zellkern.

Kompartimentierung | 3.2

Zellen werden durch eine Biomembran gegenüber dem Außenmedium abgetrennt (Abb. 66). Diese Membran wird als **Plasmamembran** oder **Plasmalemma** bezeichnet. Sie ist die eigentliche selektive Barriere für den Import und Export von Stoffen und darf nicht mit der Zellwand verwechselt werden. Im Gegensatz zu tierischen Zellen ist dem Plasmalemma pflanzlicher Zellen die Zellwand als stabilisierende Struktur aufgelagert und ist Bestandteil der Zelle. Der Teil der Zelle, der durch das Plasmalemma nach außen abgegrenzt wird, ist der **Protoplast**. Er lässt sich mit Hilfe von Zellwand verdauenden Enzymen isolieren. Untersuchungen an Protoplasten ermöglichen den experimentellen Zugang zu pflanzlichen Zellen ohne störenden Einfluss der Zellwand.

Innerhalb des Protoplasten wird das Cytoplasma durch eine weitere Membran, den **Tonoplasten**, gegenüber der **Vakuole** abgegrenzt. In ausge-

Box 4

Die Endosymbiontentheorie

Chloroplasten und Mitochondrien enthalten eigene genetische Informationen. Man erklärt dieses Phänomen damit, dass bestimmte Bakterien im Laufe der Evolution in eine eukaryotische Zelle einverleibt und nicht verdaut wurden, da sie von dieser Zelle als nützlich erkannt wurden. Ursprünglich dürfte es sich um eine Symbiose gehandelt haben, in der beide Partner, die eukaryotische Zelle und das Bakterium, von der Lebensgemeinschaft profitierten. Mit der Zeit wurden jedoch regulatorische Gene an den Zellkern abgegeben, so dass die heutigen Organellen eher in einem sklavenähnlichen Verhältnis leben.

DNA-Vergleiche ergaben, dass Chloroplasten vermutlich von den photosynthetisch aktiven **Cyanobakterien** abstammen, während man aerobe **Purpurbakterien** für die Vorläufer der Mitochondrien hält (HACHTEL 1997). Für diese Vorstellung spricht beispielsweise auch, dass sich die Organellen und Bakterien in der Proteinbiosynthese verblüffend ähneln aber klar von den eukaryotischen Systemen unterscheiden.

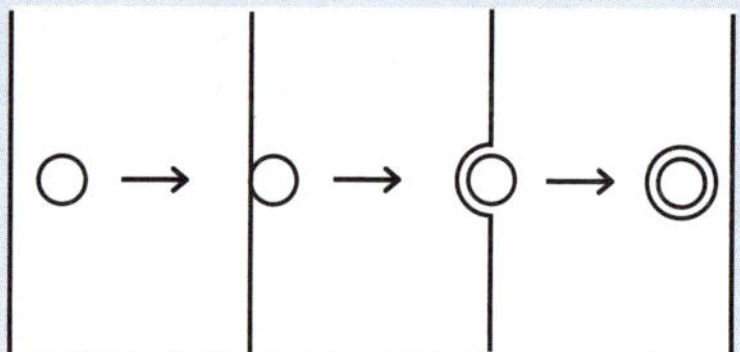

Abb. 65 Phagocytose dient Einzellern besonders der Nahrungsaufnahme, höheren Lebewesen dem Transport und der Elimination körpereigener oder fremder Substanzen. Das Bakterium lagert sich an die Membran der eukaryotischen Zelle und wird von dieser Membran umschlossen und in einem Vesikel abgeschnürt.

Da beide Organellen von einer Doppelmembran umgeben sind, geht man davon aus, dass die ursprünglichen Bakterien durch **Phagocytose** aufgenommen wurden (Abb. 65). Es gibt sogar Organismen, die Chromophyten, deren Chloroplasten von vier Membranen umgeben sind. Hier vermutet man, dass Chromophyten durch eine sekundäre Endosymbiose zwischen einem photosynthetisch aktiven Eukaryoten und einem nichtphotosynthetisch aktiven Wirt entstanden sind (GREEN UND DURNFORD 1996).

Umgekehrt sind **Peroxisomen** nur von einer Membran umgeben und enthalten keine eigene genetische Information. Möglicherweise sind auch diese Kompartimente ursprünglich durch Endosymbiose entstanden und haben die zweite Membran sowie ihre genetische Information vollständig im Laufe der Evolution verloren. Es wird vermutet, dass mit dem Aufkommen einer O_2-reichen Atmosphäre Peroxisomen-Vorläufer einverleibt wurden, die den Sauerstoff ohne Energiegewinn entgifteten (DE DUVE 1996).

wachsenen Zellen kann die Vakuole 90% des Volumens ausmachen. Sie dient bestimmten Stoffwechselreaktionen, ermöglicht das Streckungswachstum und ist Speicherkompartiment (Kapitel 6). Auch toxische Stoffe können hier entsorgt werden. Das **Cytoplasma** besteht aus dem **Cytosol** und in diesem eingelagerten Organellen und weiteren Kompartimenten. **Organellen** enthalten neben dem Zellkern eigene genetische Informationen, während Kompartimente lediglich durch eine Membran vom Cytosol abgetrennt sind.

Abb. 66

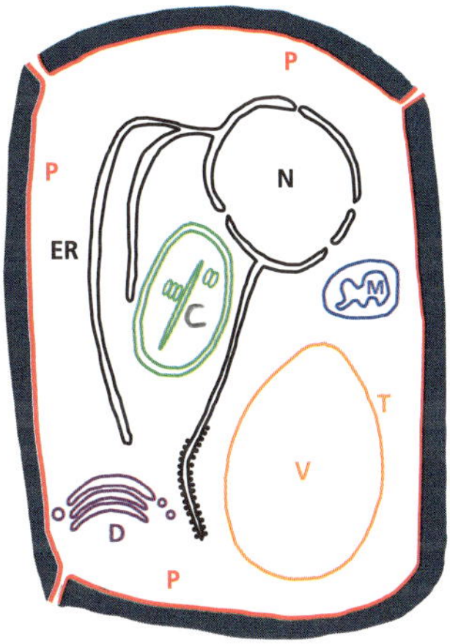

Modell der Kompartimentierung einer pflanzlichen Zelle; C = Chloroplast, D = Dictyosom, ER = Endoplasmatisches Reticulum, M = Mitochondrium, N = Nucleus (Zellkern), P = Plasmalemma, T = Tonoplast, V = Vakuole, Z = Zellwand.

In Eukaryoten ist der Zellkern die genetische Steuerungszentrale einer Zelle (Kapitel 13, 14). Neben dem Zellkern enthalten auch die **Mitochondrien** und **Plastiden** eigene genetische Informationen. Dabei werden die eigentlichen Stoffwechselprozesse durch die genetischen Informationen der Organellen kontrolliert, während Informationen für regulatorische Vorgänge an den Zellkern abgegeben wurden. **Mitochondrien** sind die Kraftwerke der Zelle (Kapitel 7), die besonders für die Bereitstellung von ATP zuständig sind, während spezialisierte Plastiden, die **Chloroplasten**, Orte der Photosynthese, aber auch der Stickstoff- und Schwefelassimilation, darstellen (Kapitel 4, 9, 11).

Teilweise wurden Organellen im Laufe der stammesgeschichtlichen Entwicklung auch insofern zu einfachen Kompartimenten zurückgebildet, als sie zwar noch abgetrennte Reaktionsräume darstellen, aber keine eigene genetische Information besitzen. Ein solches Beispiel sind die **Peroxisomen**, die unter anderem eine besondere Rolle in der Photorespiration spielen (Kapitel 5). Das **Endoplasmatische Retikulum (ER)** stellt ein Membransystem dar, das für den intrazellulären Transport bestimmter Stoffe und für die Synthese von Biomembranen zuständig ist. Teilweise ist das ER mit Ribosomen, den Syntheseorten der Proteine, besetzt. Es wird dann als raues ER bezeichnet; es schnürt Membranvesikel ab, die mit dem **Golgi-Apparat** fusionieren und modifiziert werden (Kapitel 8). Als Golgi-Apparat wird die Gesamtheit der **Dictyosomen** einer Zelle bezeichnet. Dabei handelt es sich um stapelförmige Membranlamellen, die an den Enden Vesikel abschnüren.

Vielzellige Organismen können ihre Fähigkeiten auch erweitern, indem sie spezialisierte Zellen bilden. Hierbei kann es sich zum Beispiel um Speicherzellen, Muskelzellen, Nervenzellen etc. handeln. Solche Zellen funktionieren nicht mehr autonom, sondern sind auf andere

Tab. 3.8 | **Größenordnungen verschiedener Zellbestandteile.**

Zelle	20–100 µm	Saccharosemolekül	1 nm
Chloroplast	8–10 µm	Glucosemolekül	0,6 nm
Mitochondrium	1 µm	Anorganische Ionen	0,2 nm
Ribosom	23 nm		
Zellwand	500–1000 nm	Membran	7–10 nm

Zellen angewiesen. Sie können sich zu Geweben zusammenschließen. Verschiedene Gewebe bilden Organe, wie zum Beispiel Herz, Muskel und Magen in tierischen Organismen oder Wurzel und Blatt in pflanzlichen Organismen. In einem Gewebe bilden Zellen eine funktionelle Einheit und sind durch **Plasmodesmen** miteinander verbunden. An diesen Stellen ist die Barrierefunktion des Plasmalemmas unterbrochen, und das Cytoplasma einzelner Zellen stellt auf diese Weise ein Kontinuum dar (Abb. 67). Dieses Kontinuum innerhalb des Plasmalemmas wird auf Gewebeebene als **Symplast** bezeichnet und entspricht dem Protoplasten auf Zellebene. Das Gewebekompartiment außerhalb des Plasmalemmas wird als **Apoplast** bezeichnet. Es enthält Interzellularräume, die teilweise Zellwände beinhalten.

Abb. 67 | In einem Gewebe sind einzelne Zellen durch Plasmodesmen (P) zu einem Kontinuum, dem Symplasten (S) verbunden. Der Raum außerhalb des Plasmalemmas wird als Apoplast (A) bezeichnet.

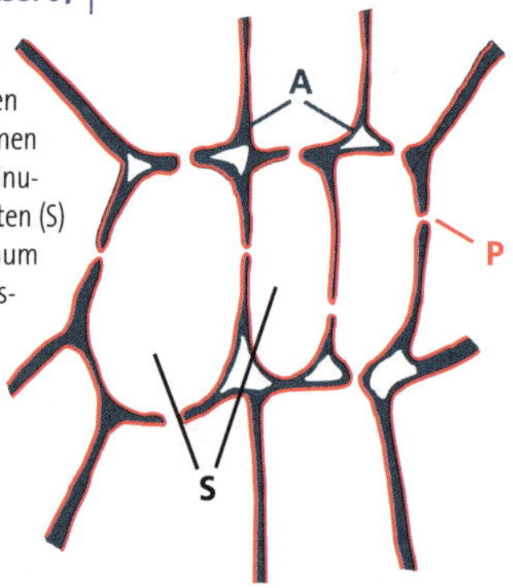

Für das Verständnis der Funktionen der einzelnen Kompartimente ist das Wissen um die **Größenverhältnisse** unabdingbar (Tab. 8). Zellen können sehr unterschiedliche Größen aufweisen. Manche Algenzellen erreichen eine Länge von mehr als 1 cm. Eine typische Parenchymzelle hat einen Durchmesser von 100 µm und ist damit etwa 10fach größer als ein Chloroplast. Dieser ist wiederum etwa 10fach größer als ein Mitochondrium. Die strukturgebende **Zellwand** ist etwa 100fach dicker als die für den selektiven Transport zuständige **Membran**. Für kleine Moleküle und für Ionen stellt die pflanzliche Zellwand im Gegensatz zur Membran keine Barriere dar.

3.3 | Biologische Membranen

Eine biologische Membran besteht im Wesentlichen aus Lipiden und Proteinen, in geringem Maße sind auch Kohlenhydrate enthalten. Die

Lipidmatrix der Biomembran ist dafür verantwortlich, dass die Membran für hydrophile Stoffe (→ Def.) als Barriere wirkt. Sie besteht aus amphiphilen Substanzen, die sowohl hydrophile als auch hydrophobe Eigenschaften besitzen. Der hydrophobe Teil besteht aus langen Kohlenstoffketten, die bestrebt sind, nicht mit dem polaren Lösungsmittel Wasser in Kontakt zu treten. Sie haben daher die Tendenz, miteinander in Wechselwirkung zu treten und auf diese Weise hydrophobe Bindungen aufzubauen. Gibt man solche **Lipoide** (vgl. Kapitel 8.2) in ein wässeriges Medium, so bilden sie spontan **Micellen** aus, in denen sich die hydrophoben Enden gegenüberstehen, während die hydrophilen Köpfe in das polare Medium ragen (Abb. 68).

In Biomembranen stehen sich die lipophilen Schwänze der Lipoide ebenfalls gegenüber und bilden so eine **Lipiddoppelschicht**, in der die hydrophilen Köpfe nach außen gerichtet sind (Abb. 69). Durch die hydrophoben Wechselwirkungen entsteht aus thermodynamischen Gründen bereits eine gewisse Eigenstabilität der Lipiddoppelschicht, die aber empfindlich ist und in einem apolaren Lösungsmittel sofort zerstört wird. Für Ionen und andere hydrophile Stoffe stellt die Lipiddoppelschicht eine effektive Barriere dar. Aufgrund ihres apolaren Charakters können jedoch beispielsweise CO_2 und NH_3 diese Lipidmatrix fast ungestört durch Diffusion überwinden. Eine Kontrolle der Aufnahme ist in diesem Falle nicht möglich, so dass bei hohem Angebot an NH_3 und neutralem oder basischem pH-Wert im Außenmedium in der Zelle Ammoniaktoxizität entstehen kann.

Definition

Hydrophile Substanzen (zum Beispiel Ionen, Zucker) sind in dem polaren Lösungsmittel Wasser gut löslich. Hydrophobe (lipophile) Substanzen (zum Beispiel Neutralfette) sind in apolaren Lösungsmitten (zum Beispiel Chloroform, Benzol) gut löslich. Amphiphile Substanzen (zum Beispiel Lipoide) haben zum Teil hydrophile und zum Teil hydrophobe Eigenschaften.

Abb. 68

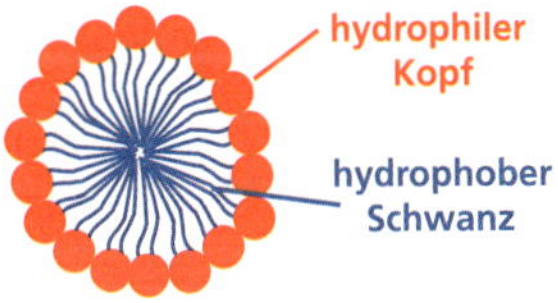

In dem polaren Medium Wasser orientieren sich Lipoide spontan zu Micellen, in denen die lipophilen Enden nach innen und die hydrophilen Köpfe nach außen ragen.

Abb. 69

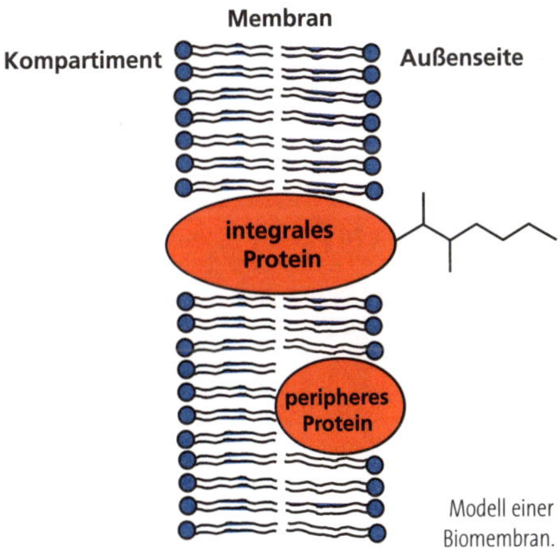

Modell einer Biomembran.

Allein aufgrund der Lipiddoppelschicht könnten Biomembranen ihre unterschiedlichen **Aufgaben** nicht erfüllen:

- Kompartimentierung und selektiver Transport
- Weiterleitung von Signalen
- Umwandlung von Energie

Während die Kompartimentierung mit Hilfe der Lipiddoppelschicht gelingt, sind für den **selektiven Transport** von hydrophilen Stoffen Transportproteine erforderlich. Diese auch als Transporter bezeichneten Strukturen sind als integrale Proteine in die Lipidmatrix eingebaut und ermöglichen spezifisch die Aufhebung der Barriere für bestimmte Stoffe. Auf diese Weise kann die Zelle entscheiden, welche Stoffe aufgenommen oder in bestimmte Kompartimente abgegeben werden. Ist für einen hydrophilen Stoff kein Transporter vorhanden, so kann er nicht transportiert werden. Hohe Transportraten können nur durch entsprechenden Einbau von Transportern gewährleistet werden.

Auch die **Weiterleitung von Signalen** aus dem Medium in die Zelle setzt Proteine in der Lipidmatrix voraus, die als Rezeptoren fungieren (Kapitel 14.2). Häufig sind an diese Proteine Kohlenhydrate gebunden, die als Antennen fungieren und die Signale spezifisch empfangen. Andere Proteine helfen, eine Energieform in eine andere umzuwandeln (Kapitel 4.4, 7.6).

3.4 | Membrantransport

Für die Überwindung der Lipidmatrix biologischer Membranen benötigen hydrophile Stoffe Membranproteine, die Transporter. Drei Gruppen der **Membrantransporter** (Abb. 70) lassen sich unterscheiden:

- Ionenpumpen
- Carrier
- Ionenkanäle

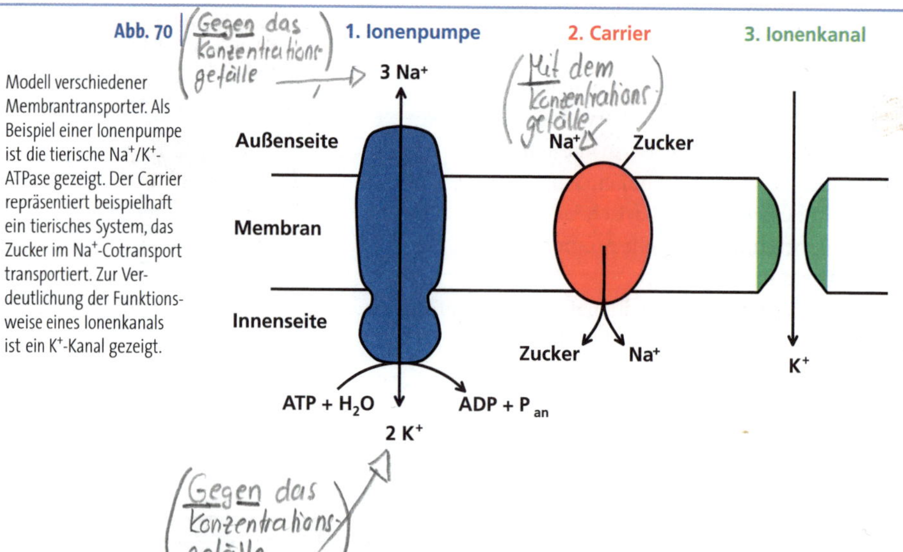

Abb. 70 Modell verschiedener Membrantransporter. Als Beispiel einer Ionenpumpe ist die tierische Na^+/K^+-ATPase gezeigt. Der Carrier repräsentiert beispielhaft ein tierisches System, das Zucker im Na^+-Cotransport transportiert. Zur Verdeutlichung der Funktionsweise eines Ionenkanals ist ein K^+-Kanal gezeigt.

Ionenpumpen sind Transporter, die Ionen meistens aktiv, unter Verbrauch von metabolischer Energie, transportieren (→ Def.). Es sind die langsamsten Transporter. Pro Sekunde transportiert eine Ionenpumpe circa 500 Ionen. Zu den Ionenpumpen zählen besonders die **ATPasen**, die Ionen mittels hydrolytischer Spaltung von ATP in ADP und P_{an} aktiv transportieren (vgl. Kapitel 2). Zur Gruppe der Ionenpumpen gehört auch eine **Pyrophosphatase**, die Energie aus der hydrolytischen Spaltung der energiereichen Bindung des Pyrophosphats nutzt, um aktiv Protonen in pflanzliche Vakuolen zu pumpen. Je nachdem, welches Ion transportiert wird, wird durch Zusatz der Name der entsprechenden ATPase spezifiziert: zum Beispiel H^+-ATPase, Ca^{2+}-ATPase, Na^+/K^+-ATPase. ATPasen im Plasmalemma (P-ATPasen) zählen zu den E_1E_2-ATPasen, die durch Vanadat gehemmt und durch Kalium gefördert werden. Nicht zu den E_1E_2-ATPasen zählt die H^+-ATPase im Tonoplasten, die durch Nitrat gehemmt und durch Chlorid aktiviert wird. Es handelt sich um eine sogenannte V-ATPase.

Definition

Ein aktiver Transport ist ein Transport entgegen einem elektrochemischen Gradienten. Ein passiver Transport ist ein Transport mit dem elektrochemischen Gradienten. Ein aktiver Transport erfordert immer direkt oder indirekt metabolische Energie, ein passiver Transport kann metabolische Energie verbrauchen, wenn der Transport beschleunigt wird.

Carrier unterscheiden sich von Ionenpumpen besonders darin, dass sie nicht direkt metabolische Energie in Form von ATP oder Pyrophosphat nutzen. Dennoch können sie Ionen oder Metaboliten aktiv transportieren. Für den aktiven Transport nutzen sie Energie in Form von Ionengradienten, die von Ionenpumpen aufgebaut werden. Während Carrier in tierischen Zellen häufig den **elektrochemischen Na^+-Gradienten** als Energiequelle nutzen, ist es in pflanzlichen Zellen der **elektrochemische H^+-Gradient** (Abb. 71). Dabei wird Na^+ oder H^+ vom Carrier gebunden und passiv transportiert. Die durch den Abbau des Ionengradienten freigesetzte Energie wird für den aktiven Transport eines anderen Ions oder eines Metaboliten genutzt. Da nicht direkt metabolische Energie in Form von ATP oder Pyrophosphat verbraucht wird, sondern indirekt, spricht man von einem **sekundär aktiven Transport**. Dieser kann in Form eines **Cotransports** (gleichgerichtet) oder **Antiports** (entgegengerichtet) stattfinden. Man spricht jedoch nur von einem Cotransport oder Antiport, wenn beide beteiligten Ionen von demselben Transporter gebunden und transportiert werden.

Voraussetzung für diesen aktiven Transport ist die Bindung des Ions oder Metaboliten an den Carrier. Man kann den Carrier in seiner Funktion wie ein Enzym auffassen,

Abb. 71

$$\Delta\mu_{H^+} = -R\ T\ \ln [a_a]/[a_i] + F\ E_m$$

Elektrochemischer Gradient für Protonen; $\Delta\mu_H{}^+$ = elektrochemischer Protonengradient, E_m = Membranpotential, F = Faraday-Konstante, R = Gaskonstante, T = absolute Temperatur, a_a = Ionenaktivität außen, a_i = Ionenaktivität innen.

Abb. 72

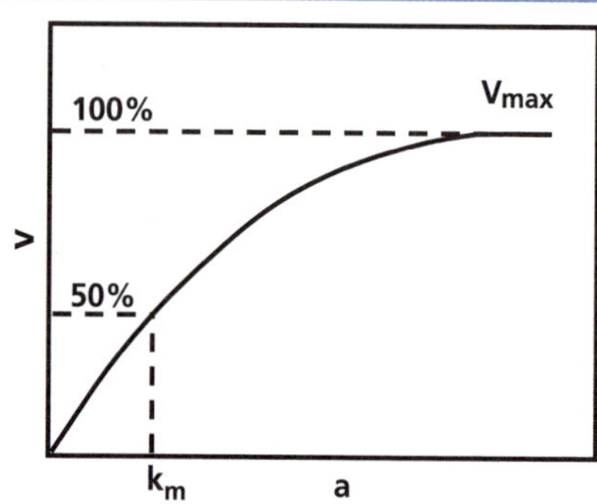

Ein durch Carrier vermittelter Transport lässt sich mit der Sättigungskinetik beschreiben; a = Aktivität des Ions im Medium, v = Transportgeschwindigkeit, k_m = Michaeliskonstante, V_{max} = maximale Transportgeschwindigkeit.

das ebenfalls zunächst sein Substrat binden muss, um die Reaktion zu katalysieren. Daher kann für Carrier formal auch die Enzymkinetik herangezogen werden, um den Transport zu charakterisieren (Kapitel 1.5). Ein nicht regulierter Carriertransport lässt sich daher mit einer Sättigungskinetik beschreiben (Abb. 72). Carrier können ebenso wie Ionenpumpen auch passiv transportieren. Im Vergleich zu Ionenpumpen sind sie wesentlich schneller: Ein Carrier transportiert circa 10.000 Ionen pro Sekunde.

Eine besondere Form von Carriern stellen die **Shuttle-Systeme** dar. Sie tauschen einen Metaboliten gegen einen anderen aus. So exportiert der Malat/Oxalacetat-Shuttle mit Malat indirekt Reduktionsäquivalente (H-Atome) aus Mitochondrien. Im Cytosol wird Malat zu Oxalacetat oxidiert. Oxalacetat wird im Gegenzug über das Shuttlesystem in die Mitochondrien aufgenommen und dort erneut zu Malat reduziert (Abb. 73).

Abb. 73

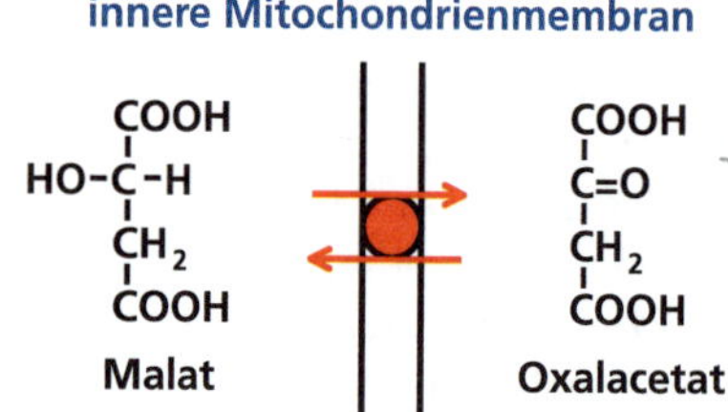

Malat/Oxalacetat-Shuttle in der inneren Mitochondrienmembran. Die äußere Mitochondrienmembran ist für beide Metaboliten gut durchlässig und stellt keine Barriere dar.

Ionenkanäle sind die schnellsten Transporter: Ein Ionenkanal transportiert pro Sekunde circa eine Million Ionen oder sogar mehr. Man kann sich Ionenkanäle als Poren vorstellen, die allerdings reguliert werden können. Als Mechanismus des Transports liegt eine Diffusion vor (Abb. 74). Dies ist der Grund, weshalb Ionenkanäle als einzige der drei Gruppen ausschließlich passiv transportieren können. Dennoch gibt es auch in dieser Gruppe Transporter, die sehr selektiv arbeiten und nur bestimmte Ionen transportieren. Eine besondere Gruppe der Kanäle stellen die **Aquaporine** dar. Es sind für Wasser sehr spezifische Kanäle, die die Permeabilität

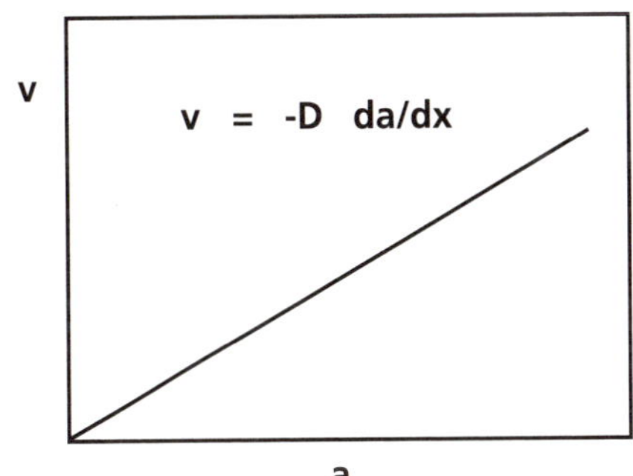

Abb. 74

Ein durch Kanäle vermittelter Transport ist eine Diffusion. Die Diffusion wird mit dem Fickschen Gesetz beschrieben; a = Aktivität des Ions, v = Transportgeschwindigkeit, D = Diffusionskoeffizient, da/dx = Aktivitätsgradient.

(Durchlässigkeit) der verschiedenen Biomembranen für Wasser erhöhen und so den passiven H_2O-Transport beschleunigen.

Fragen

1. Erläutern Sie die Bedeutung der Kompartimentierung eukaryotischer Zellen!
2. Worin besteht der Unterschied zwischen einer Produkt-Hemmung und einer Feedback-Hemmung?
3. Definieren Sie die folgenden Kompartimente: Cytoplasma, Cytosol, Protoplast, Apoplast, Symplast, Vakuole, Peroxisom, Golgi-Apparat!
4. Welche Eigenschaft einer Biomembran ermöglicht ihre Barrierefunktion für hydrophile Substanzen?
5. Nennen Sie die drei wichtigen Gruppen von Membrantransportern und grenzen Sie sie in ihrer Funktionsweise gegeneinander ab!

4 | Kohlenstoff-Assimilation

Inhalt

Chloroplasten sind der Ort der Photosynthese höherer Pflanzen. Teilprozesse der Photosynthese sind die Lichtreaktion, die der Umformung der Lichtenergie über Zwischenformen in chemische Energie dient, und die Dunkelreaktion, die im Calvin-Zyklus die Reduktion von Kohlenstoff und seinen Einbau in organische Substanz ermöglicht. Die photosynthetische Lichtreaktion baut einen elektrochemischen Protonengradienten auf, der zur chemiosmotischen ATP-Synthese genutzt wird. Die enzymatischen Reaktionen des Calvin-Zyklus werden dargestellt und den Enzymhauptklassen zugeordnet.

4.1 | Überblick

Leben auf der Erde ist nur deshalb in großer Vielfalt möglich, weil die Sonne ständig Energie in Form von **Wärme** und **Licht** liefert. Sie funktioniert dabei wie ein gewaltiger Kernreaktor, der die Fusion von Wasserstoffatomen zu Heliumatomen ermöglicht (Abb. 75). Bei dieser Reaktion kommt es zur Ausstrahlung von energiereichen Elektronen (γ-Strahlung), vor der uns das Magnetfeld der Erde schützt. Darüber hinaus wird elektromagnetische Strahlung freigesetzt, die wir teils als Wärme, teils als Licht wahrnehmen können. Einen Teil des Lichts können Pflanzen nutzen, um in einer komplizierten Abfolge von Prozessen **Lichtenergie** über **elektrische Energie**, **elektrochemische Energie** und **kinetische Energie** in **chemische Energie** umzuwandeln.

Abb. 75

$$4\,{}^{1}_{1}H \rightarrow {}^{4}_{2}He + 2\,e^{-} + h\nu \text{ (Licht)}$$

Kernfusion in der Sonne. Energie wird unter anderem in Form von elektromagnetischer Strahlung (Licht) freigesetzt. h = Plancksches Wirkungsquantum, ν = Frequenz.

Diese Fähigkeit der grünen Pflanze, verschiedene Energieformen ineinander zu überführen, lässt sich in der Pauschalgleichung der **Photosynthese** ausdrücken (Abb. 76). Sie zeigt, dass unter Zufuhr von Lichtenergie aus den anorganischen Molekülen CO_2 und H_2O ein organischer Baustein, nämlich ein Zucker, aufgebaut wird. Tierisches und menschliches Leben wäre ohne diesen einzigartigen Vorgang nicht möglich, da **C-heterotrophe** Organismen (→ Def.) mit ihrer Nahrung nicht nur essentielle Elemente wie Ca, P oder Mg aufnehmen müssen, sondern auch chemische Energie in Form von Kohlenhydraten, Fetten oder Proteinen.

Hier erschöpft sich die Bedeutung der Photosynthese jedoch nicht, denn wie aus der Pauschalgleichung hervorgeht, ist der Prozess unabdingbar für die Bereitstellung von **Atmungssauerstoff**, ohne den wir ersticken müssten. Die Photosynthese ist der einzige quantitativ bedeutsame Prozess, der diesen lebensnotwendigen Sauerstoff regenerieren kann. Trotz der offensichtlich engen Beziehung zwischen CO_2-Verbrauch und O_2-Produktion während des Gesamtprozesses der Photosynthese muss betont werden, dass der neu gebildete Sauerstoff nicht aus dem CO_2, sondern aus dem H_2O stammt. Beide Moleküle fungieren als Ausgangsbausteine für Zucker.

Abb. 76

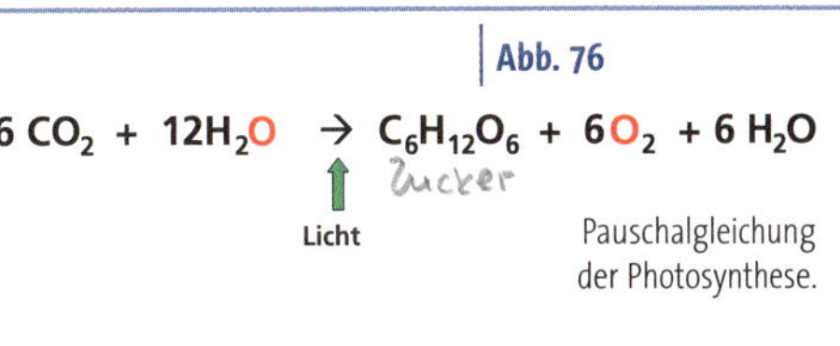

Pauschalgleichung der Photosynthese.

Abb. 77

Photosynthese → Lichtreaktion (O_2-Produktion in der Hill-Reaktion)

Photosynthese → Dunkelreaktion (CO_2-Assimilation im Calvinzyklus)

Teilprozesse der Photosynthese.

Definition

C-autotrophe Organismen wie die grünen Pflanzen ernähren sich ausschließlich von anorganischen Nährstoffen. **C-heterotrophe** Organismen sind auf organische Nahrung angewiesen.

Die Ursache für die Entstehung von O_2 aus H_2O, und nicht aus CO_2, beruht darauf, dass der Gesamtprozess der Photosynthese auf zwei zeitlich und räumlich getrennte Teilprozesse zurückzuführen ist, die **Lichtreaktion** und die **Dunkelreaktion** (Abb. 77). Dies mag einen kleinen Einblick vermitteln, wie kompliziert die einzelnen Teilschritte der Photosynthese sind, die größtenteils im vergangenen Jahrhundert aufgeklärt werden konnten.

Chloroplast: Ort der Photosynthese 4.2

Orte der Photosynthese sind die **Chloroplasten**. Bei diesen Organellen handelt es sich um spezialisierte **Plastiden**. Plastiden werden nicht als solche von einer Generation an die nächste weitergegeben, sondern als **Proplastiden** (Abb. 78). Aus den Proplastiden können sich verschiedene Typen von Plastiden entwickeln, zum Beispiel Etioplasten, Amyloplasten und Chloroplasten. **Etioplasten** entstehen in Sprossgewebe unter Lichtmangel. Sie sind sozusagen unvollständige Chloroplasten: Sie sind farblos und nicht zur Photosynthese befähigt. Auch Mutationen können dazu

Abb. 78

Entwicklung von Plastiden aus Proplastiden.

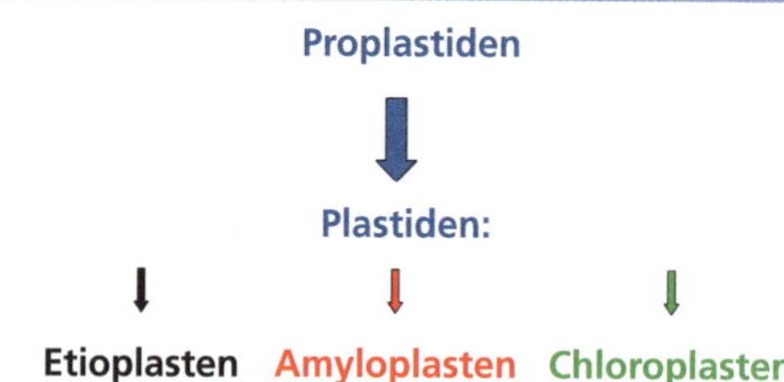

Abb. 79

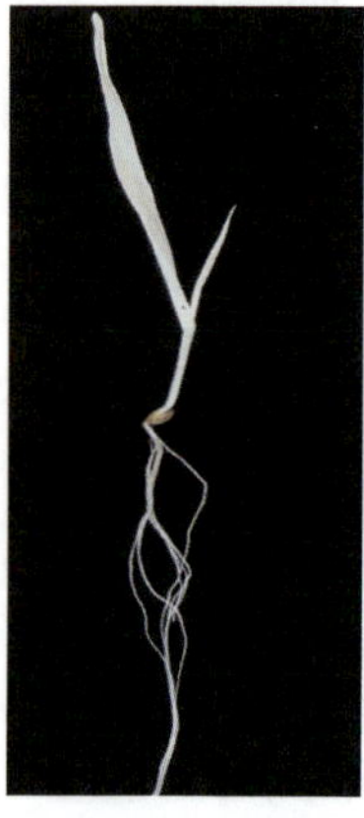

Chlorophylldefekt-Mutante von Gerste.

führen, dass anstelle von Chloroplasten Etioplasten entwickelt werden (Abb. 79). Solche Mutanten sind C-heterotroph. Sie lassen sich im Labor unter vollständiger Versorgung mit organischen Nährstoffen kultivieren, sind aber in der Natur nicht lebensfähig. **Amyloplasten** sind spezialisierte Organellen der Stärkespeicherung in Pflanzen (Kapitel 6.5).

Chloroplasten erscheinen im Elektronenmikroskop als gekrümmt-ovale Gebilde. Die Entwicklung eines Chloroplasten aus einem Proplastiden führt unter anderem zu einer starken Ausdifferenzierung der inneren Membran, die die Thylakoide umschließt und daher als **Thylakoidmembran** bezeichnet wird (Abb. 80). Die Thylakoidmembran ist der Ort der photosynthetischen Lichtreaktion. Aufgrund der Einlagerung von Chlorophyllpigmenten verleihen die Thylakoidmembranen dem Chloroplasten seine typische grüne Farbe. Stapel von Thylakoiden bilden die Granathylakoide, während Stromathylakoide das Stroma durchziehen. Die Enzyme der Dunkelreaktion sind im **Stroma** lokalisiert.

Abb. 80

Entwicklung eines Chloroplasten aus einem Proplastiden.

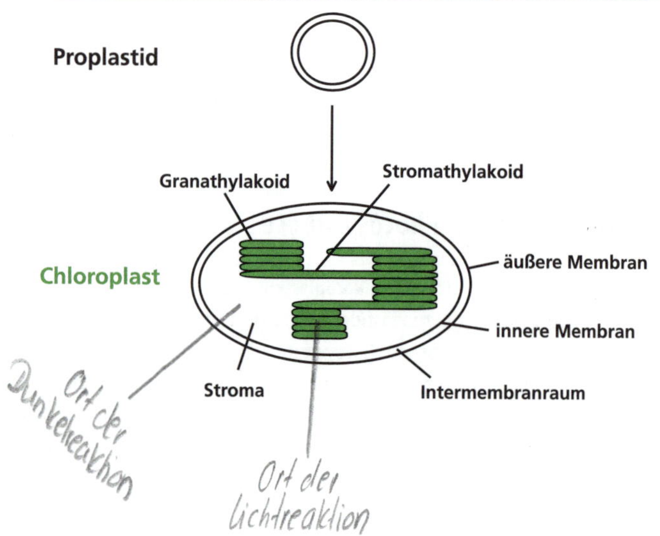

Photosynthetische Elektronentransportkette

4.3

Die Funktion der Lichtreaktion besteht darin, Elektronen auf ein höheres Energieniveau zu heben, um sie dann für die Gewinnung von Reduktionsäquivalenten in Form von **NADPH + H⁺** und für die Synthese von **ATP** nutzen zu können. Sowohl NADPH + H⁺ als auch ATP werden für die Produktion von Zuckern aus CO_2 und H_2O in der Dunkelreaktion benötigt. Das Anheben der Elektronen auf ein höheres Energieniveau erfordert Energie, die in Form von Lichtenergie bereitgestellt wird. Licht bestimmter Wellenlänge wird von **Pigmenten** gesammelt, die in den Thylakoidmembranen der Chloroplasten in zwei Typen von **Photosystemen** angeordnet sind und als Photosystem I und II bezeichnet werden (Abb. 81). Diese Photosysteme sind in die Thylakoidmembranen eingebettet und bestehen aus zwei wichtigen Komponenten:

- Proteine
- Pigmente

Die **Proteine** haben Enzymcharakter und katalysieren Redoxreaktionen. Sie weisen lipophile Bereiche auf, mit denen sie sich in die Lipidmatrix der Thylakoidmembran integrieren. Hydrophile Bereiche ragen in das Stroma und in das Innere der Thylakoide. Die wichtigsten Pigmente sind die **Chlorophyllmoleküle**, die in höheren Pflanzen als Chlorophyll a und Chlorophyll b vorkommen (Abb. 82). Beide Formen unterscheiden sich durch eine Seitengruppe an einem der vier **Pyrrolringe**, die zusammen den **Porphyrinring** bilden. Im Zentrum des Porphyrinrings ist ein Magnesiumatom über zwei kovalente und zwei koordinative Bindungen mit den Stickstoffatomen der Pyrrolringe verbunden. Das Magnesium-Zentralatom befähigt das Chlorophyll, Licht im roten Wellenlängenbereich

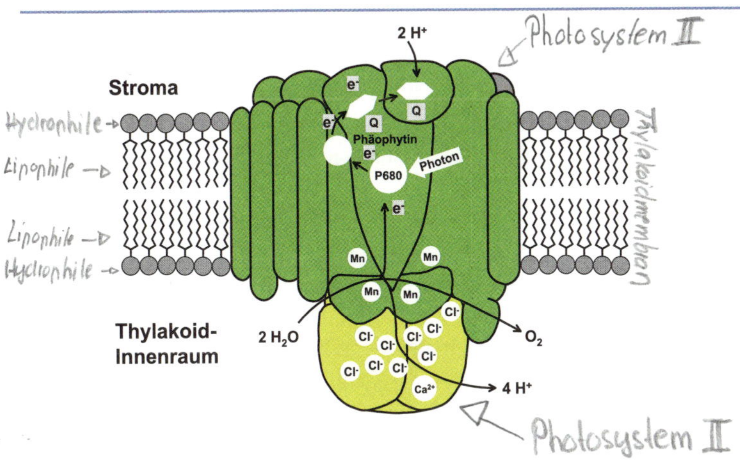

Abb. 81

Modell des Photosystems II. Q = Quencher.

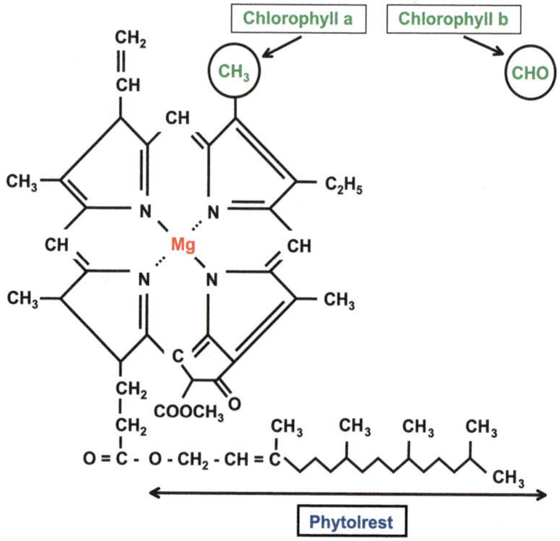

Abb. 82

Struktur des Chlorophyllmoleküls.

zu absorbieren. Dies ist der Grund für seine grüne Farbe, die die Reflexion von Licht in diesem Wellenlängenbereich darstellt. Entfernt man das Magnesium-Zentralatom, so verschwindet die grüne Farbe: Das Molekül ist farblos und wird als Phäophytin bezeichnet. Die lange Kohlenstoffkette des Phytolrestes ist hydrophob und verankert das Chlorophyllmolekül in der Lipidmatrix der Thylakoidmembran.

Neben den Chlorophyllmolekülen treten weitere Pigmente auf, die als **akzessorische Pigmente** bezeichnet werden. Sie haben besonders folgende Funktionen:

- Nutzung des Lichts anderer Wellenlänge
- Schutzfunktion des Photosyntheseapparates vor zu intensiver Strahlung

Zu den akzessorischen Pigmenten zählen die **Carotinoide** (Abb. 83), die rot bis gelb aussehen, da sie diese Farben reflektieren und Licht im blauen Bereich absorbieren. Auf diese Weise können sie zusätzlich Licht nutzen, das von den Chlorophyllen nicht absorbiert werden kann. Zwei Gruppen von Carotinoiden sind zu unterscheiden:

- Carotine
- Xanthophylle

Carotine unterscheiden sich von den **Xanthophyllen** durch das Fehlen einer Hydroxylgruppe am Iononring. Carotine haben eine wichtige Funktion als Vorstufe des Vitamin A in der menschlichen Ernährung.

Im Herbst kommt es zu einer Gelb- oder Rotfärbung von Blättern, bevor sie von den Bäumen abgeworfen werden. Dies ist darauf zurück-

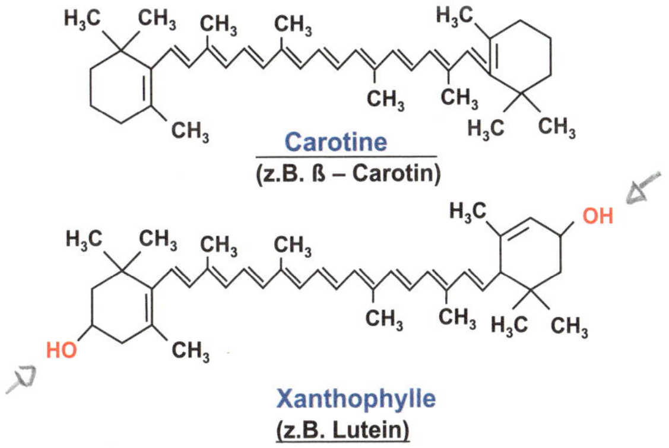

Carotine
(z.B. ß – Carotin)

Xanthophylle
(z.B. Lutein)

Abb. 83

Struktur der Carotinoide.

zuführen, dass Pflanzennährstoffe, unter anderem Mg und N, remobilisiert werden. Es kommt daher zum Abbau von Chlorophyll, wobei zunächst die Carotinoide (und damit die Reflexion von gelbem oder rotem Licht) erhalten bleiben. Zuweilen kann man den sukzessiven Abbau der verschiedenen Pigmente an einem Blatt wie in einem Chromatogramm beobachten (Abb. 84). Die Mobilisierung von Stickstoff und Magnesium erfolgt bevorzugt in der Nachbarschaft der Blattadern. Dies wird durch Gelbfärbung, verursacht durch Carotinoide, sichtbar. An den Blatträndern ist das Gewebe bereits abgestorben. Im Übergangsbereich sind weitere akzessorische Pigmente an der rot-violetten Färbung zu erkennen, die **Anthocyane**. Diese wasserlöslichen Pigmente spielen eine wichtige Rolle als Schutzpigmente.

Abb. 84

Herbstliche Mobilisierung von Nährstoffen aus dem Blatt führt zum Abbau von Pigmenten.

Mehrere hundert Chlorophyllmoleküle sind in einem Photosystem II (Abb. 81) angeordnet und sammeln zusammen mit den akzessorischen Pigmenten Lichtenergie ein. Da das Maximum der Lichtabsorption bei der Wellenlänge 680 nm liegt, wird dieses Pigmentsystem auch als P 680 bezeichnet. Durch die Lichtabsorption werden die Pigmente in Schwingung versetzt und geben mittels induktiver Resonanz Energie an ein Chlorophyll a-Molekül ab, das so stark angeregt wird, dass ein Elektron aus seinem Verband herausgeschleudert wird (Abb. 85).

Durch die Oxidation von P 680 kommt es zu einem Elektronendefizit, das wieder aufgefüllt werden muss. Dies erfolgt durch die Spaltung von Wasser, die auch als photolytische Wasserspaltung (Hill-Reaktion) bezeichnet wird (Abb. 86). Elektronen, die durch die Spaltung von Wasser freigesetzt werden, dienen der Reduktion von P 680^+, das auf diese

Abb. 85

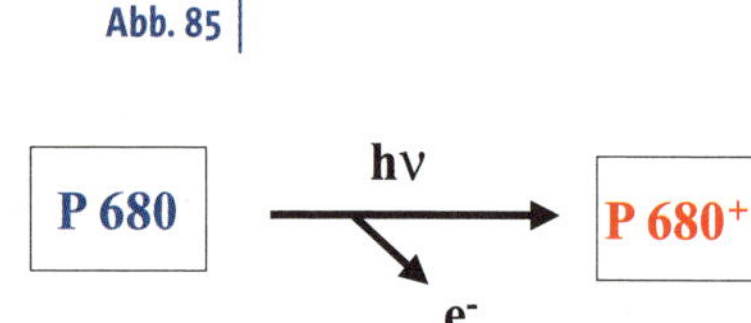

Herausschleudern eines Elektrons aus einem Chlorophyll a-Molekül des Pigmentystems 680 unter der Einwirkung von Licht.

Abb. 86

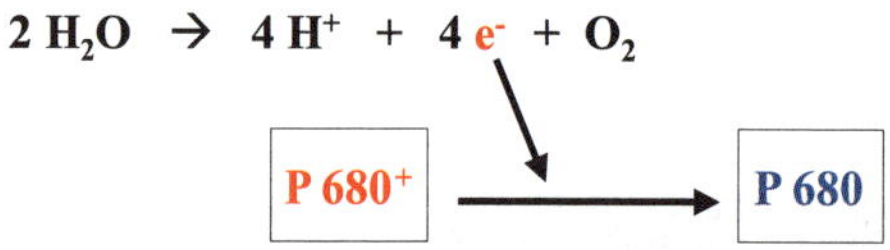

$$2\,H_2O \rightarrow 4\,H^+ + 4\,e^- + O_2$$

P 680⁺ → P 680

Nachlieferung von Elektronen an das Pigmentsystem 680 aus der Wasserspaltung.

Definition

Fluoreszenz ist die Umkehr der Lichtabsorption. Sie kommt zustande, wenn Elektronen auf ein niedrigeres Energieniveau zurückfallen. Bei diesem Vorgang kann Energie in Form von Licht ausgestrahlt werden.

Weise regeneriert wird und in seiner Ausgangsform für die nächste Reaktion bereitsteht. **Mangan** dient dabei aufgrund seiner Fähigkeit zum Valenzwechsel als Elektronenüberträger (Abb. 81).

Es ist schon seit langem bekannt, dass die Wasserspaltung Chlorid erfordert. Dies ist darauf zurückzuführen, dass sich **Cl^--Ionen** an positiv geladene Proteinbereiche des Photosystems II im Thylakoidinnenraum anlagern. Diese sorptive Bindung verändert die Konformation der Proteine derart, dass das Photosystem aktiviert wird. Eine analoge Funktion haben **Ca^{2+}-Ionen**, die sich an negative Bindungsstellen sorptiv anlagern und so erst die richtige Struktur des Photosystems ermöglichen (Abb. 81).

Das aus dem Chlorophyll a herausgeschleuderte Elektron muss von einem System aufgefangen und unschädlich gemacht werden. Gelingt dies nicht, können toxische Radikale entstehen, die Membranen und Nukleinsäuren schädigen. Für das Auffangen von Elektronen im Photosystem II sind **Chinone** und **Phäophytin** verantwortlich, die auch als **Quencher** (engl. to quench = auslöschen) bezeichnet werden (Abb. 87). Sie verhindern das Zurückfallen des Elektrons auf das ursprüngliche Energieniveau und unterbinden so die Fluoreszenz (→ Def.). Anschließend werden die Elektronen auf Plastochinon (Abb. 88) übertragen.

Plastochinon stellt ein Redoxsystem dar, das mit seiner Seitenkette von neun Isoprenresten in der Thylakoidmembarn verankert ist. Es kann an seinen beiden Sauerstoffatomen jeweils ein Elektron aufnehmen und

Abb. 87

Chinone fungieren als Quencher. Sie lagern Elektronen an und verhindern so das Zurückspringen der Elektronen auf ein niedrigeres Energieniveau.

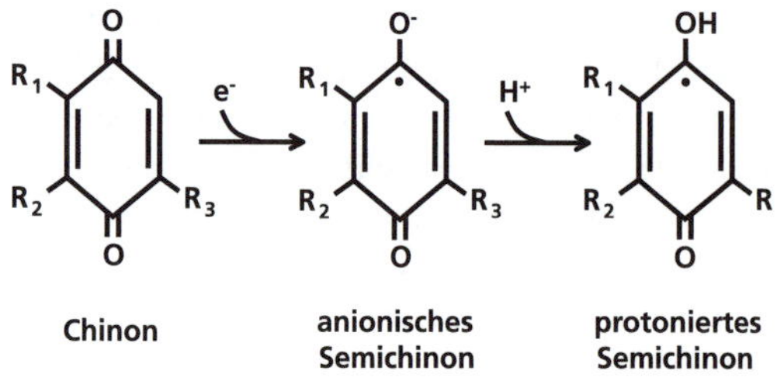

Chinon —(e⁻)→ anionisches Semichinon —(H⁺)→ protoniertes Semichinon

anschließend zwei Protonen anlagern, wobei Plastochinol gebildet wird (Abb. 89). Die Protonen werden aus dem Stroma des Chloroplasten aufgenommen. Im nächsten Schritt werden die Elektronen an Cytochrome weitergegeben. **Cytochrome** sind Enzyme, die als prosthetische Gruppe die **Häm-Gruppe** tragen (Abb. 90). In der Struktur des Häms ist Eisen als Zentralatom im Porphyrinring ähnlich gebunden wie Magnesium im Chlorophyll. Typisch für Häm als prosthetische Gruppe ist die feste (kovalente) Bindung an das Enzym. So erfolgt zum Beispiel die Bindung von Häm an Cytochrom c über zwei Schwefelatome (Abb. 90).

Häm ist auch die prosthetische Gruppe im **Hämoglobin** und im **Myoglobin**, die im reduzierten Zustand des Eisens (Fe^{II}) Sauerstoff anlagern und transportieren können (→ Def., Abb. 91). In den Cytochromen dient das Eisen der Häm-Gruppe dem Valenzwechsel und somit der Elektronenübertragung (Abb. 92). Im Gegensatz zu Plastochinon können Cytochrome nur Elektronen, aber keine Protonen weitergeben. Die freigesetzten Protonen gelangen in die Thylakoidinnenräume.

Cytochrome geben die Elektronen an Plastocyanine ab (Abb. 93). Beim Plastocyanin handelt es sich um ein Protein, in das ein Kupferatom über zwei Histidin- sowie je eine Cystein- und eine Methioninbrücke eingebaut ist. In dieser Koordination kann es ein Elektron aufnehmen und dabei von Cu^{II} zu Cu^{I} reduziert werden. Von dort gelangen die Elektronen schließlich zum **Photosystem I**, in dem sie ein zweites Mal mittels Lichtenergie auf ein höheres Energieniveau angehoben werden (Abb. 94). Das Photosystem I hat Ähnlichkeit mit dem Photosystem II, besitzt aber kein wasserspaltendes Zentrum. Da sein Absorptionsmaximum bei einer Wellenlänge von 700 nm liegt, wird es als Pigmentsystem 700 (P 700) bezeichnet.

Abb. 88

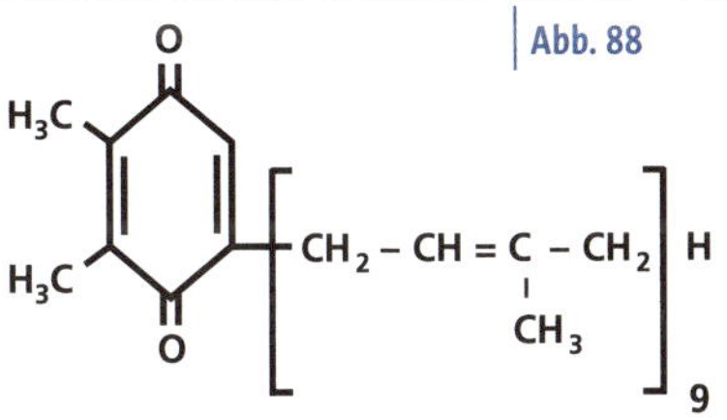

Struktur von Plastochinon. Der Isoprenrest wiederholt sich neunmal.

Abb. 89

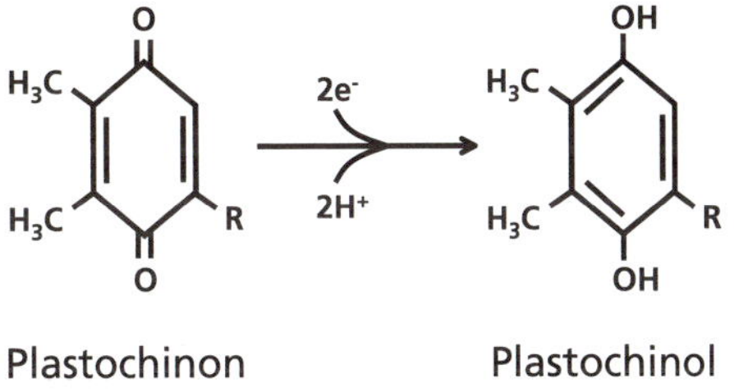

Reduktion von Plastochinon ermöglicht die Protonierung.

Abb. 90

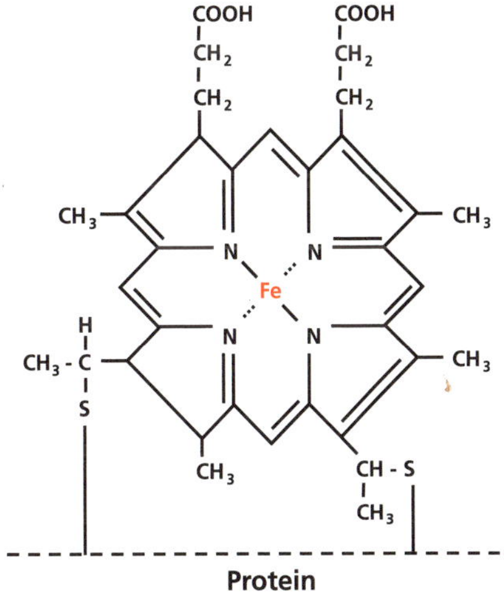

Struktur der Hämgruppe.

Im Photosystem I sind **tetranucleare Fe/S-Komplexe** an der Übertragung von Elektronen beteiligt (Abb. 95). Diese Komplexe kann man sich als würfelförmig angeordnete prosthetische Gruppen vorstellen, in denen sich an den Ecken Eisen- und Schwefelatome abwechseln. Durch Valenzwechsel geben die Eisenatome die Elektronen weiter. Das Photosystem I gibt Elektronen an Ferredoxin ab (Abb. 96). Hierbei handelt es sich um ein Protein, in dem in der prosthetischen Gruppe zwei Eisenatome über vier Schwefelbrücken mit Cysteinresten verbunden sind. Die

Abb. 91

Die Hämgruppe als prosthetische Gruppe in Hämoglobin und Myoglobin.

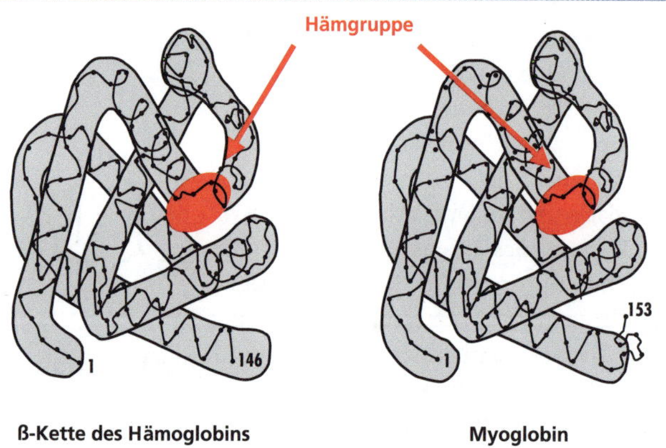

Definition

Hämoglobin ist der rote Blutfarbstoff, der dem Sauerstofftransport und der -speicherung dient. Eine intrazelluläre Funktion im Muskelgewebe wird analog von Myoglobin übernommen.

Abb. 92

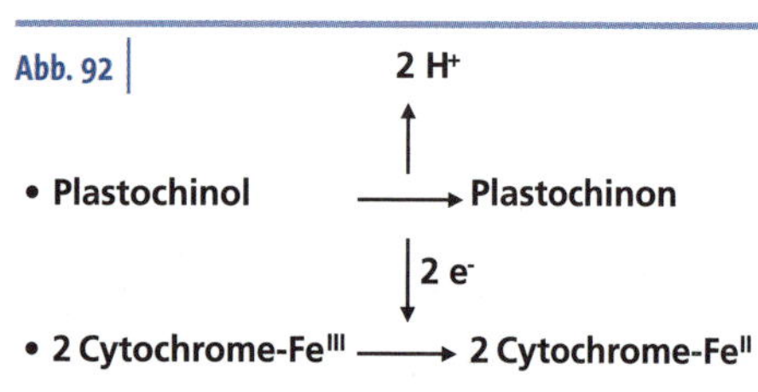

Elekronenübertragung von Plastochinol auf Cytochrome.

Abb. 93

Elektronenübertragung durch Plastocyanin.

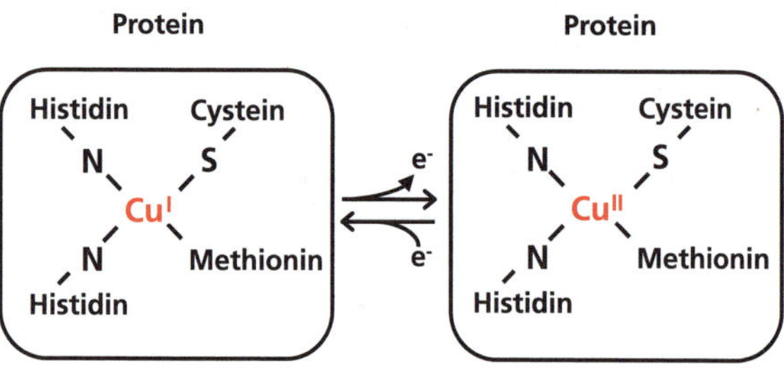

Eisenatome sind untereinander über zwei Schwefelatome verbunden. Ohne Berücksichtigung der Schwefelatome der Cysteinreste sind jeweils zwei Eisenatome zwei Schwefelatomen zugeordnet. Daher werden diese Komplexe auch als **binucleare Fe/S-Komplexe** bezeichnet.

In der **photosynthetischen Lichtreaktion** werden Elektronen an zwei Stellen auf ein höheres Energieniveau gehoben, im Photosystem II und im Photosystem I. Ausgehend von einem positiven physiologischen Standard-Redoxpotential wird ein negatives physiologisches Standard-Red-

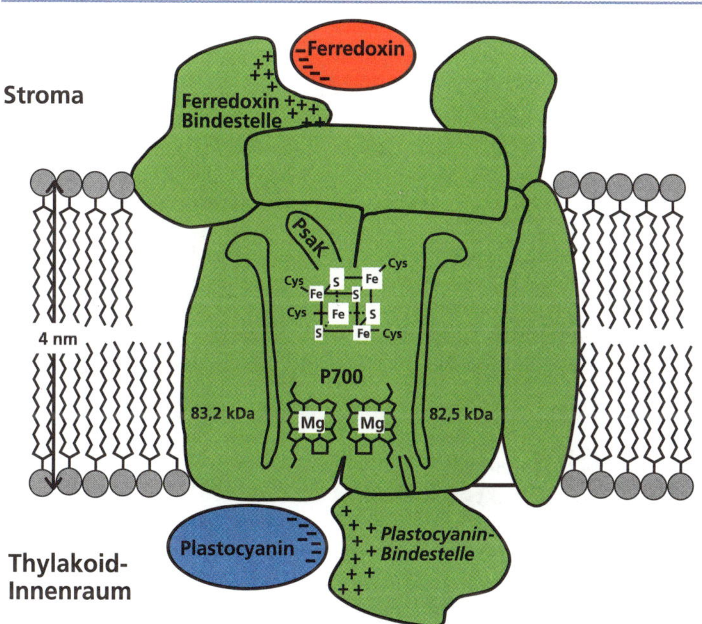

Abb. 94

Modell des Photosystems I.

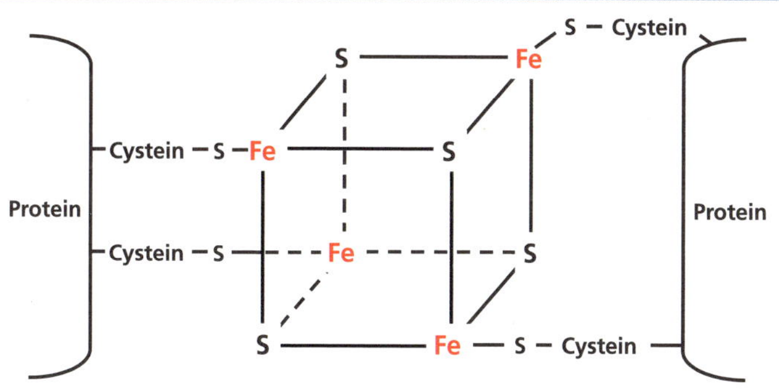

Abb. 95

Struktur eines tetranuclearen Fe/S-Komplexes.

Abb. 96

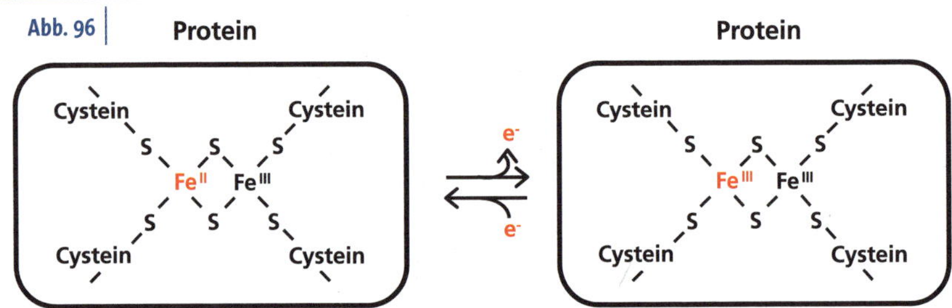

Elektronenübertragung durch Ferredoxin. Ferredoxin ist ein binuclearer Fe/S-Komplex.

Abb. 97

Photosynthetische Elektronen-transportkette.

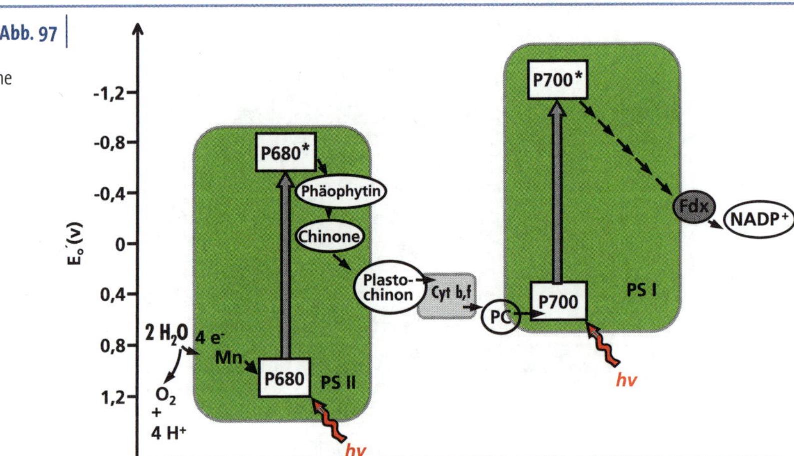

oxpotential erreicht (Abb. 97). Elektronen werden also unter Zufuhr von Lichtenergie aktiv transportiert. Der weitere Transport der Elektronen über Plastochinon, Cytochrome und Plastocyanin, bzw. über Ferredoxin zu $NADP^+$, erfolgt passiv. Ähnlich wie Strom in einem Kupferdraht fließen Elektronen über die Redoxsysteme bergab in Richtung eines positiveren Redoxpotentials. Lichtenergie wurde somit in elektrische Energie umgeformt. Ferredoxin gibt aufgrund seines negativeren Standard-Redoxpotentials seine Elektronen an $NADP^+$ ab, das zu $NADPH + H^+$ reduziert wird. In dieser Form wird ein Teil der Energie in die Dunkelreaktion des Calvin-Zyklus eingespeist (vgl. Kapitel 4.5).

Chemiosmotische Phosphorylierung

4.4

Neben NADPH + H^+ wird in der Dunkelreaktion für die Synthese von Zuckern auch ATP benötigt, das ebenfalls mit Hilfe der Lichtreaktion gebildet wird. Das Prinzip der Synthese von ATP in der Lichtreaktion wird mit der erstmals von Peter Mitchell 1961 postulierten **chemiosmotischen Theorie** erklärt, die die theoretische Grundlage nicht nur für das Verständnis der photosynthetischen und respiratorischen (vgl. Kapitel 7.6) ATP-Synthese, sondern auch der verschiedensten Transportprozesse durch biologische Membranen darstellt. Nach dieser Theorie ist ein **elektrochemischer Protonengradient** an der Thylakoidmembran die treibende Kraft für die ATP-Synthese.

Aufgrund der Wasserspaltung und eines diskontinuierlichen Transports von Elektronen und Protonen in der photosynthetischen Elektronentransportkette werden Protonen aktiv aus dem Stroma in die Thylakoidinnenräume der Chloroplasten transportiert. Drei Bereiche des photosynthetischen Elektronentransports tragen zu diesem **Pumpprozess** bei (Abb. 98).

1 Zunächst werden im Thylakoidinnenraum durch die Spaltung von zwei Molekülen Wasser am Photosystem II vier Protonen freigesetzt.
2 Da Plastochinon nicht nur Elektronen, sondern auch Protonen aufnimmt, werden neben den vier Elektronen auch vier Protonen gebunden, die dem Stroma entstammen. Im Gegensatz zu den Elektronen können die Protonen nicht an die Cytochrome weitergegeben werden, sondern werden in die Thylakoidinnenräume abgeschieden.
3 Schließlich werden nach der Reduktion von $NADP^+$ Protonen verbraucht, wobei jedoch pro 2 $NADP^+$ nur zwei H^+ angelagert werden, während zwei H^+ im Stroma verbleiben.

Folge dieser drei Prozesse ist, dass Protonen im Thylakoidinnenraum angereichert werden, dieser also sauer ist, während das Stroma alka-

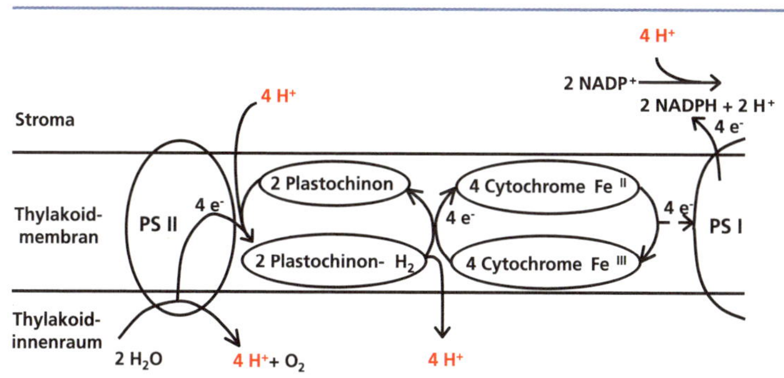

Abb. 98

Prozesse der Protonenanreicherung im Thylakoidinnenraum.

Abb. 99

Protonengradient an der Thylakoidmembran.

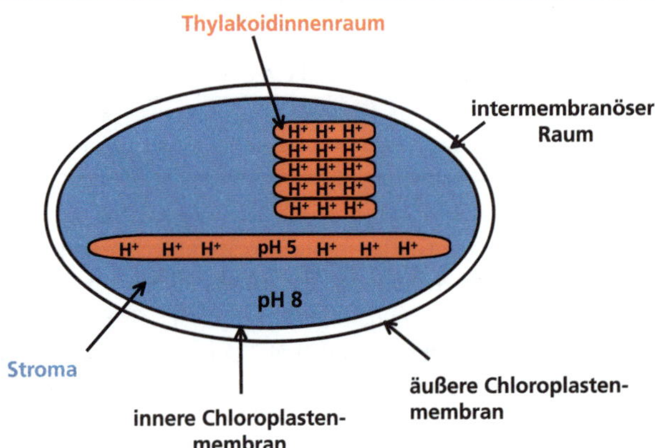

Abb. 100

$$\text{pmf} = \Delta\mu_{H^+}/F$$

Proton motive force (pmf); $\Delta\mu_H^+$ = elektrochemischer Protonengradient, F = Faraday-Konstante.

lisch ist (Abb. 99). Während im Thylakoidinnenraum der pH-Wert etwa 5,5 beträgt, liegt der pH-Wert im Stroma über pH 8. Darüber hinaus entsteht ein elektrischer Gradient an der Thylakoidmembran: Positive Ladung wird im Thylakoidinnenraum angereichert. Damit liegt ein **elektrochemischer Gradient** (Abb. 71) vor, der eine neue Form von Energie darstellt. Lichtenergie wurde über elektrische Energie in elektrochemische Energie umgeformt. Der elektrochemische Protonengradient wird im Englischen auch als **„proton motive force"** bezeichnet. Es handelt sich dabei um den Quotienten aus dem elektrochemischen Protonengradienten und der Faraday-Konstanten (Abb. 100).

Die freie Protonenkonzentration im Thylakoidinnenraum ist damit etwa tausendmal größer als im Stroma. Zusätzlich zum pH-Gradienten

Abb. 101

ATP-Synthase in der Thylakoidmembran.

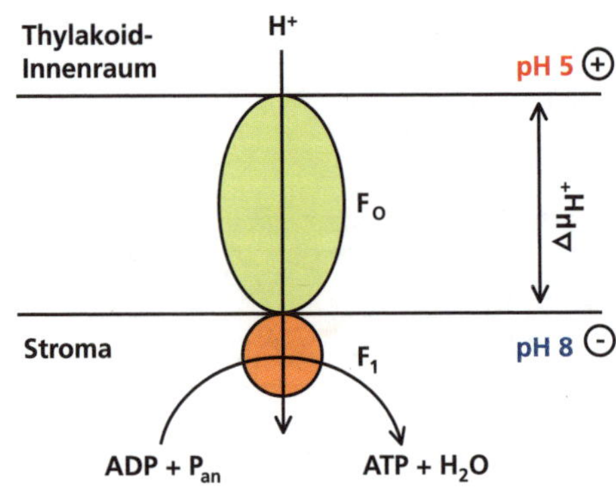

liegt ein Membranpotential von circa 100 mV vor, das als zweite Komponente zum elektrochemischen Protonengradienten beiträgt. Ähnlich wie in einem Wasserkraftwerk der Höhenunterschied des Wasserstandes genutzt werden kann, um mit Hilfe von Turbinen kinetische in elektrische Energie umzuformen, kann auch der elektrochemische Protonengradient in eine andere Energieform überführt werden. In der Thylakoidmembran gibt es ein Protein, das analog zu einer Turbine arbeitet und den elektrochemischen Protonengradienten nutzt, um chemische Energie in Form von ATP zu bilden (Abb. 101).

Dieses Protein besteht aus zwei Komponenten, von denen eine in die Thylakoidmembran integriert ist und als F_0 bezeichnet wird. Es handelt sich bei dieser Komponente um einen Protonenkanal, der H^+ durch die Thylakoidmembran schleust. Protonen werden passiv durch diesen Kanal entlang des elektrochemischen Gradienten transportiert und treffen auf die zweite Komponente (F_1), die dadurch aktiviert wird. Es handelt sich dabei um das katalytische Zentrum, das aus ADP und P_{an} unter H_2O-Abspaltung ATP synthetisiert. Kinetische Energie wird in chemische Energie überführt (Info-Box 5).

Box 5

Wieviel Energie stellt der elektrochemische Protonengradient für die ATP-Synthese zur Verfügung?

Legt man einen pH-Wert im Stroma von 8 und im Thylakoidinnenraum von 5 sowie ein Membranpotential von -100 mV zugrunde, so errechnet sich der folgende elektrochemische Protonengradient an der Thylakoidmembran (vgl. Abb. 71):

$$-2{,}48 \text{ kJ mol}^{-1} \ln\left(\frac{10^{-5}\text{ M H}^+}{10^{-8}\text{ M H}^+}\right) + 0{,}096 \text{ kJ mol}^{-1} \text{ mV}^{-1} (-100 \text{ mV}).$$

Daraus ergibt sich ein Energiegehalt von 26,74 kJ mol^{-1}. Dies bedeutet, dass bei einem Durchfluss von 1 mol H^+ durch die ATP-Synthase die Energie nicht ausreicht, um 1 mol ATP aus ADP und P_{an} zu synthetisieren, da für den Aufbau einer energiereichen Bindung mindestens 32 kJ mol^{-1} benötigt werden. Die Stöchiometrie H^+ : ATP muss daher > 1 sein. Bei einer Stöchiometrie von 2 H^+ : ATP stehen 53,48 kJ mol^{-1} zur Verfügung. Dieser Betrag ist groß genug, allerdings nur unter der Voraussetzung, dass alle Protonen über die ATP-Synthase geleitet werden, und die Membran ansonsten völlig dicht für Protonen ist. Dies ist aus verschiedenen Gründen allerdings nicht der Fall (vgl. auch Kapitel 7.6).

Da dieses Protein den passiven H^+-Transport, bei dem Energie freigesetzt wird, mit der ATP-Synthese koppelt, wurde es zunächst als **Kopplungsfaktor** bezeichnet. Biochemisch gehört es zu den Synthasen (Hauptklasse der Transferasen) und wird daher auch als **ATP-Synthase** bezeichnet. Da dieses Enzym prinzipiell auch umgekehrt arbeiten kann, das heißt unter hydrolytischer Spaltung von ATP in ADP und P_{an} Protonen aktiv transportiert, wird es auch als **F_0F_1-ATPase** bezeichnet.

4.5 | Calvin-Zyklus

In der Dunkelreaktion der Photosynthese erfolgt die eigentliche **CO_2-Assimilation** (→ Def.). Sie wird deshalb als Dunkelreaktion bezeichnet, weil sie unter Zugabe von NADPH + H^+ und ATP auch ohne Licht ablaufen kann. Nach Calvin und seinen Mitarbeitern, die mittels ^{14}C-Isotopenmarkierung die einzelnen Reaktionen im Reagenzglas nachvollzogen, wird sie auch als **Calvin-Zyklus** bezeichnet (→ Def.). Da die Reaktionsfolge von einer zweifach phosphorylierten Pentose (Zucker, bestehend aus fünf C-Atomen) ausgeht und eine Reduktion umfasst, wird sie auch als **reduktiver Pentosephosphat-Zyklus** bezeichnet. Die Enzyme des Calvin-Zyklus sind im Stroma der Chloroplasten lokalisiert. Mit Ausnahme der 6. Hauptklasse (Ligasen) kommen Enzyme aller Hauptklassen im Calvin-Zyklus vor. Daher werden die verschiedenen Vertreter hier noch einmal beispielhaft den verschiedenen Hauptklassen zugeordnet (vgl. Kapitel 1.4).

Definition

Assimilation (Angleichung) ist der Einbau eines chemischen Elements in organische Substanz unter Beteiligung enzymatischer Redoxreaktionen. Das Gegenteil ist die Dissimilation.
Unter einem **Zyklus** versteht man in der Biochemie eine Abfolge von Reaktionen, in denen ein Ausgangsmolekül verschiedene Umformungen erfährt, am Ende aber wieder in der ursprünglichen Form vorliegt: Ausgangssubstrat und Endprodukt sind identisch.

Das Ausgangssubstrat und Endprodukt des Calvin-Zyklus (Abb. 102) ist **Ribulose-1,5-Bisphosphat** (RuBP), ein zweifach phosphorylierter Zucker (Abb. 103). In einer exergonen Reaktion (ΔG^o = -40 kJ mol^{-1}) werden durch Anlagerung von CO_2 und H_2O zwei Moleküle 3-Phosphoglycerat (Anion der 3-Phosphoglycerinsäure) gebildet. Das Molekül kann auch als Glycerat-3-Phosphat oder Glyceratmonophosphat bezeichnet werden. Die Reaktion wird durch ein Enzym aus der Hauptklasse der **Lyasen**, der **Ribulosebisphosphat-Carboxylase** (RUBISCO) katalysiert. Es ist das wichtigste Enzym, das anorganischen Kohlenstoff in organische Substanz einbaut. Seine große Bedeutung kann man quantitativ auch daran ermessen, dass, nicht zuletzt aufgrund seines großen Molekulargewichts (550.000), bis zu 50% der löslichen Proteinmasse in Blättern auf RUBISCO zurückzuführen sind. RUBISCO wird durch Mg^{2+} aktiviert und besitzt ein pH-

Abb. 102

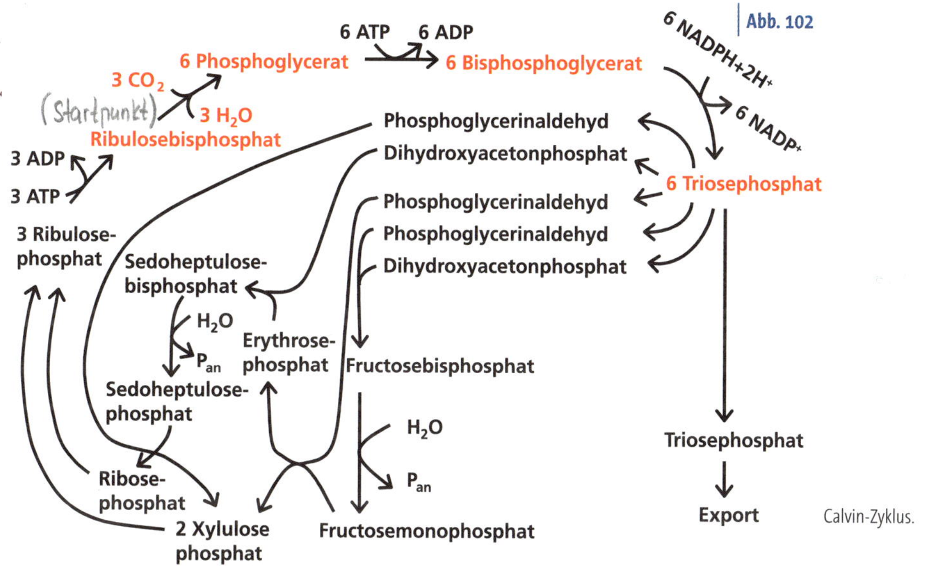

Calvin-Zyklus.

Optimum bei 8,3-8,6. Da die Protonenabscheidung in die Thylakoidinnenräume und damit die Alkalisierung des Stromas von der Lichtreaktion abhängig ist, wird eine hohe Carboxylierungsaktivität nur bei intensiver Lichtreaktion erreicht.

Am Beispiel der RUBISCO lässt sich die Domestikation der ursprünglichen Bakterien als Folge der Endosymbiose veranschaulichen (vgl. Info-Box 4). Das Enzym besteht aus 16 Untereinheiten. Acht große Untereinheiten haben katalytische Funktionen, und acht kleine Untereinheiten haben regulatorische Funktionen. Während die großen Untereinheiten auf die genetische Information des Chloropasten zurückgehen, werden die kleinen Untereinheiten vom Zellkern gesteuert. Daraus resultiert eine regulatorische Dominanz des Zellkerns.

Abb. 103

$H_2C-O-(P)$ | $C=O$ | $H-C-OH$ | $H-C-OH$ | $H_2C-O-(P)$

Ribulosebisphosphat

CO_2, H_2O → RUBISCO

$H_2C-O-(P)$ | $H-C-OH$ | COOH | COOH | $H-C-OH$ | $H_2C-O-(P)$

Phoshpoglycerat

Carboxylierung von Ribulosebisphosphat durch Ribulosebisphosphat-Carboxylase (RUBISCO).

Um aus 3-Phosphoglycerat einen neuen Zucker zu synthetisieren, muss das Molekül zunächst aktiviert werden, da die Reduktion ein endergoner Prozess ist. Hierfür wird Energie in Form von ATP aus der chemiosmotischen Phosphorylierung der Lichtreaktion bereitgestellt (Abb. 104). Mit Hilfe einer **Kinase** (Enzym aus der Hauptklasse der

Transferasen) wird ein Phosphoryl-Radikal von ATP auf Phosphoglycerat übertragen und energiereich gebunden. Das H-Atom der Carboxylgruppe wird durch das Phosphoryl substitutiert, es entsteht 1,3-Bisphosphoglycerat.

In dieser Form ist das Molekül aktiviert und kann nun reduziert werden. Die Reduktion von 1,3-Bisphosphoglycerat wird durch das Enzym **Phosphoglycerinaldehyd-Dehydrogenase** (Enzym aus der Hauptklasse der **Oxidoreduktasen**) katalysiert (Abb. 105). In seinem katalytischen Zentrum besitzt es eine Sulfhydrilgruppe (= Thiolgruppe), an die unter Abspaltung von P_{an} Phosphoglyceryl (Radikal von Phosphoglycerat) energiereich gebunden wird. An dieser Stelle muss die Definition der energiereichen Bindung erweitert werden. Bei der Substitution des Wasserstoffatoms einer Sulfhydrilgruppe durch ein energiereich gebundenes Radikal bleibt die energiereiche Bindung erhalten (→ Def.). Der Phosphoglycerylrest kann nun mit Hilfe des Coenzyms NADPH + H^+, das von der Lichtreaktion bereitgestellt wird, reduziert werden. Es entsteht der erste Zucker der Photosynthese, nämlich **3-Phosphoglycerinaldehyd**.

Definition

Merke: Energiereiche Bindungen werden nicht nur mit Phosphatestern aufgebaut, sondern auch bei der Substitution des H-Atoms einer Sulfhydrilgruppe.

Phosphoglycerinaldehyd ist eine phosphorylierte Triose (Zucker mit drei C-Atomen), die in der Aldoseform vorliegt. Sie steht mit der Ketose, **Dihydroxyaceton-3-Phosphat**, im Gleichgewicht. Beide Zucker können durch eine reversible Isomerierung ineinander überführt werden. Die

Abb. 104

Phosphorylierung von Phosphoglycerat.

O OH
C
H - C - OH
CH_2 - O - (P)

ATP ADP
Kinase

O
C - O ~ (P)
H - C - OH
CH_2 - O - (P)

3-Phosphoglycerat

1,3-Bisphosphoglycerat

Abb. 105

Reduktion von Bisphosphoglycerat und Abspaltung von P_{an} durch Phosphoglycerinaldehyd-Dehydrogenase (PGA-DH).

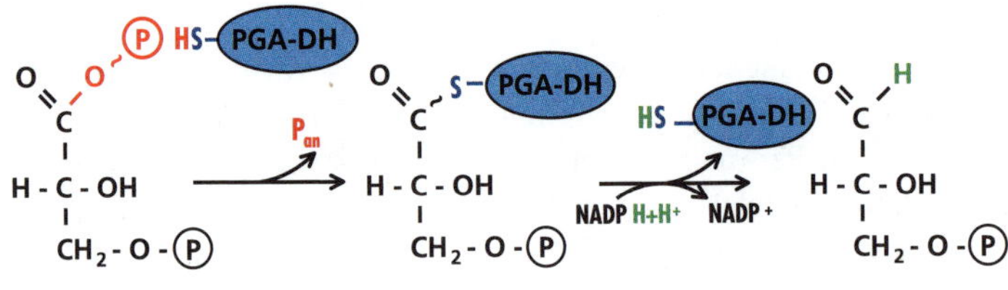

Reaktion wird durch das Enzym **Triosephospat-Isomerase** (Enzym aus der Hauptklasse der **Isomerasen**) katalysiert (Abb. 106). Die Triosephosphate können in verschiedene Reaktionen einmünden (Abb. 102). Jedes sechste Triosephosphatmolekül kann aus dem Chloroplasten exportiert werden. Die restlichen fünf Triosephosphate werden für die Regenerierung von Ribulosebisphosphat benötigt.

Phosphoglycerinaldehyd und Dihydroxyacetonphosphat können mit dem Enzym **Fructosebisphosphat-Aldolase** (Enzym aus der Hauptklasse der **Lyasen**) miteinander verknüpft werden (Abb. 107). Auch diese Reaktion ist reversibel und liefert eine Hexose (Zucker mit sechs C-Atomen). Bei hoher Photosyntheseaktivität und unzureichendem Export von Triosephosphaten kann aus Fructosebisphosphat über Glucosephosphat vorübergehend Stärke synthetisiert werden (siehe unten). Überwiegend wird allerdings Fructosebisphosphat für die Vollendung des Zyklus benötigt. Zu diesem Zweck muss zunächst der Phosphorylrest der C_1-Position abgespalten werden. Dies erfolgt hydrolytisch, das heißt unter Anlagerung von Wasser. Das zuständige Enzym, die **Fructosebisphosphat-Phosphatase**, ist daher ein Vertreter der Hauptklasse der **Hydrolasen** (Abb. 108).

Fructosemonophosphat reagiert anschließend mit Phosphoglycerinaldehyd, wobei Erythrose-4-Phosphat und Xylulose-5-Phosphat entstehen. Es handelt sich hierbei um eine für den Calvin-Zyklus typische

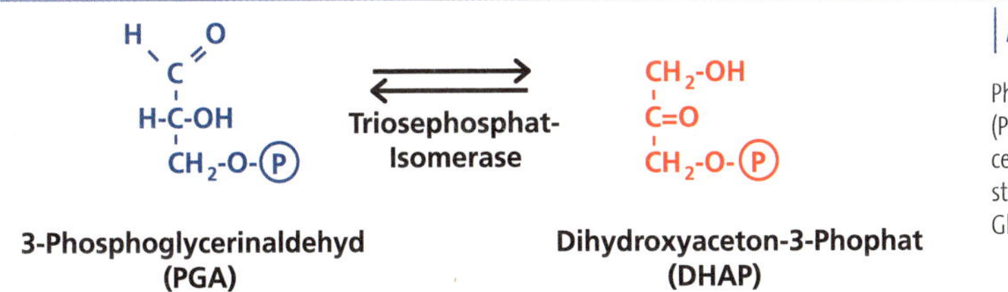

Abb. 106

Phosphoglycerinaldehyd (PGA) und Dihydroxyacetonphosphat (DHAP) stehen in einem isomeren Gleichgewicht.

DHAP

PGA

Fructose-
bisphosphat-
Aldolase

Fructose-1,6-Bisphosphat
(FBP)

Abb. 107

Das Enzym Aldolase katalysiert die reversible Zusammenlagerung von Dihydroxyaceton-3-Phosphat (DHAP) und 3-Phosphoglycerinaldehyd (PGA) zu Fructose-1,6-Bisphosphat.

Abb. 108

Dephosphorylierung von Fructosebisphosphat (FBP) zu Fructosemonophosphat (FMP).

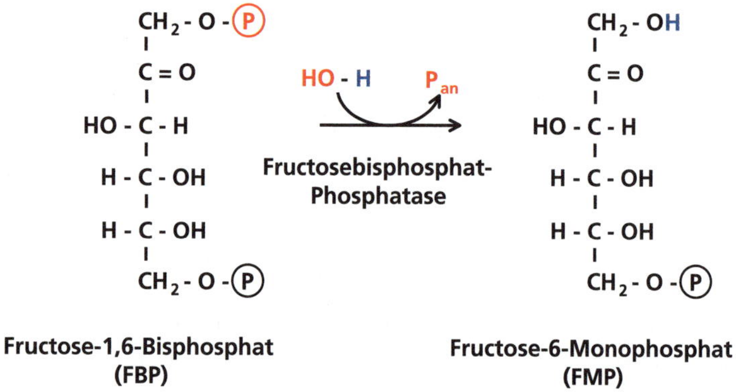

CH_2 - O - (P)
C = O
HO - C - H
H - C - OH
H - C - OH
CH_2 - O - (P)

Fructose-1,6-Bisphosphat (FBP)

HO - H → P_{an}

Fructosebisphosphat-Phosphatase

CH_2 - OH
C = O
HO - C - H
H - C - OH
H - C - OH
CH_2 - O - (P)

Fructose-6-Monophosphat (FMP)

Abb. 109

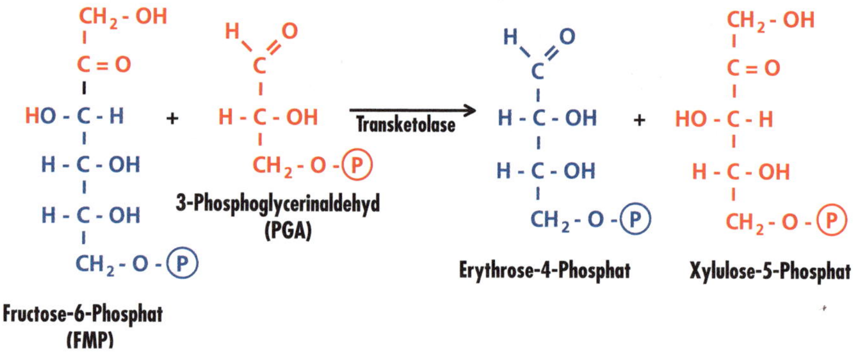

CH_2 - OH
C = O
HO - C - H
H - C - OH
H - C - OH
CH_2 - O - (P)

Fructose-6-Phosphat (FMP)

\+

H, O
C
H - C - OH
CH_2 - O - (P)

3-Phosphoglycerinaldehyd (PGA)

→ **Transketolase**

H, O
C
H - C - OH
H - C - OH
CH_2 - O - (P)

Erythrose-4-Phosphat

\+

CH_2 - OH
C = O
HO - C - H
H - C - OH
CH_2 - O - (P)

Xylulose-5-Phosphat

Übertragung eines C_2-Radikals von Fructose-6-Phosphat (FMP) auf 3-Phosphoglycerinaldehyd (PGA) durch eine Transketolase.

Abb. 110

Xylulose-5-Phosphat und Ribulose-5-Phosphat stehen in einem isomeren Gleichgewicht.

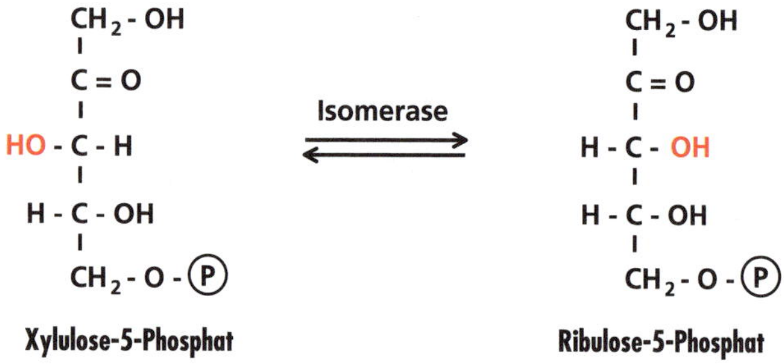

CH_2 - OH
C = O
HO - C - H
H - C - OH
CH_2 - O - (P)

Xylulose-5-Phosphat

Isomerase ⇄

CH_2 - OH
C = O
H - C - OH
H - C - OH
CH_2 - O - (P)

Ribulose-5-Phosphat

Reaktion, die durch eine **Transketolase** katalysiert wird (Abb. 109). Transketolasen gehören zur Hauptklasse der **Transferasen** und übertragen daher Radikale. Transketolasen sind dadurch charakterisiert, dass sie von einer Ketose ein Radikal mit zwei C-Atomen abschneiden und auf eine Aldose aufpfropfen. Dadurch entsteht sowohl eine neue Aldose als auch eine neue Ketose. Die Reaktion ist für die Vervollständigung des Zyklus erforderlich: In den anschließenden Reaktionen wird Xylulose-5-Phosphat zu Ribulose-5-Phosphat isomeriert (Abb. 110) und zu Ribulose-1,5-Phosphat phosphoryliert (Abb. 111). Die beteiligten Enzyme gehören den Hauptklassen der **Isomerasen** und der **Transferasen** an.

Erythrosephosphat kann exportiert werden und dient dann der Synthese aromatischer Aminosäuren oder kann mit Dihydroxyacetonphosphat zu Sedoheptulose-1,7-Bisphosphat mit einer **Aldolase** (Hauptklasse der **Lyasen**) verknüpft werden (Abb. 112). Eine **Phosphatase** (Hauptklasse der **Hydrolasen**) dephosphoryliert Sedoheptulosebisphosphat anschließend zu Sedoheptulosemonophosphat (Sedoheptulose-7-Phosphat, Abb. 113).

Sedoheptulosemonophosphat kann mit Phosphoglycerinaldehyd über eine **Transketolase** (Hauptklasse der **Transferasen**) zu zwei Pentosen (Zucker mit fünf C-Atomen, Abb. 114) oder über eine **Transaldolase** (Hauptklasse

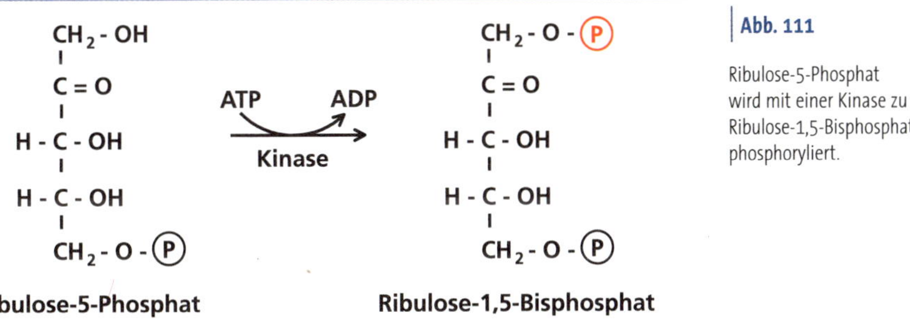

Abb. 111

Ribulose-5-Phosphat wird mit einer Kinase zu Ribulose-1,5-Bisphosphat phosphoryliert.

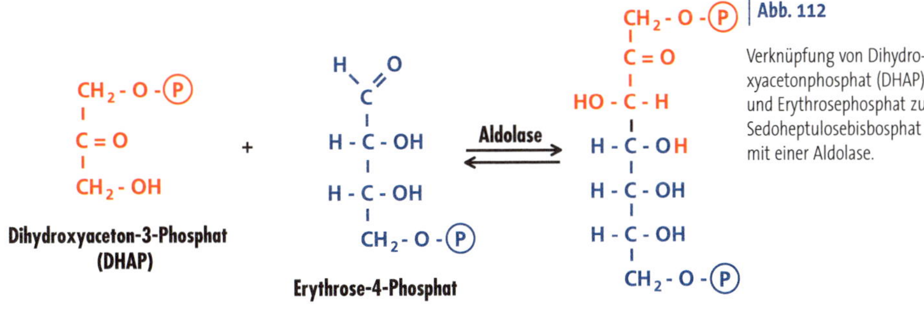

Abb. 112

Verknüpfung von Dihydroxyacetonphosphat (DHAP) und Erythrosephosphat zu Sedoheptulosebisbosphat mit einer Aldolase.

Abb. 113

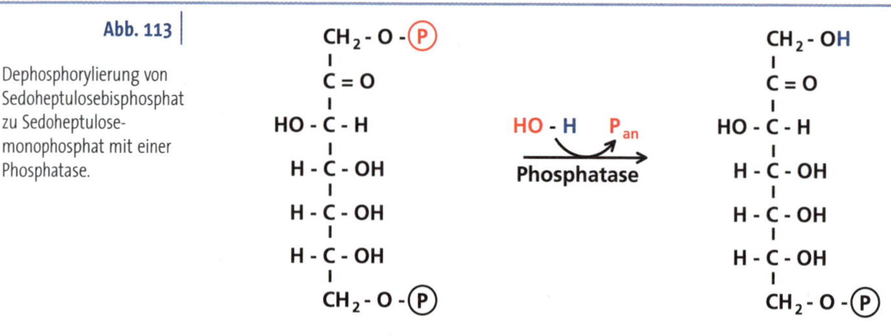

Dephosphorylierung von Sedoheptulosebisphosphat zu Sedoheptulose-monophosphat mit einer Phosphatase.

Abb. 114

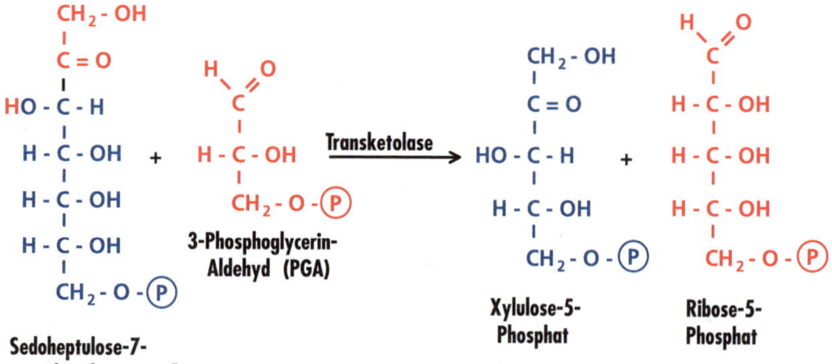

CH_2-OH / $C=O$ / $HO-C-H$ / $H-C-OH$ / $H-C-OH$ / $H-C-OH$ / $CH_2-O-(P)$
Sedoheptulose-7-Phosphat

\+

$H\diagdown C \diagup\!\!\!/ O$ / $H-C-OH$ / $CH_2-O-(P)$
3-Phosphoglycerin-Aldehyd (PGA)

Transketolase →

CH_2-OH / $C=O$ / $HO-C-H$ / $H-C-OH$ / $CH_2-O-(P)$
Xylulose-5-Phosphat

\+

$H\diagdown C \diagup\!\!\!/ O$ / $H-C-OH$ / $H-C-OH$ / $H-C-OH$ / $CH_2-O-(P)$
Ribose-5-Phosphat

Übertragung eines C_2-Radikals von Sedoheptulosemonophosphat auf Phosphoglycerinaldehyd durch eine Transketolase.

Abb. 115

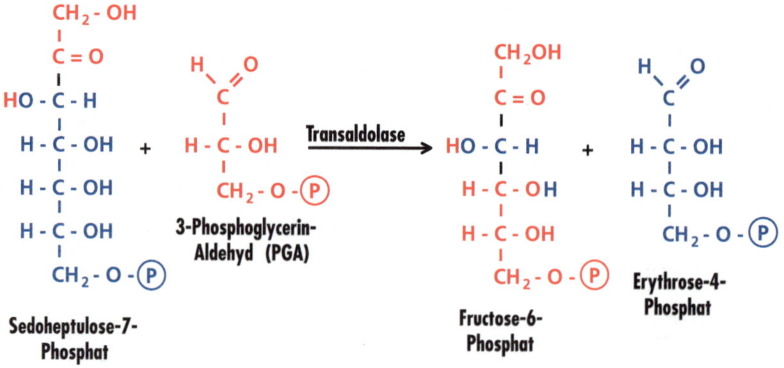

CH_2-OH / $C=O$ / $HO-C-H$ / $H-C-OH$ / $H-C-OH$ / $H-C-OH$ / $CH_2-O-(P)$
Sedoheptulose-7-Phosphat

\+

$H\diagdown C \diagup\!\!\!/ O$ / $H-C-OH$ / $CH_2-O-(P)$
3-Phosphoglycerin-Aldehyd (PGA)

Transaldolase →

CH_2OH / $C=O$ / $HO-C-H$ / $H-C-OH$ / $H-C-OH$ / $CH_2-O-(P)$
Fructose-6-Phosphat

\+

$H\diagdown C \diagup\!\!\!/ O$ / $H-C-OH$ / $H-C-OH$ / $CH_2-O-(P)$
Erythrose-4-Phosphat

Verknüpfung von Sedoheptulosemonophosphat und Phosphoglycerinaldehyd (PGA) und anschließende Spaltung in Fructosemonophosphat und Erythrosephosphat durch eine Transaldolase.

der **Lyasen**) zu Fructose-6-Phosphat und Erythrose-4-Phophat umgeformt werden (Abb. 115). Mit der letzten Reaktion wird der Tatsache Rechnung getragen, dass Erythrosephosphat exportiert werden kann. Der Vergleich der Abb. 114 und Abb.115 verdeutlicht den Unterschied zwischen einer Transketolase und einer Transaldolase: Während eine Transketolase als Transferase ein Radikal überträgt, stellt man sich bei einer Transaldolasereaktion zunächst eine Verknüpfung der beiden Substrate zu einem hypothetischen C_{10}-Körper vor, der anschließend in einen C_6-Körper (Fructosephosphat) und einen C_4-Körper (Erythrosephosphat) zerfällt. Die verschiedenen Pentosephosphate können mit Isomerasen zu Ribulosephosphat umgewandelt werden, so dass der Zyklus mit einer Phosphorylierung auch von dieser Seite her komplettiert werden kann (Abb. 102).

Anhand der Übersicht in Abb. 102 kann der Calvin-Zyklus bilanziert werden (Abb. 116). Geht man von der Carboxylierung von drei Molekülen Ribulosebisphosphat aus, so werden sechs Reduktionsäquivalente in Form von NADPH + H^+ und neun Energieäquivalente in Form von ATP benötigt. Daraus folgt, dass mehr Moleküle ATP als NADPH + H^+ synthetisiert werden müssen. Hierzu hat der Stoffwechsel eine besondere Form der ATP-Synthese entwickelt, die durch zyklischen Elektronentransport ermöglicht wird (Abb. 117). Elektronen werden hierbei nicht von Ferredoxin auf $NADP^+$ übertragen, sondern vom Photosystem I auf Plastochinon zurückgeleitet.

Abb. 116

$$3\ C_5 + 3\ CO_2 + 6\ NADPH + 6\ H^+ + 9\ ATP \rightarrow$$
$$3\ C_5 + 1\ C_3 + 6\ NADP^+ + 9\ ADP + 8\ P_{an}$$

Bilanz des Calvin-Zyklus.

Abb. 117

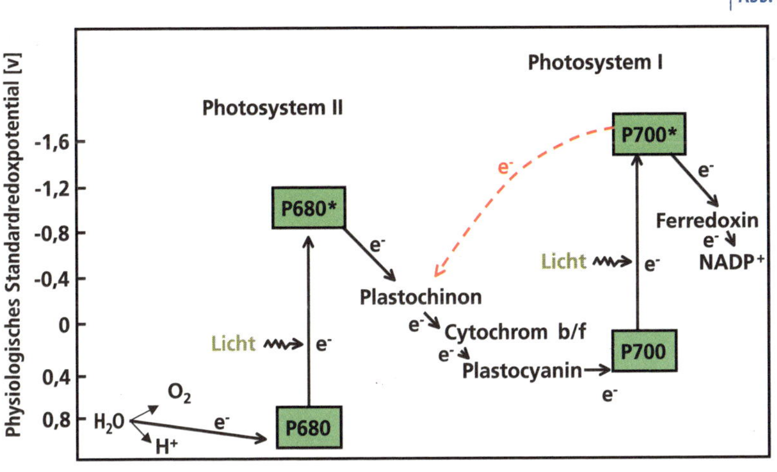

Zyklischer Elektronentransport: Elektronen werden nicht zur Reduktion von $NADP^+$ verwendet, sondern in die photosynthetische Elektronentransportkette zurückgegeben.

Auf diese Weise entstehen keine neuen Reduktionsäquivalente, sondern die Elektronen werden genutzt, um zusätzlich Protonen zu verschieben und so den Protonengradienten zu erhalten, der für die ATP-Synthese genutzt werden kann.

Aus der Bilanz ist auch ersichtlich, dass die drei mittels Carboxylierung gebundenen C-Atome in der Synthese von einem Triosephosphat aufgehen, das exportiert wird und daher ein P_{an} verbraucht. In der Bilanz entstehen daher neun ADP-Moleküle, aber nur acht P_{an}-Moleküle. Da der Export von Triosephosphaten über die innere Chloroplastenmembran über einen sogenannten **Phosphattranslokator** erfolgt, der für jedes exportierte Triosephosphatmolekül ein P_{an}-Molekül im Antiport importiert, steht für die ATP-Synthese eine ausreichende Anzahl von P_{an} zur Verfügung.

Fragen

1 Warum entsteht während der Photosynthese Sauerstoff?
2 Wie entstehen Chloroplasten?
3 Nennen Sie die Pigmente der Thylakoidmembranen!
4 Welche Funktionen haben Mangan, Chlor und Calcium in der Lichtreaktion der Photosynthese?
5 Was ist ein Photosystem?
6 Wie erfolgt die Umwandlung von Lichtenergie in chemische Energie in Form von ATP?
7 Worin besteht das Prinzip der photosynthetischen ATP-Synthese?
8 Aus welchen zwei Komponenten besteht der elektrochemische Protonengradient?
9 Welche Funktion hat die ATP-Synthase in der Lichtreaktion?
10 Was versteht man unter CO_2-Assimilation?
11 Was versteht man in der Biochemie unter einem Zyklus?
12 Nennen Sie die Enzyme des Calvin-Zyklus und ordnen Sie diese ihren Hauptklassen zu!
13 Worin besteht der Unterschied zwischen einer Transketolase und einer Transaldolase?
14 Welches ist die Hauptexportform für Zucker aus dem Chloroplasten?
15 Was versteht man unter zyklischem Elektronentransport?

Besonderheiten der Kohlenstoff-Assimilation

5

Inhalt

Die geringen CO_2-Konzentrationen der Atmosphäre führen häufig zu einer Begrenzung der RUBISCO-Aktivität, die sogar als Oxygenase zu Kohlenstoff- und Stickstoffverlusten in der Photorespiration beitragen kann. Spezielle Pflanzengruppen, die C_4- und die CAM-Pflanzen, haben Voraussetzungen geschaffen, mit den Enzymen Carboanhydrase und PEP-Carboxylase CO_2 anzureichern und so nicht nur die Kohlenstoff-Assimilation effizienter zu gestalten, sondern sich auch vor Wasserverlusten zu schützen. Beide Enzyme spielen auch eine wichtige Rolle in biochemischen pH-Puffersystemen.

Überblick

5.1

In Kapitel 4 wurde dargestellt, wie das Enzym **Ribulosebisphosphat-Carboxylase (RUBISCO)** CO_2 bindet und so die Kohlenstoff-Assimilation einleitet. Es zeigt dabei eine relativ hohe Leistungsfähigkeit, denn es muss aus einer sehr niedrigen CO_2-Konzentration der Atmosphäre (etwa 0,038%) Kohlenstoff anreichern. Berücksichtigt man, dass CO_2 zunächst über die Stomata (Blattöffnungen) in das Blattgewebe eindringen muss und dort verbraucht wird, so ist davon auszugehen, dass die CO_2-Konzentration am Enzym selbst noch bedeutend niedriger ist. Es kann daher passieren, dass die CO_2-Konzentration einen bestimmten Mindestwert unterschreitet und dann mit O_2 um die Bindung am katalytischen Zentrum konkurriert (Abb. 118).

Abb. 118

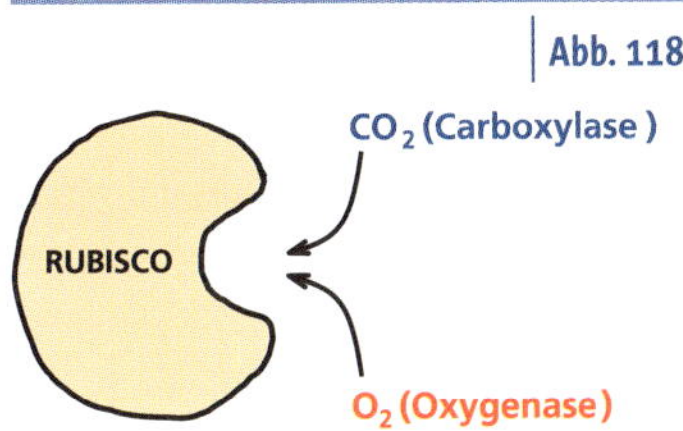

Das Enzym RUBISCO weist am katalytischen Zentrum eine Affinität nicht nur für CO_2, sondern auch für O_2 auf. Es kann daher sowohl als Carboxylase als auch als Oxygenase fungieren.

Obwohl die Affinität der RUBISCO gegenüber CO_2 wesentlich größer ist als gegenüber O_2, kann sie bei geringer CO_2-Konzentration und bei hoher Lichtintensität sowie Temperatur als **Oxygenase** fungieren und so einen

Reaktionsweg einleiten, der als **Photorespiration** (Lichtatmung) bezeichnet wird und zu CO_2- und NH_3-Verlusten führt. Manche Pflanzengruppen haben Stoffwechselwege entwickelt, die es ihnen erlauben, diese Verluste zu vermeiden, nämlich die **C_4-Pflanzen**. Obwohl für diese Anpassung in erster Linie morphologische Gründe entscheidend sind, spielen auch zwei Enzyme eine zentrale Rolle:

- Carboanhydrase
- Phosphoenolpyruvat-Carboxylase (PEPcase)

Der besondere Reaktionsweg der C_4-Pflanzen erlaubt nicht nur einen effizienteren C- und N-Stoffwechsel, sondern auch einen sparsameren H_2O-Verbrauch. In diesem Bereich sind die **CAM-Pflanzen** noch leistungsfähiger, indem sie ebenfalls die PEPcase zusätzlich zur Carboxylierung einsetzen. Es ist ein weit verbreitetes Missverständnis, dass die PEPcase nur in C_4- und CAM-Pflanzen vorkommt. Das Enzym ist vielmehr auch in C_3-Pflanzen vorhanden und übernimmt hier, wie auch in C_4- und CAM-Pflanzen, eine wichtige Funktion in der cytosolischen pH-Regulation.

5.2 Photorespiration

Definition

Respiration ist gekennzeichnet durch die Aufnahme von O_2 und die Abgabe von CO_2.

Die Photorespiration darf nicht mit der Respiration verwechselt werden. Die **Respiration** (Atmung, → Def.) dient der Energiegewinnung durch Abbau von C-Verbindungen (s.u.). In der **Photorespiration** wird keine Energie gewonnen, sondern sie verursacht einen Verlust von C- und N-Verbindungen. Ähnlich wie die Respiration ist auch die Photorespiration durch die Aufnahme von O_2 und Abgabe von CO_2 gekennzeichnet. Sauerstoff wird an zwei Stellen verbraucht:

- Oxidation von Ferredoxin in der Mehler-Reaktion
- Bindung von O_2 durch RUBISCO und Einleitung der Photorespiration

Bei hoher Aktivität der Lichtreaktion kann es zu einem Überschuss an Elektronen kommen, die entsorgt werden müssen, um die Bildung von toxischen Radikalen zu vermeiden. Über Zwischenschritte können Elektronen von Ferredoxin auf O_2 übertragen werden, so dass H_2O gebildet wird (Abb. 119). An dieser als **Mehler-Reaktion** bekannten Entgiftung sind auch die Enzyme Superoxid-Dismutase und Ascorbat-Peroxidase beteiligt. Da ein Ferredoxinmolekül jeweils nur ein Elektron übertragen kann, sind für die Reduktion von einem Molekül O_2 vier reduzierte Moleküle Ferredoxin erforderlich.

Sauerstoff wird auch verbraucht, wenn die CO_2-Konzentration nicht ausreicht, um als Substrat der RUBISCO zu fungieren. Unter diesen Bedingungen bindet das Enzym O_2 und wirkt als Oxygenase (Abb. 118). Diese Reaktion leitet die **Photorespiration** (Abb. 120) ein. Es handelt sich dabei um einen Stoffwechselweg, an dem Enzyme in drei verschiedenen Kompartimenten beteiligt sind:

4 Ferredoxin-Fe^{II} → 4 Ferredoxin-Fe^{III}

$O_2 + 4 H^+$ → $2 H_2O$

Abb. 119

In der Mehler-Reaktion wird O_2 durch Oxidation von Ferredoxin verbraucht.

- Chloroplasten
- Peroxisomen
- Mitochondrien

Häufig lässt sich daher in mikroskopischen Aufnahmen erkennen, dass die Organellen (**Chloroplast und Mitochondrium**) und das Kompartiment (**Peroxisom**) benachbart angeordnet sind, so dass die Diffusionswege für die Metaboliten verkürzt werden.

Im Stroma des **Chloroplasten** führt die Oxidation von Ribulosebisphosphat zur Bildung von Phosphoglycerat, das in den Calvin-Zyklus eingespeist werden kann. Gleichzeitig entsteht Phosphoglycolat (Anion der Phosphoglycolsäure), das in den Reaktionsweg der Photorespiration einmündet (Abb. 121). Die Dephosphorylierung von Phosphoglycolat ergibt Glycolat (Abb. 122). Nach diesem Metaboliten wird der Reaktionsweg der Photorespiration auch als **Glycolat-Reaktionsweg** bezeichnet. Glycolat verlässt den Chloroplasten und gelangt in ein **Peroxisom** (vgl. Info-Box 4). Es handelt sich um ein Kompartiment, das u.a. folgende Enzyme enthält:

- Oxidase
- Katalase
- Transaminase

Glycolat wird oxidiert, und es entsteht Glyoxylat (Anion der Glyoxylsäure, Abb. 123). Von diesem Metaboliten abgeleitet spricht man bei Peroxisomen auch von **Glyoxisomen**. Bei der Oxidation von Glycolat entsteht Wasserstoffperoxid, das sehr toxisch ist und entgiftet werden muss. Dies erfolgt mit dem Enzym **Katalase** (Abb. 124). Glyoxylat wird anschließend in eine Aminosäure, nämlich Glycin, umgewandelt (Abb. 125). Diese Reaktion wird durch eine spezifische **Transaminase** katalysiert. Transaminasen sind Enzyme aus der Hauptklasse der Transferasen. Sie können mit einer spezifischen Ketosäure und einer spezifischen Aminosäure durch Radikaltransfer aus einer Ketosäure eine neue Aminosäure bilden. Die ursprüngliche Aminosäure wird dabei zur Ketosäure und die ursprüngliche Ketosäure zur Aminosäure.

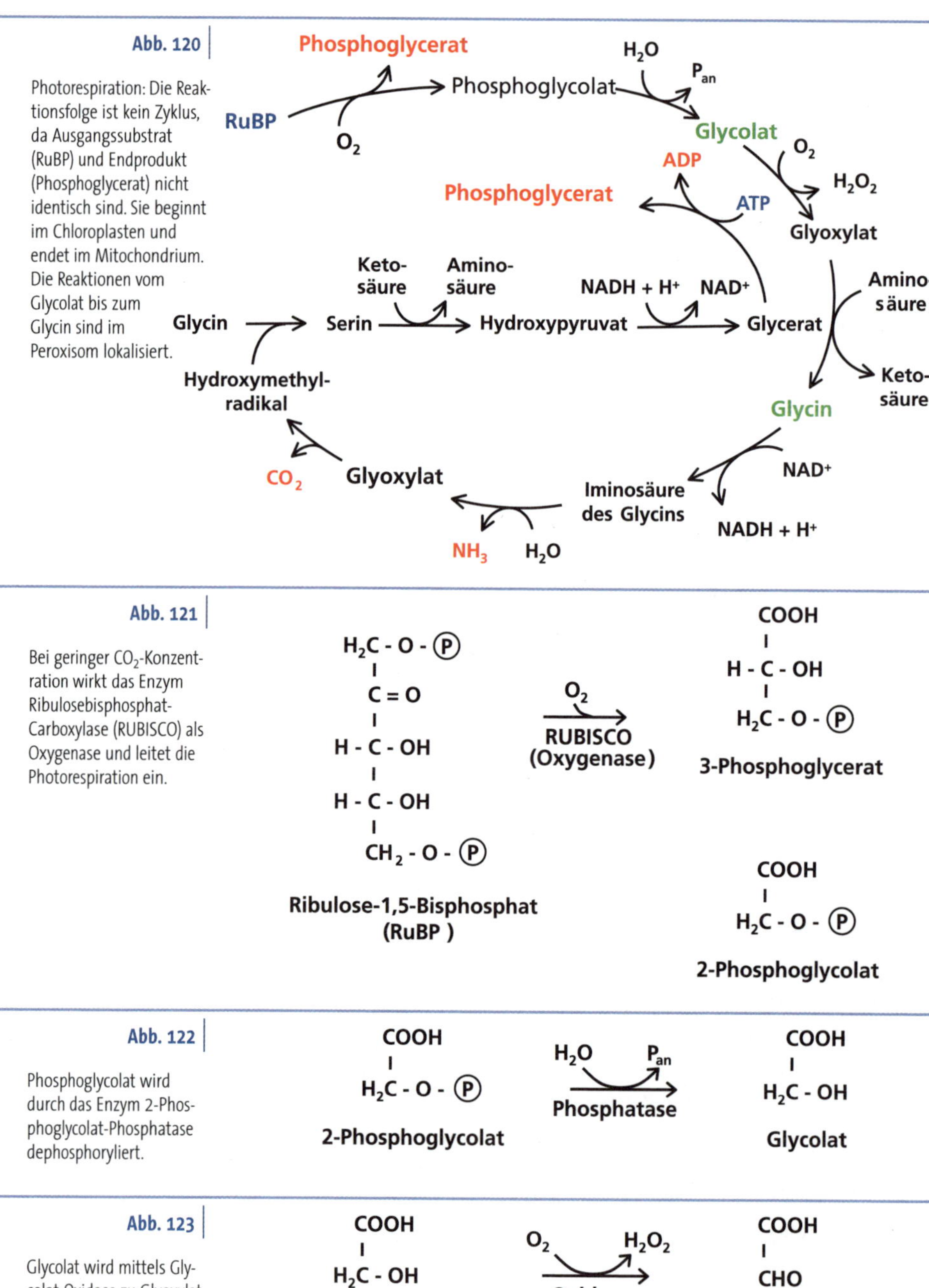

Abb. 120 Photorespiration: Die Reaktionsfolge ist kein Zyklus, da Ausgangssubstrat (RuBP) und Endprodukt (Phosphoglycerat) nicht identisch sind. Sie beginnt im Chloroplasten und endet im Mitochondrium. Die Reaktionen vom Glycolat bis zum Glycin sind im Peroxisom lokalisiert.

Abb. 121 Bei geringer CO_2-Konzentration wirkt das Enzym Ribulosebisphosphat-Carboxylase (RUBISCO) als Oxygenase und leitet die Photorespiration ein.

Abb. 122 Phosphoglycolat wird durch das Enzym 2-Phosphoglycolat-Phosphatase dephosphoryliert.

Abb. 123 Glycolat wird mittels Glycolat-Oxidase zu Glyoxylat oxidiert.

Glycin verlässt anschließend das Peroxisom und wandert in ein **Mitochondrium**, wo es oxidiert wird (Abb. 126). Die anschließende Desaminierung ist für den N-Verlust in Form von Ammoniak verantwortlich (Abb. 127), das über die Stomata gasförmig entweichen kann. Decarboxylierung des entstandenen Glyoxylats ist für den C-Verlust in Form von CO_2 verantwortlich (Abb. 128). Desaminierung und Decarboxylierung werden von einem Enzymkomplex katalysiert, der aus zwei Molekülen Glycin Serin synthetisiert (Abb. 120). Aufgrund seiner wichtigsten Funktion,

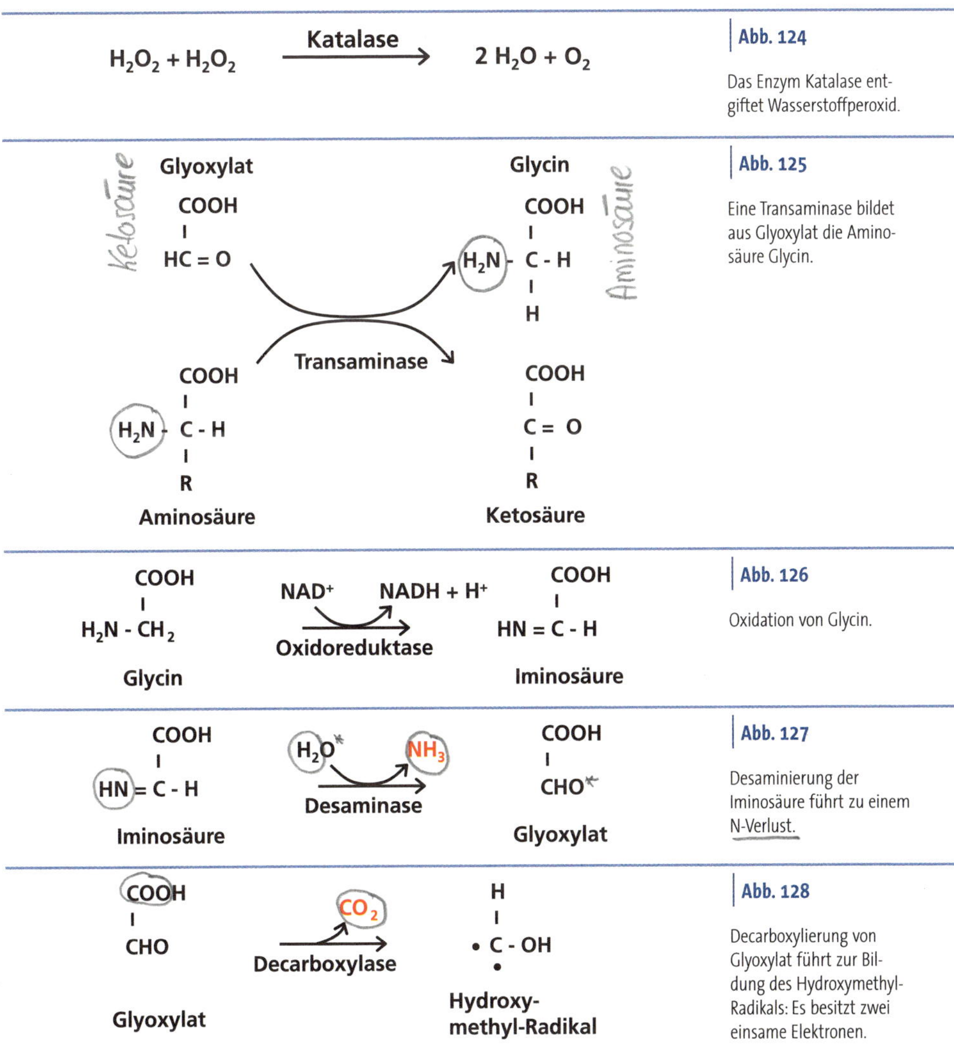

Abb. 124

Das Enzym Katalase entgiftet Wasserstoffperoxid.

Abb. 125

Eine Transaminase bildet aus Glyoxylat die Aminosäure Glycin.

Abb. 126

Oxidation von Glycin.

Abb. 127

Desaminierung der Iminosäure führt zu einem N-Verlust.

Abb. 128

Decarboxylierung von Glyoxylat führt zur Bildung des Hydroxymethyl-Radikals: Es besitzt zwei einsame Elektronen.

Box 6

Tetrahydrofolsäure

Tetrahydrofolsäure ist ein **Coenzym**, das sich von der Folsäure ableitet (Abb. 129). Sie baut sich aus einem Pteridinring, einem Aminobenzoat (Anion der Benzoesäure) und Glutamat (Anion der Glutaminsäure) auf. Der Pteridinring kann zwar von Insekten, aber nicht von Säugern synthetisiert werden. Aus diesem Grund ist **Folsäure (Vitamin B2)** für die menschliche Ernährung essentiell. Durch Reduktion und Protonierung entsteht Tetrahydrofolsäure (Abb. 130). Es handelt sich um ein Coenzym, das für die Übertragung von C_1-Radikalen wie Formyl-, Methyl- oder Hydroxymethyl-Radikalen wichtig ist. Es bindet vorübergehend das Radikal und hilft einer Transferase bei seiner Übertragung (Abb. 131).

Abb. 129 Struktur der Folsäure.

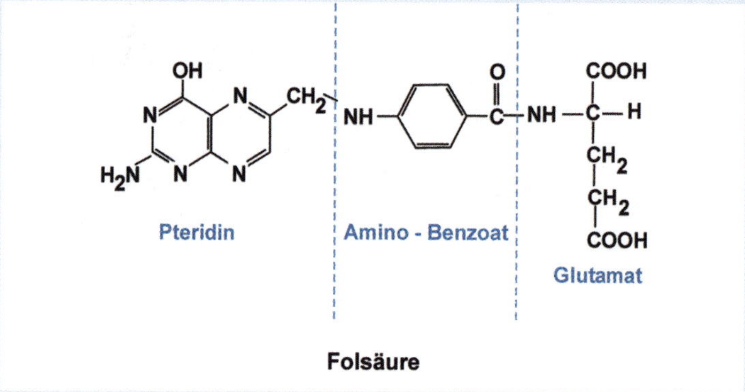

Abb. 130 (Abbildung unten) Durch Reduktion und Protonierung von Folsäure entsteht Tetrahydrofolsäure (Pteroylglutamat, Vitamin B2). Am rot markierten H-Atom kann das Coenzym mit Radikalen reagieren.

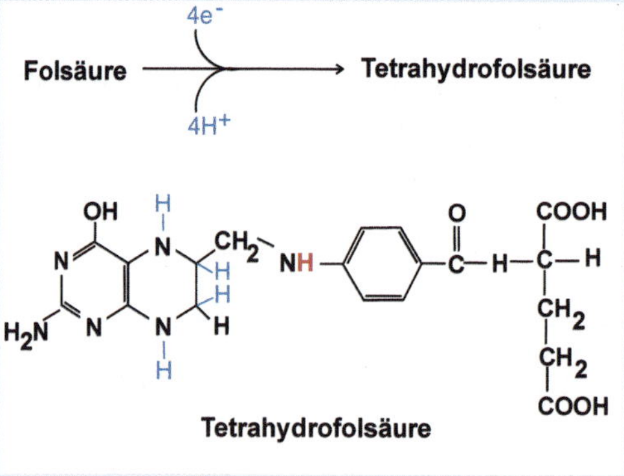

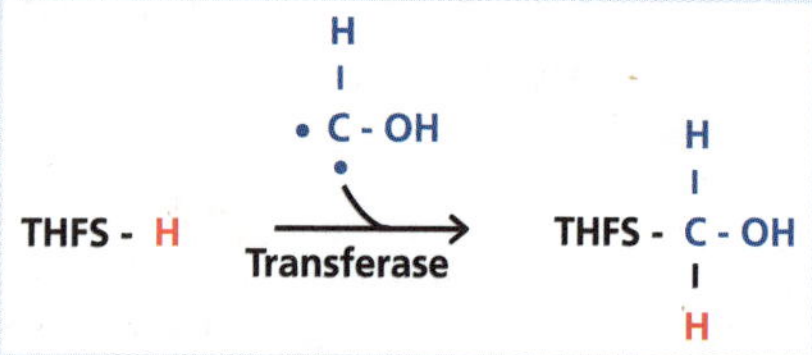

Abb. 131 Übertragung des Hydroxymethyl-Radikals (blau) auf das Coenzym Tetrahydrofolsäure (THFS-H).

der Übertragung des Hydroxyl-Radikals auf Glycin, wird dieser Enzymkomplex in die Hauptklasse der Transferasen eingeordnet. Er arbeitet mit einem Coenzym zusammen, der Tetrahydrofolsäure (Info-Box 6).

Durch Übertragung des Hydroxymethyl-Radikals auf Glycin entsteht eine weitere Aminosäure: Serin (Abb. 132). Eine weitere Transaminierung resultiert in der Synthese von Hydroxypryruvat (Anion der Hydroxybrenztraubensäure, Abb. 133), das anschließend zu Glycerat reduziert (Abb. 134) und zu Phosphoglycerat phosphoryliert (Abb. 135) wird.

Abb. 120, 127 und 128 verdeutlichen, dass während der Photorespiration ein **Verlust von CO_2 und NH_3** entsteht. Es lässt sich zeigen, dass Pflanzen mit guter N-Versorgung auch größere NH_3-Verluste über die Photorespiration aufweisen. Die eigentliche physiologische Funktion der Photorespiration ist unklar. Folgende Möglichkeiten werden diskutiert:

- Verbrauch an überschüssiger Energie
- Synthese von Aminosäuren

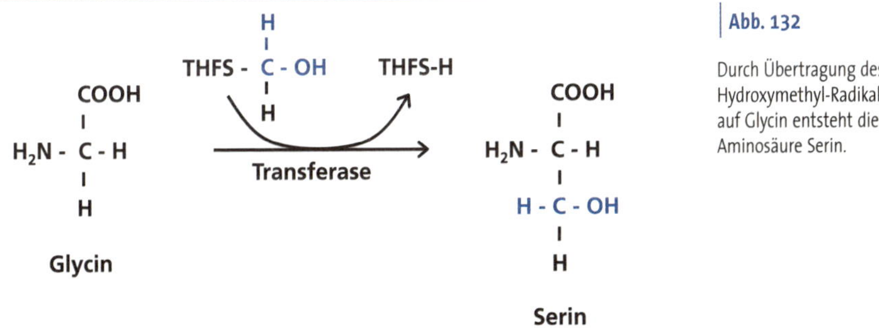

Abb. 132

Durch Übertragung des Hydroxymethyl-Radikals auf Glycin entsteht die Aminosäure Serin.

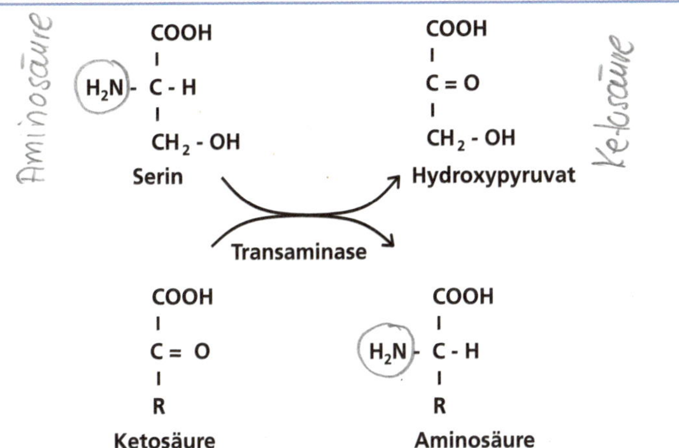

Abb. 133

Eine Transaminase bildet aus Serin Hydroxypyruvat.

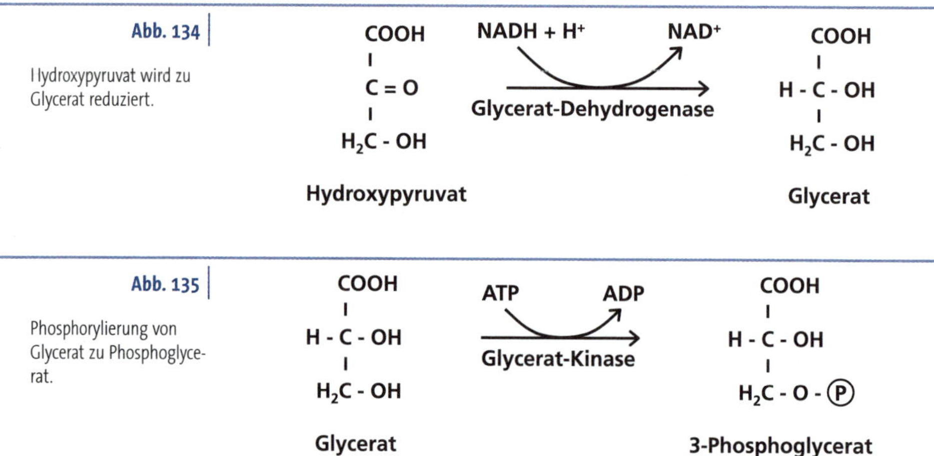

Abb. 134 Hydroxypyruvat wird zu Glycerat reduziert.

Abb. 135 Phosphorylierung von Glycerat zu Phosphoglycerat.

5.3 C_4-Reaktionsweg

Während der CO_2-Assimilation im Calvin-Zyklus entsteht als erstes eine Verbindung mit drei C-Atomen (Phosphoglycerat). Pflanzen, die in erster Linie auf diese Weise Kohlenstoff assimilieren, werden daher als **C_3-Pflanzen** bezeichnet. Bei hoher Lichtintensität und Temperatur weisen sie eine ineffiziente Nettoassimilation von Kohlenstoff und Stickstoff auf, da Verluste in der Photorespiration auftreten. Daher müssen, zur Aufnahme von CO_2, die Stomata weit geöffnet werden, so dass auch hohe Wasserverluste entstehen (Abb. 136). Zu den C_3-Pflanzen zählen die meisten unserer Kulturpflanzen wie z.B. Getreidearten, Futtergräser, Zuckerrübe, Kartoffel und Leguminosen.

Es gibt eine Gruppe von Pflanzen, die eine effiziente Vorfixierung von Kohlenstoff durchführen, wodurch sie sowohl die Photorespiration vermeiden, als auch die Wasserverluste einschränken (Abb. 137). Zu dieser Pflanzengruppe zählen tropische Gräser wie z.B. Zuckerrohr, Mais und manche Hirsearten. Der erste Metabolit, der von diesen Pflanzen während der C-Assimilation gebildet wird, ist ein C_4-Körper (Oxalacetat, Anion der Oxalessigsäure). Die Pflanzen dieser Gruppe werden daher als **C_4-Pflanzen** bezeichnet. Sie unterscheiden sich von den C_3-Pflanzen nicht so sehr biochemisch, da die beteiligten Enzyme auch in C_3-Pflanzen zu finden sind.

Der Vorteil in der Effizienz beruht vielmehr auf **morphologischen Unterschieden**, die sich im Blattquerschnitt der beiden Pflanzengruppen zeigen

Abb. 136

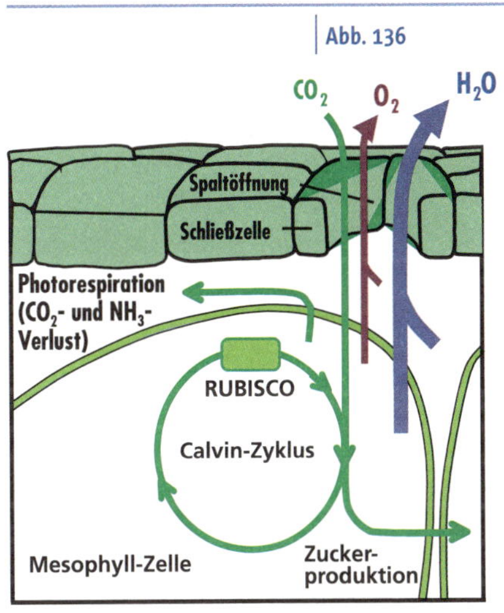

Die Kohlenstoff-Assimilation der C_3-Pflanzen ist durch C- und N-Verluste in der Photorespiration und hohe Wasserverluste durch Transpiration gekennzeichnet.

Abb. 137

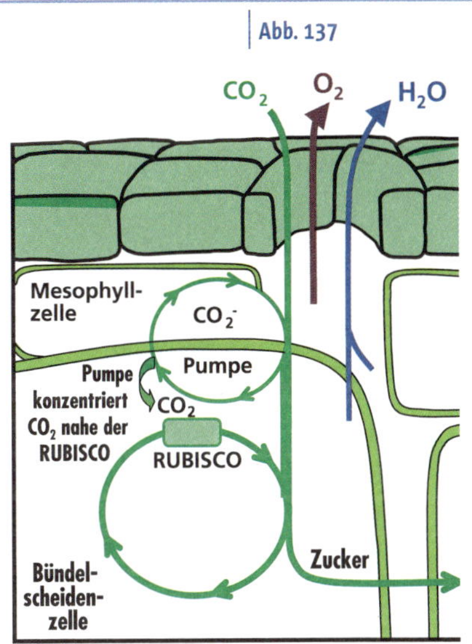

Bei der Kohlenstoff-Assimilation der C_4-Pflanzen ist dem Calvin-Zyklus eine CO_2-Pumpe vorgeschaltet, die für hohe CO_2-Konzentrationen an der RUBISCO sorgt. Photorespiration wird vermieden, und Wasserverluste werden eingeschränkt.

(Abb. 138). C_3-Pflanzen weisen im Blattquerschnitt eine schichtförmige Abfolge von Epidermis, Palisadenparenchym, Schwammparenchym und Epidermis auf. In den Epidermiszellen, die keine Chloroplasten enthalten (Ausnahme: Schließzellen), findet keine Photosynthese statt. Diese ist in den dicht gepackten Zellen des Palisadenparenchyms und den locker angeordneten Zellen des Schwammparenchyms lokalisisert. Kohlendioxid diffundiert durch die Stomata in das Blattgewebe, wird im Calvin-Zyklus assimiliert und verlässt, nach Umwandlung der Triosephosphate zu Saccharose (s.u.), über die Leitbündel das Blatt. Im Gegensatz hierzu lassen die Blattquerschnitte der C_4-Pflanzen eine kranzförmige Struktur erkennen. Die Assimilation von CO_2 im Calvin-Zyklus findet in Leitbündelscheidezellen statt, die kranzförmig um die Leitbündel angeordnet sind. Benachbarte Mesophyllzellen sammeln das CO_2 ein, indem zunächst eine **Carboanhydrase** das Substrat für die CO_2-Pumpe (Abb. 137) bereitstellt: Das Enzym verbindet CO_2 und H_2O zu Bicarbonat (Anion der Kohlensäure, Abb. 6).

Bicarbonat ist das Substrat der **Phosphoenolpyruvat-Carboxylase (PEPcase)**, die Phosphoenolpyruvat (Anion der Phosphoenolbrenztraubensäure) zu Oxalacetat carboxyliert (Abb. 139). Diese Reaktion wird durch Abspal-

Abb. 138

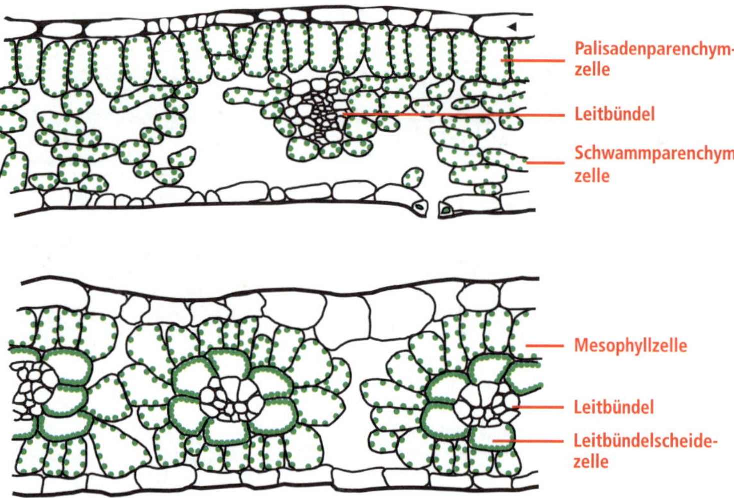

Querschnitt durch das Blatt einer C_3-Pflanze (oben) und einer C_4-Pflanze (unten).

tung des energiereich gebundenen Phosphoryls thermodynamisch ermöglicht. PEPcase weist eine wesentlich höhere Affinität zu ihrem Substrat Bicarbonat als RUBISCO zu ihrem Substrat Kohlendioxid auf (Tab. 9). Da CO_2 über einen steileren Diffusionsgradienten durch die Stomata in das Blattgewebe eindringt, können C_4-Pflanzen auch bei geringerer Öffnungsweite der Stomata genügend CO_2 aufnehmen und auf diese Weise Wasserverluste einschränken. Die Carboxylierung von PEP erfolgt im Cytosol der Mesophyllzelle (Abb. 140). Das entstehende Oxalacetat wird in den Chloroplasten der Mesophyllzelle aufgenommen und mit NADPH + H^+ aus der Lichtreaktion durch **Malat-Dehydrogenase** zu Malat (Anion der Äpfelsäure) reduziert (Abb. 141).

Malat wird anschließend in den Chloroplasten der Bündelscheidezelle transportiert und dort oxidativ mit dem **Malatenzym** decarboxyliert

Tab. 5.9 **Unterschiede zwischen RUBSCO und PEPcase.**

Parameter	RUBISCO	PEPcase
Kompartiment	Stroma der Chloroplasten	Cytosol
Substrate	RuBP Kohlendioxid Wasser	PEP Bicarbonat
Produkte	Phosphoglycerat	Oxalacetat P_{an}
k_m (µM)	20	7

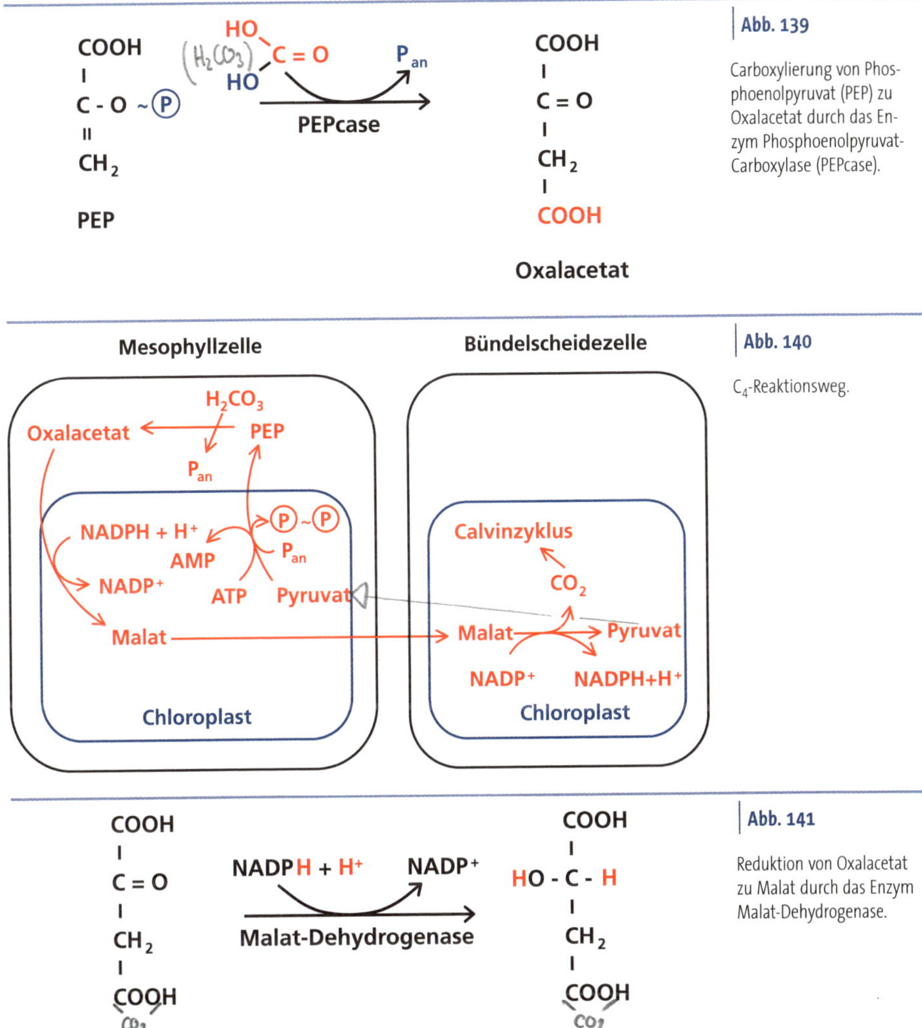

Abb. 139

Carboxylierung von Phosphoenolpyruvat (PEP) zu Oxalacetat durch das Enzym Phosphoenolpyruvat-Carboxylase (PEPcase).

Abb. 140

C_4-Reaktionsweg.

Abb. 141

Reduktion von Oxalacetat zu Malat durch das Enzym Malat-Dehydrogenase.

(Abb. 142). Diese Reaktion reichert CO_2 im Stroma des Chloroplasten der Bündelscheide an und stellt so eine relativ hohe Konzentration an Substrat für die RUBISCO zur Verfügung. Dies ist der Grund, warum C_4-Pflanzen keine messbare Photorespiration aufweisen. Mit jedem angelieferten CO_2 wird auch ein NADPH + H^+ gebildet. Aus diesem Grund sind die Thylakoide in den Chloroplasten der Bündelscheidezellen nur schwach ausgeprägt. Die Chloroplasten der beiden Zelltypen sind daher elektro-

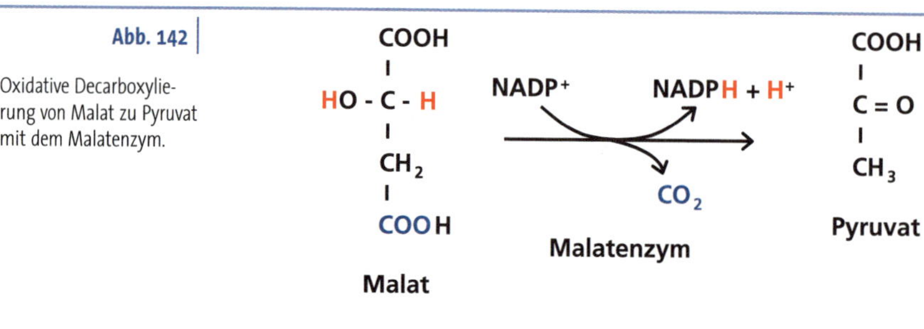

Abb. 142 | Oxidative Decarboxylierung von Malat zu Pyruvat mit dem Malatenzym.

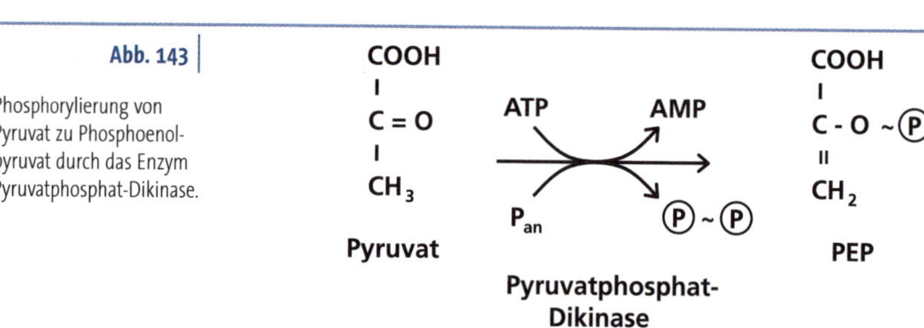

Abb. 143 | Phosphorylierung von Pyruvat zu Phosphoenolpyruvat durch das Enzym Pyruvatphosphat-Dikinase.

Definition

Der **CO_2-Kompensationspunkt** ist die CO_2-Konzentration der Atmosphäre, bei der sich Assimilation und Dissimilation von Kohlenstoff die Waage halten.

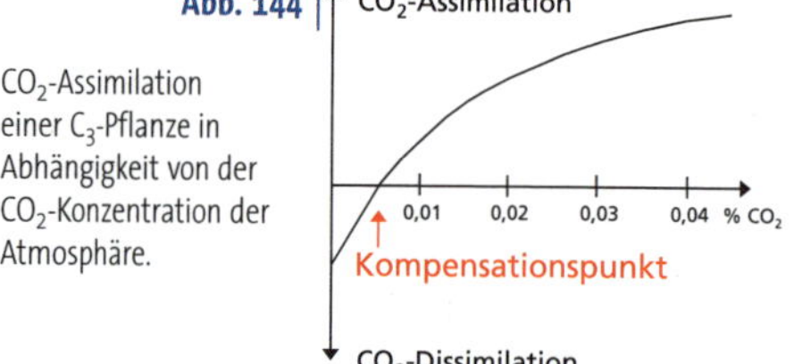

Abb. 144 | CO_2-Assimilation einer C_3-Pflanze in Abhängigkeit von der CO_2-Konzentration der Atmosphäre.

nenmikroskopisch deutlich unterscheidbar. Mesophyllzellen und Bündelscheidezellen sind durch zahlreiche Plasmodesmen miteinander verbunden, die den Stoffaustausch ermöglichen. Pyruvat wandert schließlich in den Chloroplasten der Mesophyllzelle zurück und wird dort mit dem Enzym **Pyruvatphosphat-Dikinase** zu Phosphoenolpyruvat phosphoryliert (Abb. 143).

Die effizientere CO_2-Assimilation der C_4-Pflanzen drückt sich im **Kompensationspunkt** (→ Def.) aus. Zieht man von der CO_2-Assimilation die CO_2-Dissimilation (Summe aus Respiration und Photorespiration) ab, so resultiert der Nettogewinn an Kohlenstoff durch Photosynthese (Abb. 144). Während der Kompensationspunkt der C_3-Pflanzen bei etwa 0,005% CO_2 liegt, beträgt er für C_4-Pflanzen nur etwa 0,0005% CO_2 (Vergleich: Die CO_2-Konzentration der Atmosphäre beträgt 0,038%). Allerdings wird dieser Vorteil mit einem höheren Energieaufwand erkauft. Pro assimiliertes C-Atom müssen C_4-Pflanzen ein zusätzliches ATP aufwenden. Dies ist der Grund dafür, dass C_4-Pflanzen ihren Vorteil nur bei hohen Lichtintensitäten richtig ausspielen können (Abb. 145).

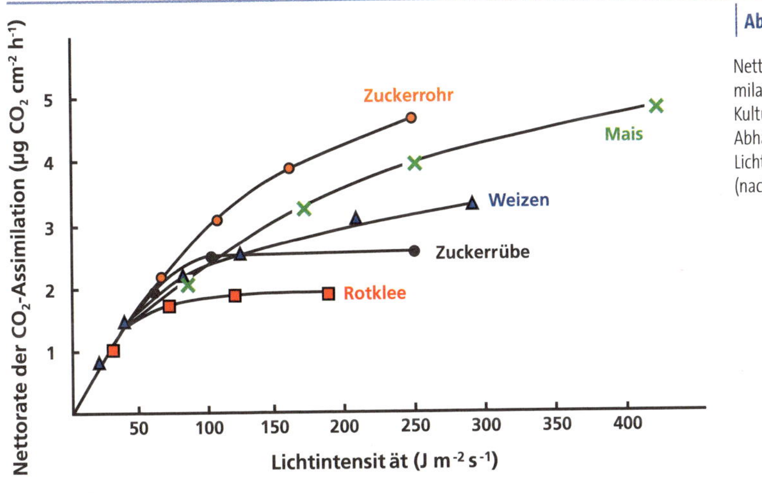

Abb. 145

Nettorate der CO_2-Assimilation verschiedener Kulturpflanzenarten in Abhängigkeit von der Lichtintensität (nach MENGEL 1991).

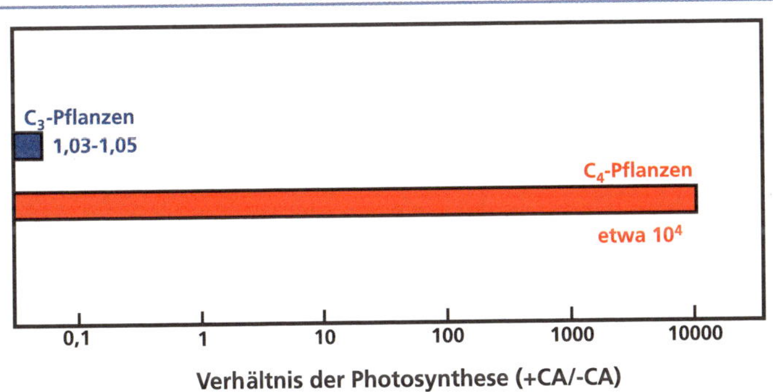

Abb. 146

Steigerung der Photosynthese in C_3- und C_4-Pflanzen durch Carboanhydrase (CA, nach BADGER und PRICE 1994).

Tropische C_4-Pflanzen wie Zuckerrohr und Mais haben aufgrund ihrer Anpassung an die klimatischen Bedingungen auch einen höheren Wärmeanspruch.

Die in der Abb. 137 dargestellte **CO_2-Pumpe** beruht auf der kombinierten Wirkung der beiden Enzyme Carboanhydrase und PEPcase. Während die Carboanhydrase zunächst die Bildung des Substrats Bicarbonat katalysiert, führt PEPcase die Carboxylierung durch. Die PEPcase könnte ihre besondere Funktion für die C_4-Pflanzen nicht erfüllen, wenn ihr Substrat nicht mit hoher Rate nachgeliefert würde. Dies ist in der Abb. 146 dargestellt. Während die Anwesenheit der Carboanhydrase in C_3-Pflanzen kaum zu einer Steigerung der Photosynthese führt, wird diese in C_4-Pflanzen durch Carboanhydrase um den Faktor 10.000 gesteigert. Dieses Beispiel illustriert, wie ein einzelnes Enzym die Rich-

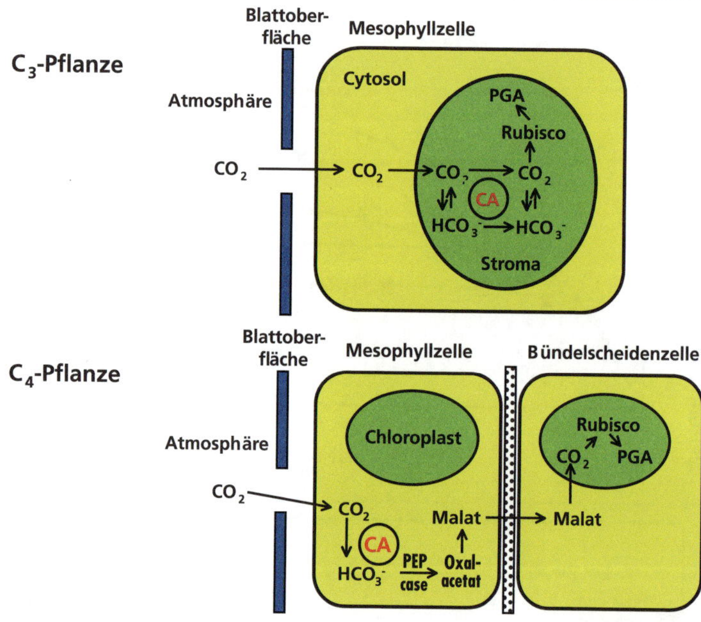

Abb. 147 | Vergleich der Funktion der Carboanhydrase (CA) in C_3- und C_4-Pflanzen (nach Badger und Price 1994).

tung des Stoffwechsels lenken kann. Die kleine Wirkung der Carboanhydrase in C_3-Pflanzen wird vermutlich durch eine Unterstützung der puffernden Wirkung von Bicarbonat im Stroma der Chloroplasten verursacht (Abb. 147).

5.4 | CAM-Pflanzen

Während die Vorfixiering von CO_2 und der Calvin-Zyklus in C_4-Pflanzen räumlich in verschiedenen Kompartimenten getrennt sind, gibt es eine Gruppe von Pflanzen, in denen die Prozesse nicht räumlich, sondern zeitlich voneinander getrennt sind. Es handelt sich um die **CAM-Pflanzen** (**CAM** = **C**rassulaceae **A**cid **M**etabolism). Vertreter, die diesen Stoffwechselweg entweder fakultativ oder obligatorisch einschlagen, finden sich in den verschiedensten Pflanzenfamilien (Crassulaceae, Agavaceae, Bromeliacae, Cactaceae, Euphorbiaceae, Liliaceae, Orchideaceae, Asphodelaceae). Es handelt sich um sukkulente Pflanzen, die besonders an trockene Standorte

Definition

Sukkulenz ist die verstärkte Einlagerung von Wasser in den Vakuolen von Parenchymzellen, wodurch die betroffenen Organe anschwellen und ihre relative Oberfläche vermindern.

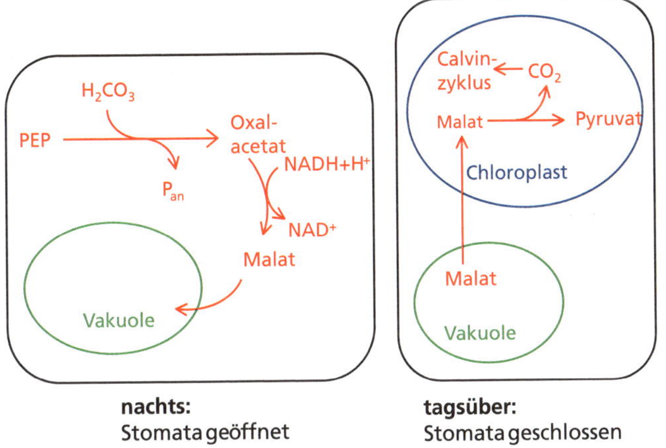

Abb. 148

Reaktionsverlauf im CAM-Stoffwechsel.

angepasst sind und mit Hilfe des CAM-Stoffwechsels Wasser einsparen können (→ Def.).

Da mit dem Öffnen der Stomata immer ein Wasserverlust verbunden ist, öffnen Pflanzen mit CAM-Stoffwechsel ihre Stomata nachts, wenn das Wasserdampfsättigungsdefizit der Atmosphäre gering ist. Allerdings kann nachts die Lichtreaktion nicht ablaufen, so dass NADPH + H^+ und ATP für den Calvin-Zyklus fehlen. Aus diesem Grund carboxylieren CAM-Pflanzen zwar nachts PEP zu Oxalacetat und reduzieren es zu Malat, speichern dieses aber zunächst in den Vakuolen. Dabei können Malat-Konzentrationen von 200 mM auftreten. Erst tagsüber führen sie bei Belichtung den Calvin-Zyklus durch, indem sie Malat oxidativ decarboxylieren und so CO_2 für RUBISCO bereitstellen (Abb. 148).

Der Vorteil liegt auf der Hand. Der Nachteil ist jedoch, dass nur begrenzte Mengen an Malat in den Vakuolen gespeichert werden können. Die photosynthetische Produktivität der CAM-Pflanzen ist daher begrenzt. Dennoch gibt es auch Kulturpflanzenarten, die mit dem CAM-Stoffwechsel trockene Perioden gut überstehen und bei Wasserangebot ihr Wachstum wieder aufnehmen können. Hierzu zählen die Ananas (Bromeliaceae), die Sisalagave als Faserpflanze (Agavaceae) und die Arzneipflanze Aloe vera (Asphodelaceae).

5.5 pH-Regulation

Der pH-Wert ist definiert als der negative dekadische Logarithmus der freien Protonenkonzentration. Daher können nur dissoziierte Protonen zu einer Absenkung des pH-Wertes beitragen. Das Ausmaß der Dissoziation einer Säure hängt von der **Säurestärke** ab und wird mit der Dissoziationskonstanten K_S beschrieben (Abb. 149). Der pK_S-Wert ist in Analogie zum pH-Wert der negative dekadische Logarithmus von K_S und steht mit diesem in Beziehung (Abb. 150). Der pK_S-Wert gibt den pH-Wert an, bei dem eine Säure zu 50% in dissoziierter und zu 50% in undissoziierter Form vorliegt. Dies ist beispielhaft für die einfache Dissoziation von Kohlensäure in Abb. 151 dargestellt. Der pK_S-Wert für die einfache Dissoziation liegt bei 6,4. Dies bedeutet, dass bei pH 6,4 50% als undissoziierte Kohlensäure und 50% als Bicarbonat vorliegen. Die Säurestärke ist umso größer, je niedriger der pK_S-Wert ist.

Säuren (und Basen) sind **chemische Puffer**, die je nach Säurestärke (bzw. Basenstärke) zur Konstanthaltung des pH-Wertes beitragen. Dem Bicarbonatpuffer kommt neben dem Phosphatpuffer eine besondere Bedeutung zu. Auch H^+-Pumpen und Na^+/H^+-Antiporter tragen zur pH-Regulation bei und werden als **physikalische Puffer** bezeichnet (Abb. 152). Sie können überschüssige Protonen in die Vakuolen oder den Apoplasten abscheiden und so den cytosolischen pH-Wert anheben.

Drittens gibt es **biochemische Puffersysteme**. Hierbei handelt es sich um enzymatische Reaktionen, die zur Freisetzung oder Bindung von

Abb. 149

$$K_s = [H^+] \times [An^-] \,/\, [HAn]$$

Die Dissoziationskonstante K_S ergibt sich aus dem Quotienten des Produkts der dissoziierten Partner und der undissoziierten Säure (HAn).

Abb. 150

$$pH = pK_s + \log\, [HCO_3^-] \,/\, [H_2CO_3]$$

Henderson-Hasselbalch-Gleichung, $pK_S = -\log K_S$.

Abb. 151

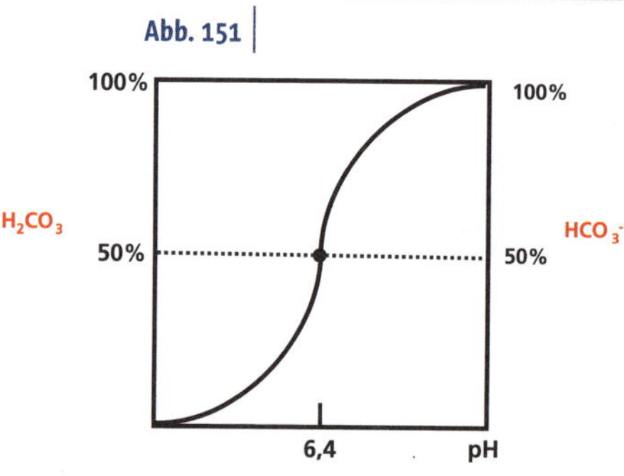

Der pK_S-Wert gibt an, bei welchem pH-Wert 50% einer Säure dissoziiert und 50% undissoziiert vorliegen.

Abb. 152

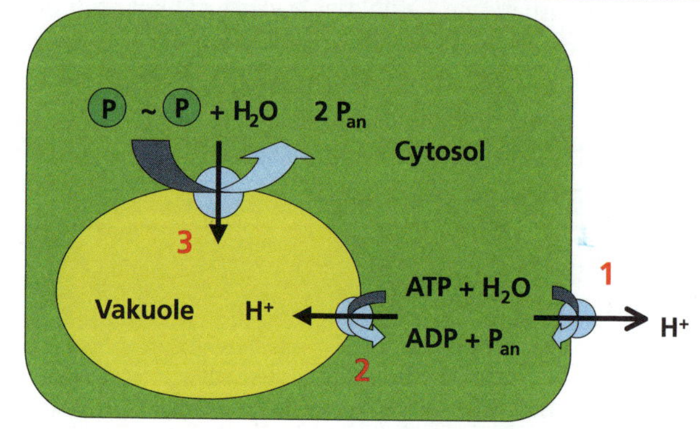

H^+-Ionenpumpen als physikalische Puffersysteme in pflanzlichen Zellen.
1 = Plasmalemma-ATPase,
2 = Tonoplasten-ATPase,
3 = Tonoplasten-Pyrophosphorylase.

Protonen beitragen und auf diese Weise chemische und physikalische Puffer unterstützen können. In pflanzlichen Systemen kommt hier der **PEP-Carboxylase** und dem **Malatenzym** eine wichtige Rolle zu. Carboanhydrase kann CO_2 mit H_2O zu Kohlensäure verbinden (Abb. 6). Bei einem pK_s-Wert der Kohlensäure von 6,4 und einem cytosolischen pH von 7,0 liegt die Kohlensäure zu über 50% dissoziiert vor. Somit werden durch die Aktivität der Carboanhydrase Hydroxylionen für die Bildung einer dissoziierten Säure verbraucht, so dass der pH-Wert vermindert wird. Eine weitere pH-Absenkung wird erreicht, wenn PEPcase PEP zu Oxalacetat carboxyliert, weil aus einer schwachen Säure (Kohlensäure mit pK_s = 6,4) eine stärkere Säure (Oxalessigsäure mit pK_s = 4,2) synthetisiert wird (Abb. 153). Bei H^+-Verbrauch im Cytosol können daher diese Reaktionen den pH-Anstieg kompensieren. Umgekehrt kann H^+-Produktion im Cytosol durch die Aktivität des Malatenzyms ausgeglichen werden (Abb. 154).

Die oxidative Decarboxylierung von Malat erfordert zunächst die Protonierung und resultiert damit in einem Verbrauch an freien Protonen.

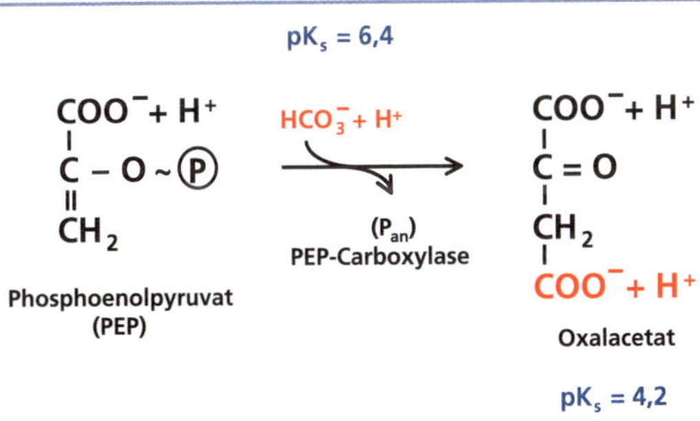

Abb. 153

Phosphorylierung von PEP zu Oxalacetat führt zur Bildung einer stärkeren Säure und trägt zur pH-Absenkung bei.

COO⁻ + H⁺
HO – C – H
CH2
COO⁻ + H⁺
NAD⁺
NADH + H⁺
CO2
Malatenzym
COO⁻ + H⁺
C = O
CH3
Malat
Pyruvat

Abb. 154

Decarboxylierung von Malat verbraucht ein Proton und trägt zum pH-Anstieg bei.

Fragen

1. An welcher Stelle wird in der Photorespiration O_2 verbraucht?
2. Warum führt die Photorespiration zu C- und N-Verlusten?
3. Welche zellulären Kompartimente sind an der Photorespiration beteiligt?
4. Warum weisen C_3-Pflanzen eine geringere Wassernutzungseffizienz als C_4-Pflanzen auf?
5. Welche Reaktion wird von Transaminasen katalysiert?
6. Welche Funktion hat das Coenzym Tetrahydrofolsäure?
7. Wie unterscheiden sich C_3- und C_4-Pflanzen?
8. Welche Funktionen hat das Enzym PEPcase im pflanzlichen Stoffwechsel?
9. Warum stimuliert Carboanhydrase die Photosynthese in C_4-Pflanzen?
10. Worin besteht die Besonderheit des CAM-Stoffwechsels?
11. Was versteht man unter chemischen, physikalischen und biochemischen pH-Puffern?
12. Was versteht man unter dem pK_s-Wert?
13. Warum senkt die Synthese von Oxalacetat durch PEPcase den pH-Wert und warum steigt er bei der Decarboxylierung von Malat?

Kohlenhydrate | 6

Inhalt

Kohlenhydrate übernehmen wichtige Funktionen im Energiestoffwechsel sowie als Speicher-, Transport- und Strukturmoleküle. Monosaccharide werden über glycosidische Bindungen zu Di-, Oligo- und Polysacchariden verknüpft. In einem zweistufigen Prozess werden die Monomere zunächst mit Pyrophosphorylasen aktiviert und dann mit Synthasen verbunden. In beiden Fällen handelt es sich um Transferasen. Der Abbau zu den Monomeren erfolgt überwiegend mit Hydrolasen. Pflanzen speichern Kohlenhydrate bevorzugt in Vakuolen und Amyloplasten.

Überblick | 6.1

Kohlenhydrate sind, wie auch der Name ausdrückt, Verbindungen, die aus Kohlenstoff und Wasser bestehen. Die allgemeine Formel lautet daher $C_n(H_2O)_n$. Von dieser Formel weichen allerdings viele Verbindungen ab, die dennoch zu den Kohlenhydraten gezählt werden. Als Monosaccharide (Einfachzucker) bezeichnet man Kohlenhydrate, die nur aus einem monomeren Baustein bestehen. Abhängig von der Anzahl der Kohlenstoffatome spricht man von **Triosen** (3 C), **Tetrosen** (4 C), **Pentosen** (5 C), **Hexosen** (6 C) und **Heptosen** (7 C). Je nachdem, ob eine Aldehydgruppe oder eine Ketogruppe vorliegt, können diese Zucker als Aldose oder Ketose auftreten (Abb. 155). Pentosen und Hexosen neigen zur spontanen Ringbildung, wobei Aldosen ein Halbacetal und Ketosen ein Halbketal bilden (Abb. 156). Je nachdem, ob ein heterozyklischer Ring mit vier oder fünf C-Atomen entsteht, spricht man von einer Furanose (Derivat des Furanrings) oder einer Pyranose (Derivat des Pyranrings). Die Ringbildung ist Voraussetzung für das Entstehen eines glycosidischen Hydroxyls, das es ermöglicht, dass zwischen den monomeren Bausteinen **glycosidische Bindungen** aufgebaut werden (vgl. Kapitel 2.2).

Abb. 155

H–C=O
H - C - OH
HO - C - H
H - C - OH
H - C - OH
CH_2OH

Aldose (Glucose)

CH_2-OH
C = O
HO - C - H
H - C - OH
H - C - OH
CH_2OH

Ketose (Fructose)

Aldose- und Ketoseform einer Hexose.

Monosaccharide sind Metaboliten verschiedenster Stoffwechselreaktionen sowie Bausteine komplizierterer Verbindungen, die als Transportmoleküle, Speicherstoffe und Strukturelemente eine wichtige Funktion haben. Für diese Zwecke werden Monosaccharide durch Aufbau von glycosidischen Verbindungen zu **Disacchariden** (zwei Bausteine), Oligosacchariden (drei bis zwölf Bausteine) oder **Polysacchariden** (mehr als zwölf Bausteine) zusammengesetzt. In den meisten Fällen erfolgt die Synthese zweistufig: Zunächst wird der Baustein aktiviert, und in einem zweiten Schritt erfolgt die eigentliche Synthese. Die Synthese und Speicherung von Kohlenhydraten spielt im C-autotrophen, pflanzlichen Stoffwechsel eine besondere Rolle. Im C-heterotrophen, tierischen Stoffwechsel steht dagegen der Abbau der Kohlenhydrate im Vordergrund (Kapitel 7).

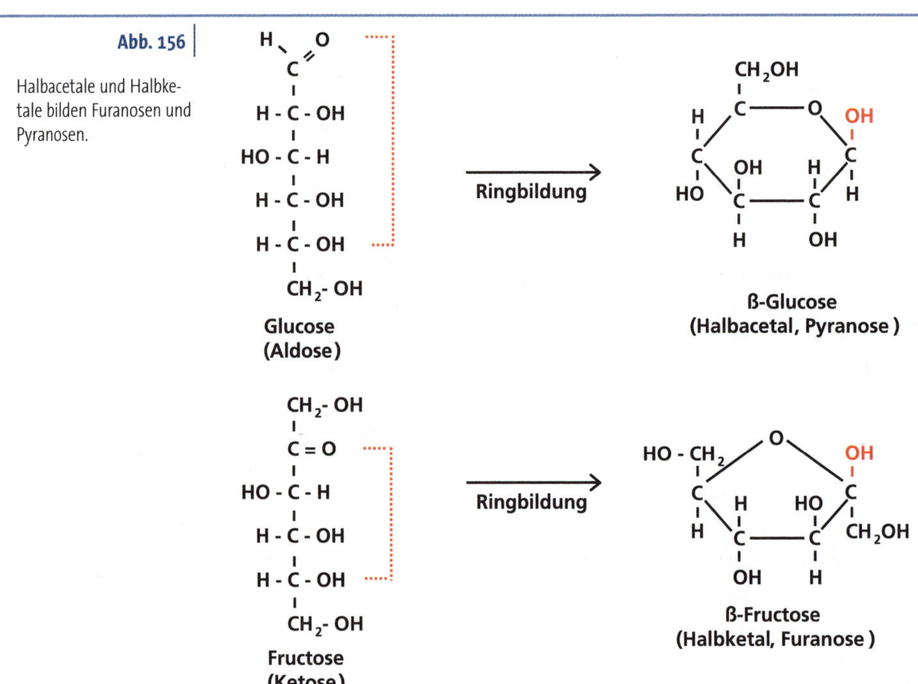

Halbacetale und Halbketale bilden Furanosen und Pyranosen.

Monosaccharide | 6.2

Im Calvin-Zyklus entstehen die ersten Monosaccharide, nämlich die beiden Triosephosphate Phosphoglycerinaldehyd und Dihydroxyacetonphosphat (vgl. Abb. 102). Diese werden in das Cytosol exportiert und dort (oder in Plastiden) mit einer Aldolase zum Hexosephosphat Fructose-Bisphosphat (vgl. Abb. 107) zusammengesetzt. Nach Dephosphorylierung zu Fructose-6-Phosphat (vgl. Abb. 108) wird in zwei Isomerierungsschritten **Glucose-1-Phosphat** synthetisiert (Abb. 157), das ein wichtiger Ausgangsmetabolit für die Synthese anderer Monosaccharide sowie verschiedenster Di-, Oligo- und Polysaccharide ist.

Abb. 157

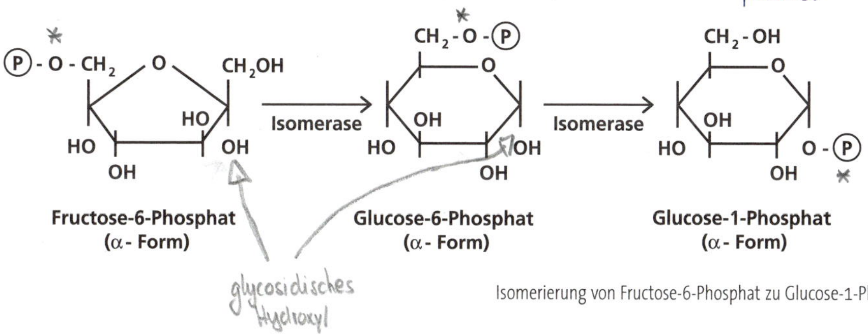

Isomerierung von Fructose-6-Phosphat zu Glucose-1-Phosphat.

Disaccharide | 6.3

Je nachdem, welche zwei Monosaccharide mit welchen glycosidischen Bindungen zusammengesetzt werden, entstehen unterschiedliche **Disaccharide** (Zweifachzucker). Einige wichtige Disaccharide sind mit ihren Trivialnamen und wissenschaftlichen Bezeichnungen in Abb. 158 dargestellt. Zur wissenschaftlichen Bezeichnung nennt man zunächst die Bindung, wobei mit α (unterhalb der Molekülebene) oder β (oberhalb der Molekülebene) nur die Stellung des ursprünglichen glycosidischen Hydroxyls und nicht diejenige der einfachen Alkoholgruppe bezeichnet wird. In der aus zwei Molekülen Glucose (Traubenzucker) zusammengesetzten **Maltose** (Malzzucker) trägt nur ein glycosidisches Hydroxyl zur glycosidischen Bindung bei. Es handelt sich bei der Maltose daher um ein 1α→4-Glucosido-Glucosid. Es ist ein Bruchstück der Stärke (siehe unten), das zum Beispiel bei deren Abbau beim Keimen von Getreide (Mälzerei) entsteht. Beim Abbau wird Maltose durch das Enzym Maltase hydrolytisch in zwei Moleküle Glucose gespalten.

Abb. 158

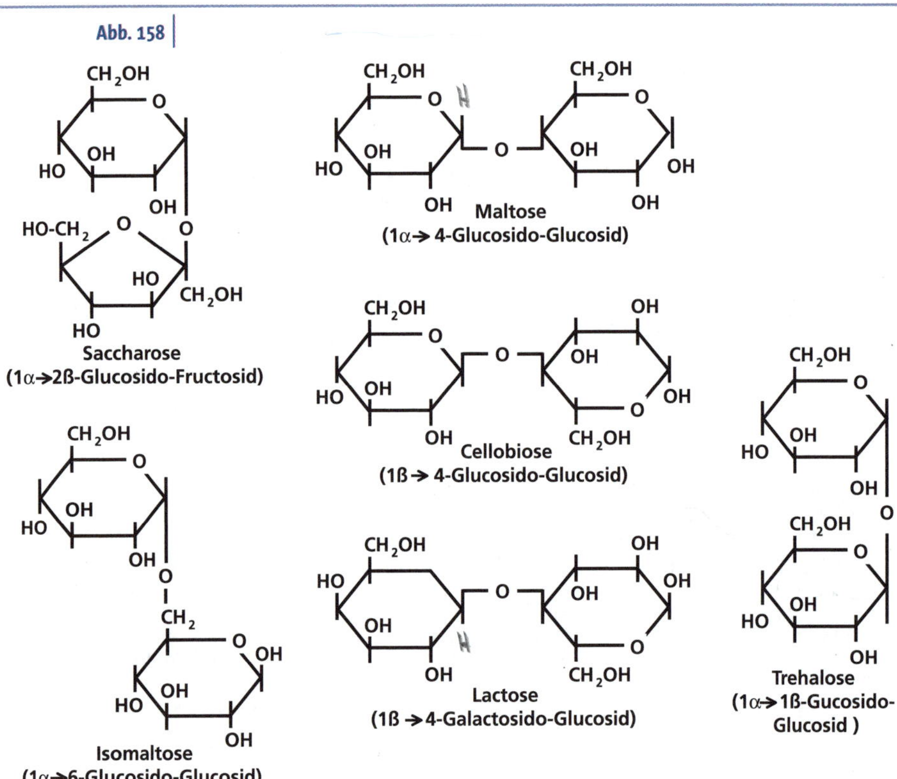

Wichtige Disaccharide.

Da die glycosidische Bindung zwischen Glucose und Fructose in **Saccharose** auf zwei glycosidische Hydroxylgruppen zurückgeht, handelt es sich um ein 1α→2β-Glucosido-Fructosid. Da beim Aufbau dieser Bindung sowohl das glycosidische Hydroxyl der Glucose als auch das der Fructose verbraucht wird, geht die reduzierende Eigenschaft verloren: Saccharose ist ein nicht reduzierender Zucker. Bei der Maltose liegt dagegen ein glycosidisches Hydroxyl noch frei vor. Maltose ist daher ein reduzierender Zucker (Info-Box 7).

Saccharose wird aufgrund ihrer Herkunft auch als Rohrzucker oder Rübenzucker bezeichnet. Im Zuckerrohr (*Saccharum officinarum*, im geringeren Maße auch in der Zuckerhirse, *Sorghum saccharatum*) sowie in der Zuckerrübe (*Beta vulgaris*) wird Saccharose vorübergehend in den Vakuolen vegetativer Pflanzenteile gespeichert. In der generativen Phase kann die Saccharose mobilisiert und für den Aufbau der Samen genutzt werden. Saccharose ist daher für diese Pflanzenarten nicht nur ein Speicherkohlenhydrat, sondern, wie für die meisten Pflanzenarten, das

Box 7

Fehlingsche Reaktion

Mit der von Fehling 1850 entwickelten Methode lassen sich reduzierende Zucker (Aldosen) nachweisen. Sie wird besonders in der klinischen Chemie zum Nachweis von Glucose im Harn angewandt. Die Fehlingsche Lösung enthält Kaliumnatriumtartrat (Weinstein, Salz der Weinsäure), Natronlauge und Kupfersulfat. Bei der Reaktion wird der Aldehyd oxidiert und Cu^{II} reduziert (Abb. 159). Beim Erhitzen verschwindet die tiefblaue Farbe des Kupfer-Tartrat-Komplexes, und es bildet sich ein rotbrauner Niederschlag.

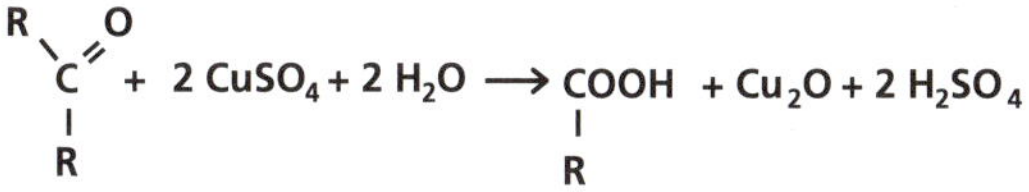

$$R{-}CHO + 2\,CuSO_4 + 2\,H_2O \longrightarrow R{-}COOH + Cu_2O + 2\,H_2SO_4$$

Abb. 159

Die Fehlingsche Reaktion.

wichtigste Transportkohlenhydrat im Langstrecken-Transportsystem Phloem. Wegen seiner großen Bedeutung der Saccharose für den pflanzlichen Stoffwechsel und die Lebensmittelindustrie soll die Biosynthese der Sachcharose beispielhaft für die Synthese der Disaccharide vorgestellt werden.

Da es sich bei der **Biosynthese von Saccharose** um einen endergonen Vorgang handelt, muss für diesen Prozess Energie aufgebracht werden. Hierzu wird der Ausgangsmetabolit Glucose-1-Phosphat zunächst mit Energie „beladen". Man spricht von einer **Aktivierung** des Hexosephosphats. Diese Aktivierung erfolgt nicht mit dem Coenzym ATP, sondern mit Uridintriphosphat (UTP), das analog zum ATP aufgebaut ist und ebenfalls zwei energiereiche Bindungen besitzt (Abb. 160). Als N-Base besitzt UTP das Pyrimidinderivat Uracil und bildet über eine N-glycosidische Bindung mit Ribose das Nucleosid Uridin. Energie kann von ATP nach dem in Abb. 161 dargestellten Schema auf UDP übertragen werden.

Das Coenzym UTP arbeitet mit dem Enzym **UDP-Glucose-Pyrophosphorylase** zusammen, das unter Abspaltung von Pyrophosphat

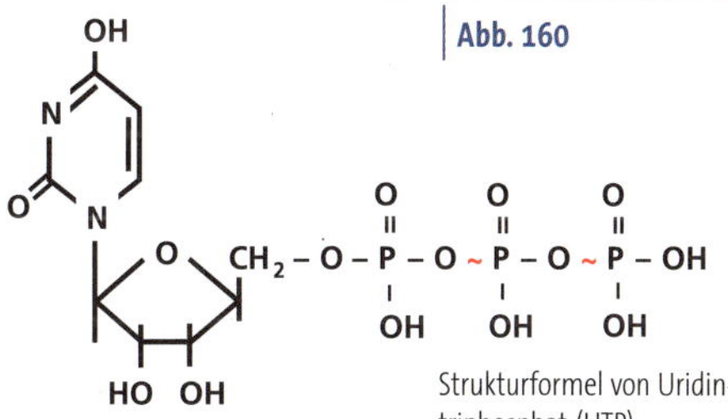

Abb. 160

Strukturformel von Uridintriphosphat (UTP).

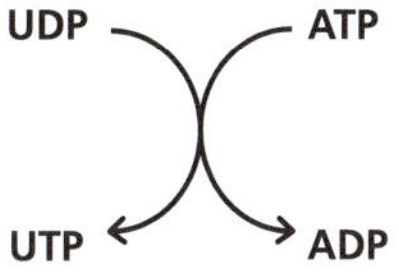

Abb. 161

Übertragung der Energie von ATP auf UDP.

UDP-Glucose (aktivierte Glucose) synthetisiert (Abb. 162). Dabei wird das Glucose-1-Phosphoryl-Radikal auf Uridinmonophosphat (UMP) übertragen und substituiert ein H-Atom des UMP. Es handelt sich also um ein Enzym aus der Hauptklasse der Transferasen. UDP-Glucose enthält eine energiereiche Bindung, die dem Molekül genügend Energie für den Aufbau einer glycosidischen Bindung verleiht. Diese wird mit einer weiteren Transferase, der **Saccharosephosphat-Synthase**, aufgebaut (Abb. 163). Dabei reagiert UDP-Glucose unter Abspaltung von Uridindiphosphat (UDP) mit Fructose-6-Phosphat zu Saccharosephosphat. Die Synthese von Saccharose wird durch die hydrolytische Abspaltung von P_{an} durch eine **Phosphatase** abgeschlossen.

Abb. 162

Aktivierung von Glucose-1-Phosphat mit dem Enzym UDP-Glucose-Pyrophosphorylase und seinem Coenzym Uridintriphosphat (UTP).

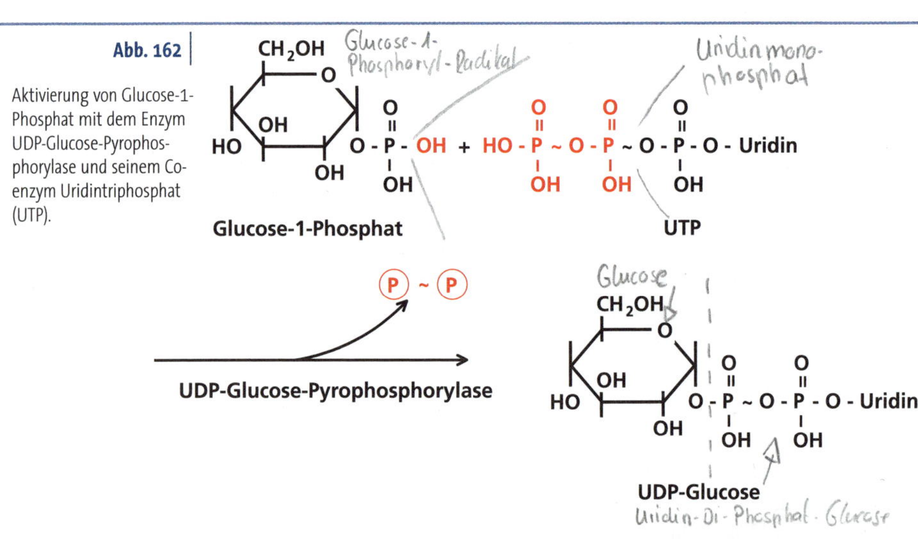

Abb. 163

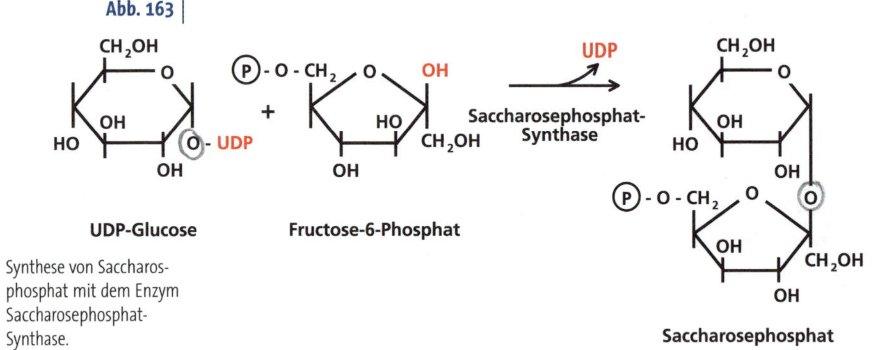

Synthese von Saccharosphosphat mit dem Enzym Saccharosephosphat-Synthase.

$$\text{Saccharose} + \text{UDP} \rightleftarrows \text{UDP-Glucose} + \text{Fructose}$$

Saccharose-Synthase

Abb. 164

Reversibler Abbau von Saccharose durch das Enzym Saccharose-Synthase.

$$\text{Saccharose} \xrightarrow[\text{Invertase / Saccharase}]{H_2O} \text{Glucose} + \text{Fructose}$$

Abb. 165

Hydrolytische Spaltung von Saccharose durch Invertase (Pflanze) bzw. Saccharase (Mensch).

Es gibt eine weitere Transferase, die in der Lage ist, direkt Saccharose aus UDP-Glucose und Fructose zu synthetisieren, die **Saccharose-Synthase** (Abb. 164). Allerdings hat dieses Enzym den Nachteil, dass es reversibel je nach Gleichgewichtsbedingungen Saccharose synthetisieren und abbauen kann. Nur bei hohen Konzentrationen an UDP-Glucose und Fructose kann es synthetisieren. Da unter den meisten physiologischen Bedingungen diese Voraussetzung nicht erfüllt ist, kommt der Saccharose-Synthase meistens die Rolle eines spaltenden Enzyms zu. Eine besondere Rolle in der Saccharosespaltung übernimmt im pflanzlichen Organismus die **Invertase**, bzw. im menschlichen Organismus bei der Verdauung die **Saccharase**. In beiden Fällen handelt es sich um Hydrolasen, die unter Anlagerung von H_2O Saccharose in seine monomeren Bausteine Glucose und Fructose spalten (Abb. 165).

Ähnlich wie Maltose sind **Isomaltose** bzw. **Cellobiose** Disaccharide, die beim Abbau der Polysaccharide Stärke und Cellulose eine Rolle spielen (Abb. 158, s.u.). Eine besondere Rolle als Bestandteil der Milch spielt **Lactose** für Säugetiere und den Menschen. Es handelt sich um ein Disaccharid, das $1\beta{\rightarrow}4$-glycosidisch miteinander verbunden Galactose und Glucose enthält (Abb. 158). Ähnlich wie Saccharose ist auch **Trehalose** (Mycose, Mutterkornzucker) ein nicht reduzierender Zucker, der aus zwei Molekülen Glucose besteht, die jeweils über ihre glycosidischen Hydroxylgruppen $1\alpha{\rightarrow}1\beta$-glycosidisch miteinander verbunden sind. Neben dem Knöllchengewebe von Leguminosen (siehe unten) kommt Trehalose in einem süßen, klebrigen Saft vor, der von dem **Mutterkornpilz** *Claviceps purpurea* erzeugt wird und so die Ausbreitung der Pilzsporen durch Insekten fördert. Der von den Sporen infizierte Fruchtknoten wird von dem Pilz durchwuchert. Er bildet giftige Alkaloide, die bei Verzehr von Brot aus mutterkornhaltigem Getreide zu chronischer Vergiftung (Ergotismus) führen. Aufgrund ihrer gefäßerweiternden Wirkung werden Mutterkornalkaloide zur Behandlung von Migräne eingesetzt.

6.4 | Oligosaccharide

Oligosaccharide bauen sich aus drei bis zwölf Zuckerresten auf. Sie spielen in manchen Pflanzenarten eine besondere Rolle als Speicherkohlenhydrate und sind für die menschliche Ernährung von Interesse. Viele Untersuchungen haben in den vergangenen Jahren auch gezeigt, dass sie als Signalmoleküle von Bedeutung sind. So können sie zum Beispiel bei Pathogenbefall aus pflanzlichen Zellwandbereichen abgespalten werden und ähnlich wie Phytohormone in extrem niedrigen Konzentrationen Abwehrreaktionen auslösen. Die wichtigsten zwei Familien, die hier besprochen werden sollen, sind die **Raffinosen** und die **Fructane**. Beide Familien leiten sich von der Saccharose ab.

Die **Raffinose** entsteht durch Verknüpfung der in der Saccharose enthaltenen Glucose mit Galactose über eine $6 \rightarrow 1\alpha$-Bindung (Abb. 166). Dieses Trisaccharid kommt in geringen Konzentrationen in der Zuckerrübe vor und gilt als Melassebildner. In der Zuckerfabrik wird reine Saccharose nach Extraktion aus den zerkleinerten Rüben durch Auskristallisation gewonnen. Der Rest wird als Melasse bezeichnet. Raffinose stört den Vorgang der Auskristallisation und vermindert so die Saccharoseausbeute. In manchen Pflanzen spielt Raffinose auch eine Rolle als Transportmolekül im Phloemsaft. **Stachiose** erhält man durch Verlängerung der Raffinose durch ein weiteres Galactosemolekül. Der Name stammt von dem Knollenziest *Stachys tubifera*, in dem Stachiose zuerst gefunden wurde. Inzwischen wurde Stachiose auch in anderen Pflanzenarten, wie zum Beispiel in manchen Leguminosensamen, nachgewiesen. Kettenverlängerung durch ein weiteres Galactosemolekül führt zur **Verbascose**. Dieser Name geht auf die Pflanzengattung *Verbascum* (Königskerze) zurück. Auch dieses Oligosaccharid wurde inzwischen in verschiedenen anderen Pflanzengattungen nachgewiesen.

Die **Fructane** sind wie die Raffinosen Glycane, die zu den Heterooligosacchariden gezählt werden (→ Def.). Sie gliedern sich in zwei Gruppen:

- Inuline
- Levane

Abb. 166 | Oligosaccharide der Raffinosefamilie.

Raffinose:
Fructose - Glucose - Galactose

Stachiose:
Fructose - Glucose - Galactose - Galactose

Verbascose:
Fructose - Glucose - Galactose - Galactose - Galactose

Sie wurden früher als Fructosane oder Fructoside bezeichnet. Diese Begriffe, sowie die von den Pflanzengattungen abgeleiteten Begriffe für die Levane (zum Beispiel Phlein), sind nach der aktuellen Nomenklatur nicht mehr zulässig. Wegen der besonderen Bedeutung der **Inuline** für die menschliche Ernährung und ihrer vom üblichen Synthesemuster abweichenden Biosynthese sollen sie näher betrachtet werden. Inuline sind Oligosaccharide, die entstehen, wenn an die Saccharose über eine 1→2β-glycosidische Bindung ein weiteres Fructosemolekül geknüpft wird (Abb. 167). Es entsteht die **Isokestose**, das kürzeste Inulinmolekül. Weitere Kettenverlängerungen nach dem gleichen Muster liefern eine homologe Reihe mit sehr regelmäßigem Aufbau. Dabei können Ketten mit Längen von mehr als 30 Fructosebausteinen gebildet werden, die dann strenggenommen den Polysacchariden zugerechnet werden müssen.

Zahlreiche Pflanzenarten, besonders aus der Familie der Korbblütler, speichern Inuline in den Vakuolen der verschiedensten Organe. Es handelt sich um eine Zwischenspeicherung von Kohlenhydraten in der vegetativen Phase. Nach der Blüte kann Inulin wieder zu Saccha-

Definition

Glycan ist der Oberbegriff für Zuckerverbindungen. Bestehen diese überwiegend aus Fructose, werden sie als Fructane bezeichnet. Glycane, die aus Glucose bestehen, sind Glucane.

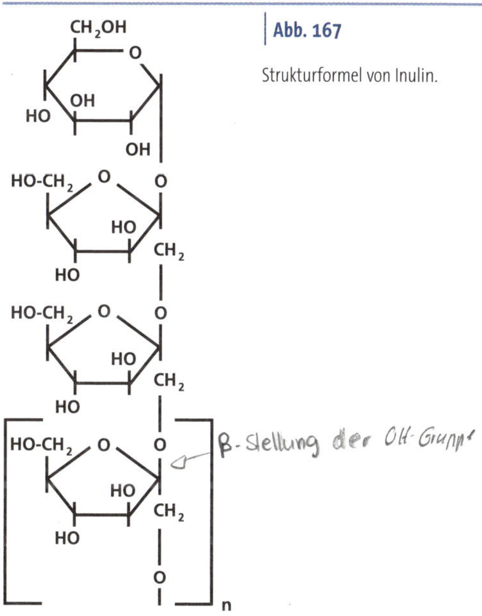

Abb. 167

Strukturformel von Inulin.

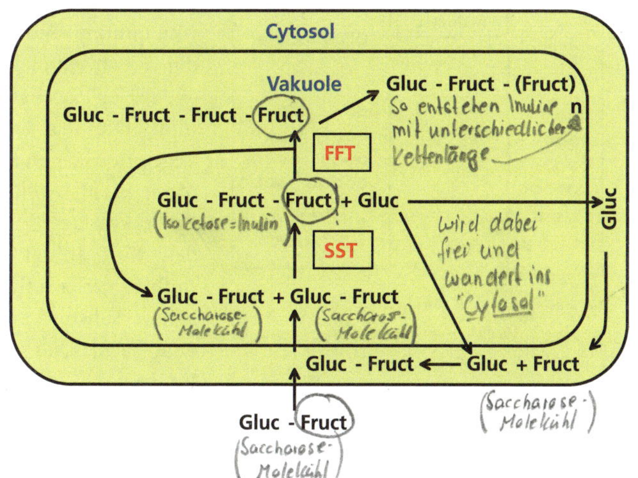

Abb. 169

Biosynthese von Inulin aus Saccharose mit den Enzymen Saccharose-Saccharose-Fructosyl-Transferase (SST) und Fructan-Fructan-Fructosyl-Transferase (FFT).

Box 8

Bedeutung der Zichorie für die menschliche Ernährung

Die Zichorie bildet ähnlich wie die Zuckerrübe ein aus Hypokotyl und Wurzel zusammengesetztes Speicherorgan, die Rübe. Im Unterschied zur Zuckerrübe speichert sie in den Vakuolen der Speicherzellen nicht Saccharose, sondern Inulin. Dieses Inulin wird gewonnen und als **präbiotische** Komponente, das heißt Nahrung für die Darmbakterien, Lebensmitteln zugesetzt. Vorteilhaft für Diabetiker ist der geringe Anteil von Glucose. Darüber hinaus lassen sich zwei zusätzliche Wirkungen unterscheiden. Kurzkettiges Inulin wird von bestimmten Darmbakterien, den **Bifidobakterien**, bis zu kurzkettigen Fettsäuren abgebaut, die vom Epithel des Dickdarms aufgenommen werden können. Es gibt Hinweise darauf, dass diese kurzkettigen Fettsäuren bei der Prävention von Darmkrebs eine Rolle spielen können. Andererseits kann langkettiges Inulin nicht verdaut werden und dient als Ballaststoff, der die Darmperistaltik (Bewegungen des Darms) anregt und so vorteilhafte Wirkungen entfaltet. Zum Teil wird Inulin auch als **Oligofructose** bestimmten Lebensmitteln, wie zum Beispiel Joghurt, zugemischt. Dabei handelt es sich um enzymatisch gespaltenes Inulin, das aus kurzkettigen Inulin- und Fructoseketten besteht (Abb. 168).

Die Zichorie dient auch der Produktion von **Chicorée**, der als Salat Verwendung findet. Rüben der Zichorie werden zu diesem Zweck im Dunkeln zum Austrieb gebracht. Dabei hilft unter anderem der Reservestoff Inulin, die neue Pflanzensubstanz der Blätter aufzubauen. Eine **Fructanexohydrolase** spaltet in den Vakuolen der Rübenzellen hydrolytisch vom Inulin endständig Fructosemoleküle ab, die zu Saccharose umgebaut, in den Vegetationskegel und die neu entstehenden Blätter verlagert werden. Dort erfolgt der Aufbau neuer pflanzlicher Substanz und eine Neusynthese von Inulin.

Abb. 168 Herstellung von Oligofructose aus Inulin.

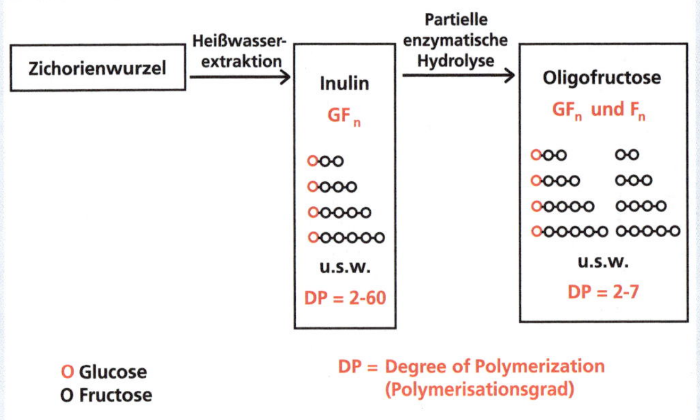

rose abgebaut und in die Samen zur Speicherung verlagert werden. Es gibt zwei wirtschaftlich interessante Pflanzenarten, nämlich den Topinambur (*Helianthus tuberosus*) und die Zichorie (*Cichorium intybus*), von denen besonders die Zichorie eine größere Bedeutung für die Gewinnung von Inulin erlangt hat (Info-Box 8). In diesen beiden Pflanzenarten hat man den Biosyntheseweg näher untersucht. Danach sind zwei Transferasen in den Vakuolen für die Kettenverlängerung zuständig (Abb. 169).

Das Enzym **Saccharose-Saccharose-Fructosyl-Transferase (SST)** überträgt zunächst einen Fructosylrest von einem Saccharosemolekül auf ein anderes Saccharosemolekül, wodurch das erste Inulin, die **Isokestose** entsteht. Die freigesetzte Glucose wandert zurück in das Cytosol und wird dort für die Synthese von Saccharose verwendet. Das zweite Enzym, **Fructan-Fructan-Fructosyl-Transferase (FFT)** überträgt von der Isokestose (oder einem anderen Inulin) einen Fructosylrest auf ein anderes Inulin, so dass

Abb. 170

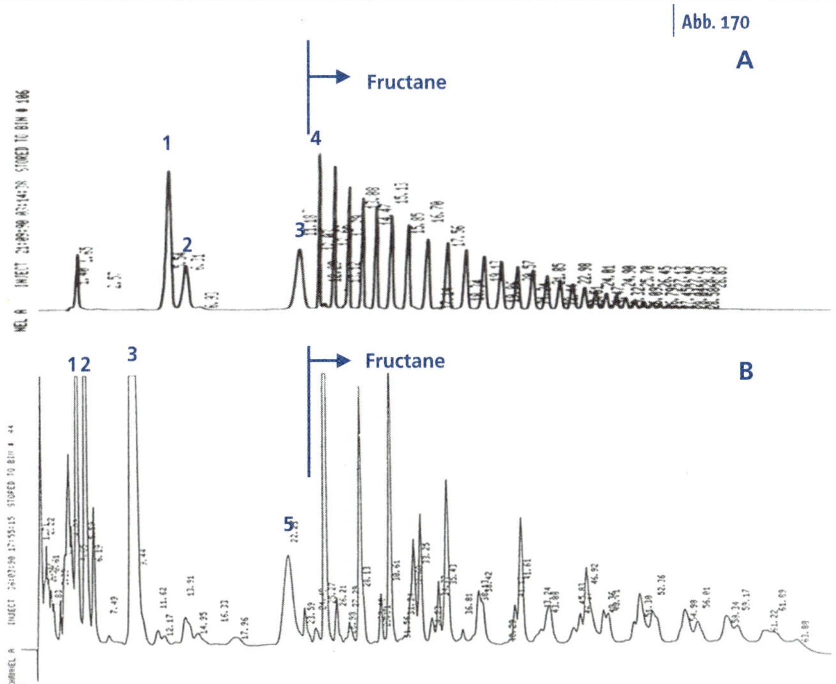

Chromatogramme von Extrakten leicht löslicher Kohlenhydrate. Die verschiedenen Zucker wurden mittels Ionenchromatographie in stark alkalischem Milieu getrennt und mittels gepulster amperometrischer Detektion quantifiziert. **1** = Glucose, **2** = Fructose, **3** = Saccharose, **4** = Isokestose, **5** = Maltose. Die Peakhöhe repräsentiert die Konzentration. **A**: Chromatogramm eines Extraktes aus Topinamburknollen (nach FEUERLE 1992). **B**: Chromatogramm eines Extraktes aus vegetativen Pflanzenteilen von Weizen zum Zeitpunkt der Blüte (nach FORTMEIER 1992).

das Empfängerinulin um einen Fructosylrest wächst, während das abgebende Inulinmolekül um einen Fructosylrest kürzer wird. So entsteht ein sehr regelmäßiges Muster von Inulinen unterschiedlicher Kettenlängen (Abb. 170A). Typisch ist, dass die Konzentration mit zunehmender Kettenlänge abnimmt. Dies ist darauf zurückzuführen, dass die Stabilität mit zunehmender Kettenlänge abnimmt. Die Kettenverlängerung erreicht daher ab einem **Polymerisationgrad** von etwa 30 ihre Grenze. Es gibt jedoch bakterielle Enzyme, die leistungsfähiger sind und wesentlich längere Ketten erzielen können.

Der Vergleich mit der Saccharosesynthese (vgl. Abb. 162 und Abb. 163) zeigt einen deutlichen Unterschied im Prinzip der **Inulinsynthese** im Vergleich zum üblichen Biosyntheseweg von Di-, Oligo- oder Polysacchariden auf. Es scheint als wäre Energie, wie sie für die Aktivierung von Glucose-1-Phosphat notwendig ist (Abb. 162), nicht erforderlich. Allerdings darf man nicht vergessen, dass die bei der Synthese von Isokestose freigesetzte Glucose für die Synthese von Saccharose (und damit für weitere Synthesen von Isokestose) zunächst zu Glucose-1-Phosphat phosphoryliert und anschließend noch mit UTP zu UDP-Glucose aktiviert werden muss. Insofern ergibt sich kein energetischer Vorteil der Inulinsynthese gegenüber dem üblichen Syntheseweg.

Im Unterschied zur regelmäßigen Struktur des Inulins sind Fructane vom **Levantyp** sehr unterschiedlich strukturiert. Glucose tritt nicht nur am Anfang der Kette wie beim Inulintyp auf, sondern findet sich unregelmäßig im Molekül verteilt. Zusätzlich treten Verzweigungen auf, so dass Levane ein Gemisch verschiedener Fructane darstellen, die sich in der Zusammensetzung mit den monomeren Bausteinen Glucose und Fructose sowie in den Bindungen unterscheiden. Dies drückt sich auch in einem wesentlich komplexeren Chromatogramm im Vergleich zu den Inulinen aus (Abb. 170B). Levane werden in den Vakuolen vegetativer Pflanzenteile von **C_3-Gräsern** bis zur Blüte zwischengespeichert und anschließend, nach Umwandlung in Saccharose, zu den generativen Speicherorganen verlagert. Für die Ertragsbildung unserer Getreidearten sind sie daher von nicht zu unterschätzender Bedeutung. In der Tierernährung spielen sie ebenfalls eine wichtige Rolle, da sie auch in den Futtergräsern in hohen Konzentrationen auftreten. In C_4-Gräsern werden Fructane dagegen nicht gebildet.

Polysaccharide

6.5

Polysaccharide sind Glycane. Sie übernehmen Speicher- und Strukturfunktionen. Folgende Gruppen sollen besprochen werden:

- Stärke
- Pectin
- Hemicellulose
- Cellulose
- Kallose
- Chitin
- Mucopolysaccharide
- Peptidoglycane
- Teichonat

Stärke ist ein Glucan, also ein Homopolysaccharid, das ausschließlich aus Glucosebausteinen aufgebaut ist. Meistens handelt es sich um ein Gemisch aus **Amylose** und **Amylopectin** (Abb. 171). Während Amylose ein kettenförmiges Molekül aus mehreren hundert Glucoseeinheiten darstellt, treten im Amylopectin zusätzlich Verzweigungen auf. Stärke ist das wichtigste pflanzliche Speicherkohlenhydrat. Es wird in Plastiden synthetisiert und gespeichert. Im Cytosol menschlicher Leberzellen tritt eine stärker verzweigte Form des Amylopectins auf, die als **Glycogen** bezeichnet wird (vgl. Info-Box 3 in Kapitel 2.3). Sie dient im menschlichen Organismus als Energiespeicher, der kurzfristig mobilisierbar ist und der Regulierung des Blutzuckerspiegels dient.

Die Biosynthese von Stärke erfolgt nach dem gleichen Schema wie die Biosynthese von Saccharosephosphat (vgl. Kapitel 6.3). Zunächst wird Glucose-1-Phosphat mit dem Enzym **ADP-Glucose-Pyrophosphorylase** zu ADP-Glucose aktiviert (Abb. 172). Energie lieferndes Coenzym ist somit ATP.

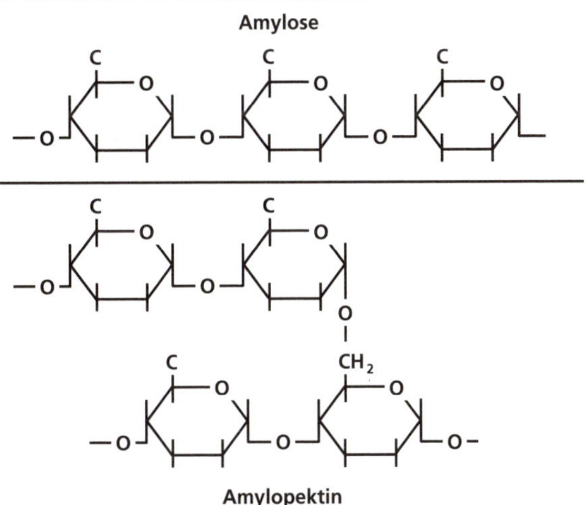

Abb. 171

Stärkeformen: Amylose enthält kettenförmig 1α→4 verbundene Glucosebausteine. Amylopectin enthält zusätzlich über 1α→6 verbundene Seitenketten.

Abb. 172

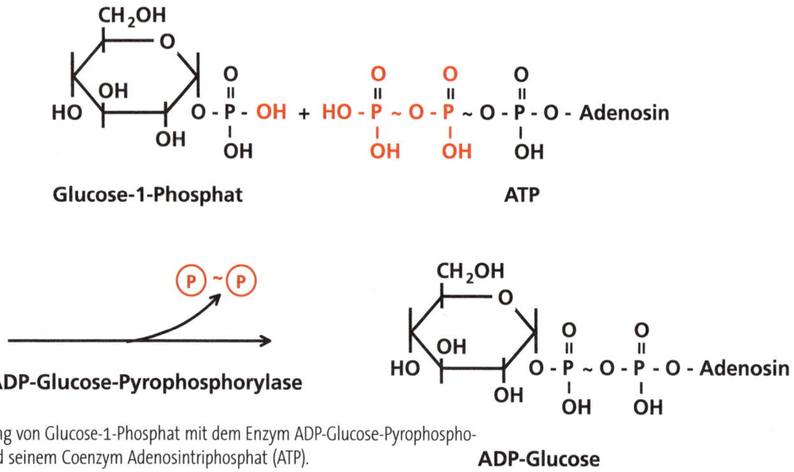

Aktivierung von Glucose-1-Phosphat mit dem Enzym ADP-Glucose-Pyrophosphorylase und seinem Coenzym Adenosintriphosphat (ATP).

Definition

Glycosyl ist das Radikal eines Zuckers, Glucosyl ist das Radikal der Glucose.

In einem zweiten Schritt wird der Glucosylrest mittels **Stärke-Synthase** auf eine Amylosekette übertragen, indem das Glucosyl-Radikal (→ Def.) ein H-Atom substituiert (Abb. 173). Ort der Stärkesynthese sind Plastiden. Während Chloroplasten die Stärkesynthese nutzen, um einen Überschuss an Assimilaten bei intensiver Photosyntheseaktivität osmotisch neutral abzupuffern, dient die Stärkesynthese in **Amyloplasten** der Endspeicherung. Die Stärke füllt am Ende des Speicherprozesses den gesamten Amyloplasten aus und bildet auf diese Art und Weise charakteristisch geformte Stärkekörner.

Ähnlich wie für die Synthese von Saccharose gibt es auch für die Stärkesynthese ein weiteres Enzym, das reversibel arbeitet und daher auch Stärke abbauen kann, die **Stärke-Phosphorylase** (Abb. 174). Unter Abspaltung von P_{an} substitutiert das Glucosyl des Glucose-1-Phosphats das H-Atom der am C-4-Atom stehenden OH-Gruppe eines Stärkemoleküls. Da das Enzym auch Stärke abbauen kann, ist die Stärkesynthese auf hohe Substratkonzentrationen (Glucose-1-Phosphat) und geringe Produktkonzentrationen (Stärke) angewiesen. Da diese Voraussetzungen zu Beginn der Speicherphase vorliegen, spielt dieses Enzym für die Stärkespeicherung im Getreidekorn zu Beginn eine größere Rolle, während mit zunehmender Stärkeanreicherung die Stärke-Synthase wichtiger wird.

Stärke stellt für die menschliche Ernährung einen wesentlichen Energielieferanten dar, der zum Beispiel in Brot und anderen Teigwaren sowie Kartoffeln enthalten ist. Die **Verdauung der Stärke** beginnt bereits mit dem Speichel im Mund, der Amylasen enthält. Amylasen sind Hydrolasen:

Abb. 173

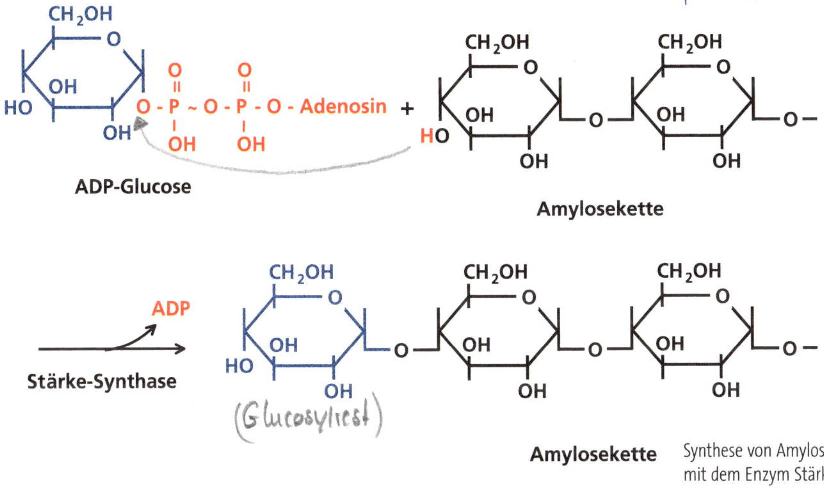

Synthese von Amylose mit dem Enzym Stärke-Synthase.

α-**Amylasen** spalten die Stärke in Bruchstücke von etwa 10 Glucosebausteinen, sogenannte **Dextrine**. β-**Amylasen** spalten vom Rande her Maltosebruchstücke ab, die dann von **Maltase** in Glucosemoleküle zerlegt werden.

Bei der Speicherung der wichtigsten Reservekohlenhydrate im pflanzlichen Organismus sind zwei unterschiedliche zelluläre Kompartimente beteiligt:

- Amyloplasten
- Vakuolen

Abb. 174

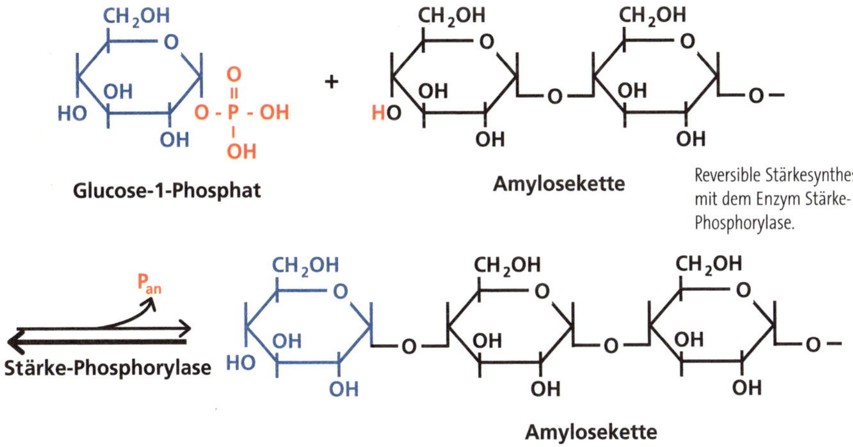

Reversible Stärkesynthese mit dem Enzym Stärke-Phosphorylase.

Während die Stärkespeicherung in den Amyloplasten erfolgt, werden Saccharose und Inulin in Vakuolen angereichert. Im Schema der Abb. 175 werden die unterschiedlichen Mechanismen gegenübergestellt. In allen drei Fällen wird als Assimilatform über das Phloem die Saccharose angeliefert. Im Fall der **Stärkespeicherung** wird die Saccharose gespalten und Hexosen überwiegend als Glucosephosphat in die Amyloplasten aufgenommen und mittels Stärke synthetisierender Enzyme angereichert. Die treibende Kraft für diesen Prozess ist die Stärkesynthese im Amyloplasten, die einen Sog für Glucosephosphat darstellt. Im Gegensatz hierzu wird bei der **Speicherung der Saccharose** diese nicht gespalten, sondern gelangt passiv in das Cytosol. Die treibende Kraft für die Aufkonzentrierung der Saccharose in der Vakuole wird durch einen Protonengradienten am Tonoplasten bereitgestellt. Die H^+-ATPase im Tonoplasten importiert Protonen aus dem Cytosol in die Vakuole, wodurch die Vakuole angesäuert und positiv aufgeladen wird. Dieser Protonengradient wird von einem Saccharose/H^+-Antiporter genutzt, der Saccharose aktiv in die Vakuolen schleust und auf beachtliche Konzentrationen (mehrere hundert mM) anreichert. Im Falle der **Inulinspeicherung** ist es wieder die Enzymaktivität, hier des Enzyms SST, das einen Sog für Saccharose entstehen lässt. Es wird unterstützt von FFT, das die entstehende Isokestose in längerkettige Fructane weiterverarbeitet (Abb. 169).

Abgesehen von der Speicherung spielen Kohlenhydrate als Strukturelemente eine wichtige Rolle. Diese Funktion der Kohlenhydrate ist besonders für Pflanzen von Bedeutung, da pflanzliche Zellen im Gegensatz zu tierischen Zellen von einer **Zellwand** umgeben sind, die diesen Zellen Festigkeit verleiht. Während im jungen Zustand der Zelle zunächst nur **Pectin** die pflanzliche Zellwand (Mittellamelle) ausmacht, kommen mit zunehmender Reife **Hemicellulose** und **Cellulose** als Strukturelemente

Abb. 175

Vergleich der Speicherung von Stärke, Saccharose und Inulin.

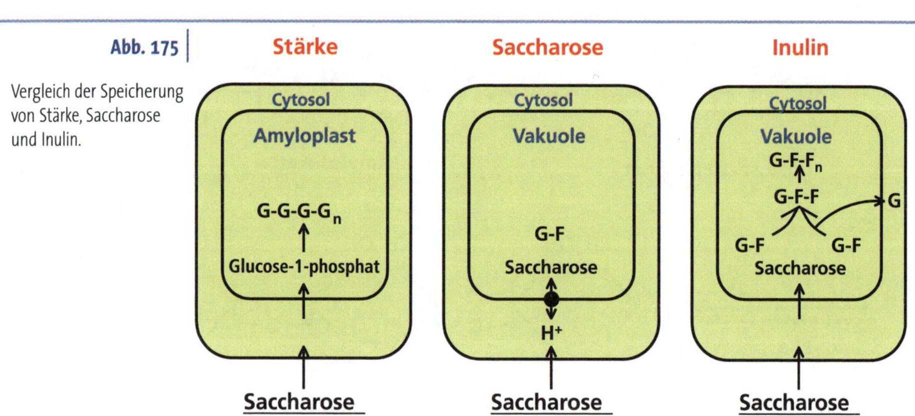

aus der Gruppe der Kohlenhydrate hinzu. Weitere Bestandteile der Zellwand sind Proteine, Lignin und Suberin.

Pectinat (Anion der Pectinsäure) ist ein **Polygalacturonat** (Anion der Polygalacturonsäure), das aus Glucose-1-Phosphat synthetisiert wird (Abb. 176). Es stellt einen unverzweigten Strang aus bis zu 1000 Galacturonatresten dar. Pectinat ist wasserlöslich, lässt sich aber mit Ca^{2+} ausfällen. In den **Mittellamellen** (und in der Primärwand), die als erstes synthetisiert werden, kommt Pectinat als Ca^{2+}-Pectinat vor. Die Ca^{2+}-Ionen vernetzen die einzelnen Pectinatstränge über ihre Carboxylgruppen und

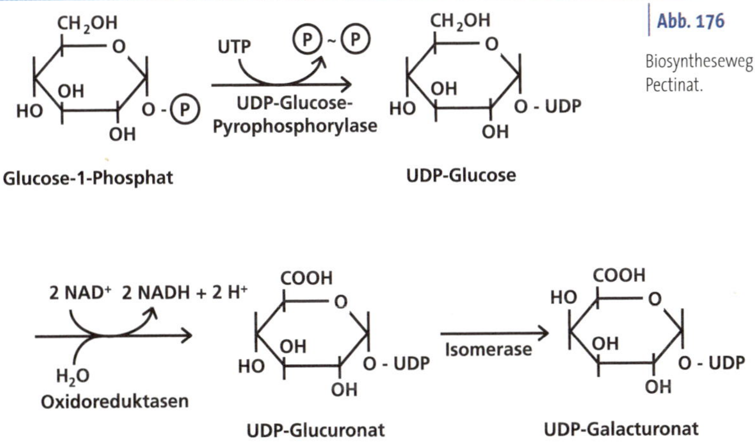

Abb. 176

Biosyntheseweg von Pectinat.

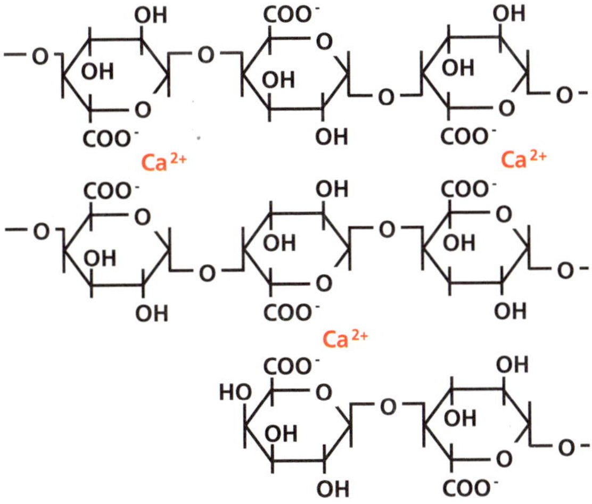

Abb. 177

Verbindung einzelner Pectinatketten durch Ca^{2+}-Ionen.

verleihen ihnen Stabilität (Abb. 177). Die Zellen werden auf diese Weise miteinander verkittet.

Neben dem Pectinat tritt in den Zellwänden auch **Pectin** auf. Hierbei sind Carboxylgruppen eines Teils der Galacturonatmonomere mit Methanol verestert (Abb. 178). Da Pectinate und Pectine auch vermischt auftreten, wird der Begriff Pectin auch als Oberbegriff solcher Gemische benutzt. In unreifem Obst treten sehr lange Pectinketten auf; man spricht hier von **Protopectin**. Dieses Protopectin ist für die harte Konsistenz dieser Früchte verantwortlich. Der Reifeprozess ist unter anderem dadurch charakterisiert, dass Protopectin mit hydrolytisch arbeitenden Pectinasen in kürzere Pectineinheiten zerlegt wird (Abb. 179).

Nach der Mittellammelle wird vom Plasmalemma aus die **Primärwand** angelegt. Sie besitzt ausreichende plastische Dehnbarkeit, so dass ein Streckungswachstum der Zelle noch möglich ist. Die Primärwand ist am kompliziertesten aufgebaut. Neben Pectin und Cellulose (s.u.) enthält sie als Kohlenhydrate die **Hemicellulosen**. Hierbei handelt es sich um ein Gemisch verschiedenster Heteropolysaccharide, die aus Pentosen (zum Beispiel Xylose, Arabinose) und Hexosen (zum Beispiel Glucose, Mannose) aufgebaut sind. Auch diese Bausteine leiten sich von UDP-Galacturonat ab, wie beispielhaft für Xylose in Abb. 180 gezeigt ist.

Abb. 178

Mit Methanol veresterte Carboxylgruppen in Pectin.

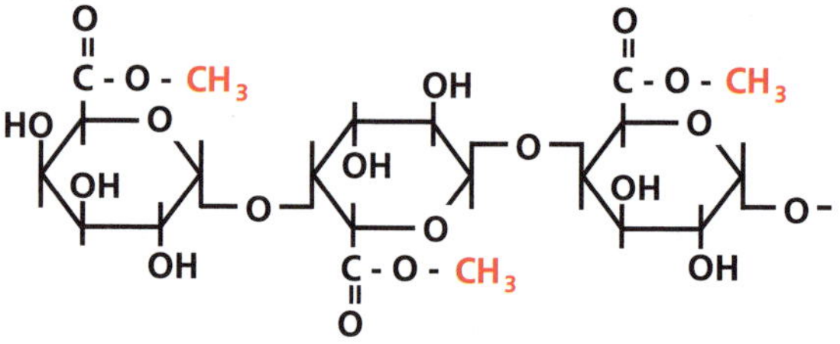

Abb. 179

Hydrolytische Spaltung von Protopectin.

$$\text{Protopectin} \xrightarrow[\text{Pectinasen}]{(n-1)\ H_2O} n\ \text{Pectin}$$

Abb. 180

Biosyntheseweg von Xylose.

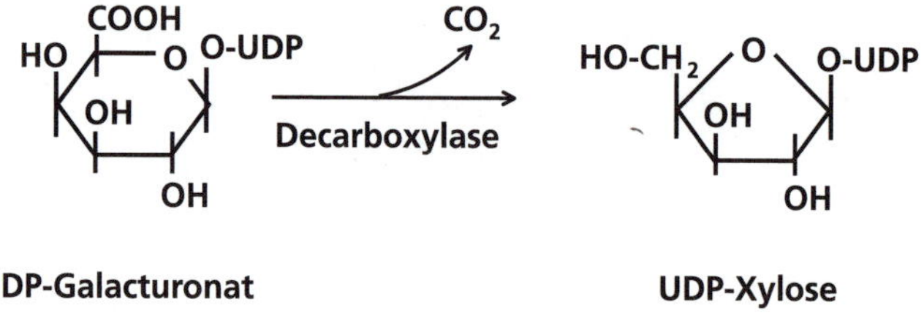

UDP-Galacturonat → (Decarboxylase, $-CO_2$) → UDP-Xylose

Das wichtigste Strukturpolysaccharid der pflanzlichen Zellwand, besonders der **Sekundärwand**, ist die **Cellulose**. Ähnlich wie die Amylose besteht die Cellulose aus Glucosebausteinen, die jedoch 1β→4-glycosidisch verknüpft sind (Abb. 181). Dies hat wichtige strukturelle Konsequenzen. Während sich nämlich die Amylose spiralförmig aufwindet, bildet die Cellulose lineare Molekülketten, die sich zu festen Fasern zusammenlagern können. Nach Entfernung der übrigen Zellwandbestandteile durch Fermentation lassen sich aus verschiedenen Faserpflanzen, wie zum Beispiel Flachs, Hanf, Kenaf und Sisalagave, Fasern mit unterschiedlichen Eigenschaften gewinnen. Auch Holz besteht zu einem großen Anteil aus Cellulose und stellt daher einen wichtigen Rohstoff für die Papierherstellung dar. In der Baumwolle kommt Cellulose in fast reiner Form vor. Die stabile Struktur pflanzlicher Organe wird wesentlich durch die Cellulosefasern realisiert. Die **Cellulosesynthese** erfolgt anlog zur Amylosesynthese (vgl. Abb. 172 und Abb. 173) mit den Enzymen GDP-Glucose-Pyrophosphorylase und Cellulose-Synthase. Als Coenzym dient dabei **Guanosintriphosphat** (GTP, Abb. 182). In manchen Pflanzen gibt es auch Pyrophosphorylasen und Glucan-Synthasen, die mit dem Coenzym UTP arbeiten.

Cellulose unterscheidet sich von der Amylose nicht nur in der Struktur, sondern auch in der **Verdaulichkeit**. Für den Menschen und monogastrische Tiere (Tiere mit einem Magen), wie zum Beispiel das Schwein, ist Cellulose unverdaulich. Sie stellt daher einen wichtigen Ballaststoff dar.

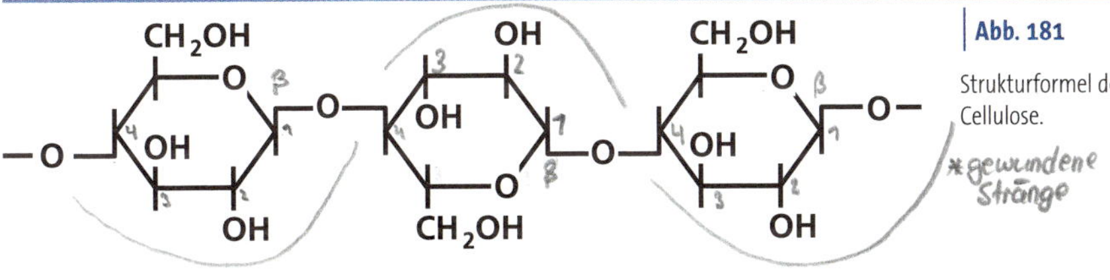

Abb. 181

Strukturformel der Cellulose.

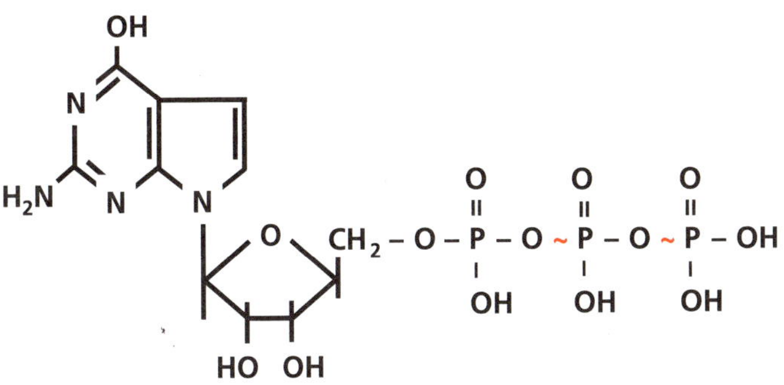

Abb. 182

Strukturformel von Guanosintriphosphat (GTP).

Die 1β→4-glycosidische Bindung lässt sich durch **Cellulasen** hydrolytisch spalten, die von Bakterien der Gattung *Cytophaga* gebildet werden. Diese Bakterien kommen im Boden und im Pansen von Wiederkäuern vor, so dass diese Tiere in ihrem Verdauungssystem mit fremder Hilfe Cellulose abbauen können. Sie selbst besitzen keine Cellulasen sondern sind, ähnlich wie auch Termiten, auf die Bakterien angewiesen.

Auch **Kallose** besteht ausschließlich aus Glucosemolekülen, die jedoch 1β→3-glycosidisch miteinander verknüpft sind (Abb. 183). Kallose ist ein Homopolysaccharid, das in Pflanzen für einen Wundverschluss sorgt. Bei Verletzungen der Phloemleitbahnen bildet es in den Siebporen Pfropfen, die die Siebröhren verstopfen und so Phloemsaftverluste vermeiden. Diese Funktion ist vergleichbar mit der Blutgerinnung im menschlichen Organismus.

Ähnlich wie Pflanzen besitzen auch **Pilze** eine Zellwand, die jedoch anders aufgebaut ist. Als Baustein fungiert N-Acetylglucosamin, das einen acetylierten Aminozucker darstellt (Abb. 184). Der Aminozucker Glucosamin entsteht, wenn die Hydroxylgruppe der Glucose in C-2-Position durch eine Aminogruppe substituiert wird. N-Acetylglucosamin-Bausteine sind, ähnlich wie die Glucosemoleküle in Cellulose, über 1β→4-glycosidische Bindungen verknüpft und bilden das **Chitin**. Die unter anderem von Schnecken, Schimmelpilzen und Bakterien gebildete Chi-

Abb. 183 | Strukturformel von Kallose.

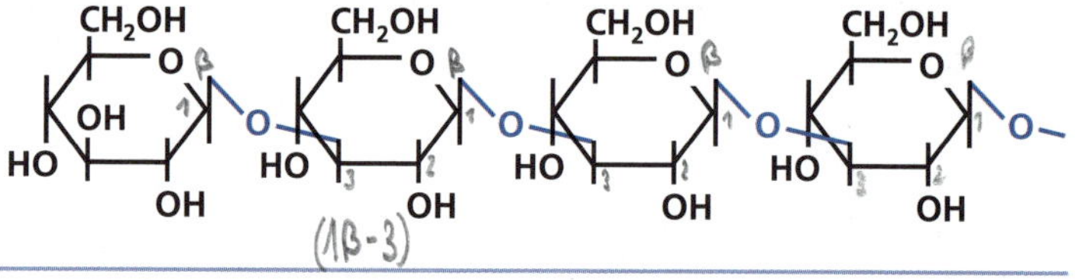

Abb. 184 | Strukturformeln von Glucosamin, N-Actylglucosamin und Chitin.

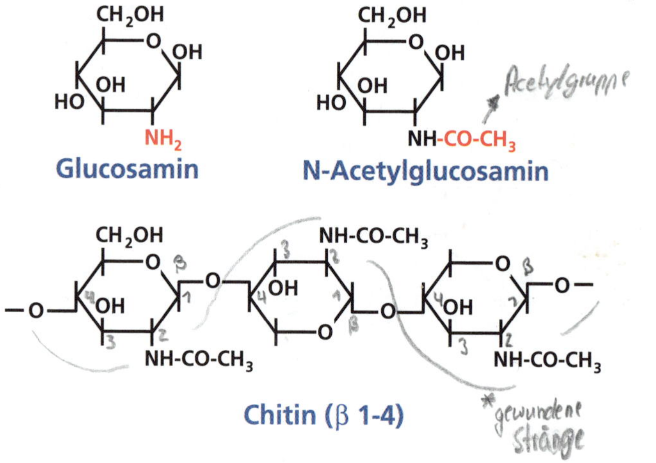

Glucosamin

N-Acetylglucosamin

Chitin (β 1-4)

tinase spaltet das Chitin hydrolytisch und setzt N-Acetylglucosamin frei, das als leicht abbaubare organische Substanz gilt und im Boden zur N-Ernährung der Pflanzen beiträgt.

Auch im menschlichen Organismus kommen Heteropolysaccharide vor, die Strukturfunktionen übernehmen. Sie werden als **Mucopolysaccharide** bezeichnet:

- Hyaluronat
- Chondroitinsulfat
- Keratansulfat
- Heparin

Hyaluronat (Anion der Hyaluronsäure) kommt im Glaskörper des Auges, im Bindegewebe der Haut und in der Nabelschnur vor. Grundbausteine sind Glucuronat (Anion der Glucuronsäure) und N-Acetylglucosamin, die über 1β→ 3-glycosidische Bindungen zu Dimeren verknüpft und diese wiederum über 1β→4-glycosidische Bindungen verbunden sind und so Ketten bilden (Abb. 185). **Chondroitinsulfat** ist ein wichtiges Strukturelement des Bindegewebes und des Knorpels. Als Grundbaustein der

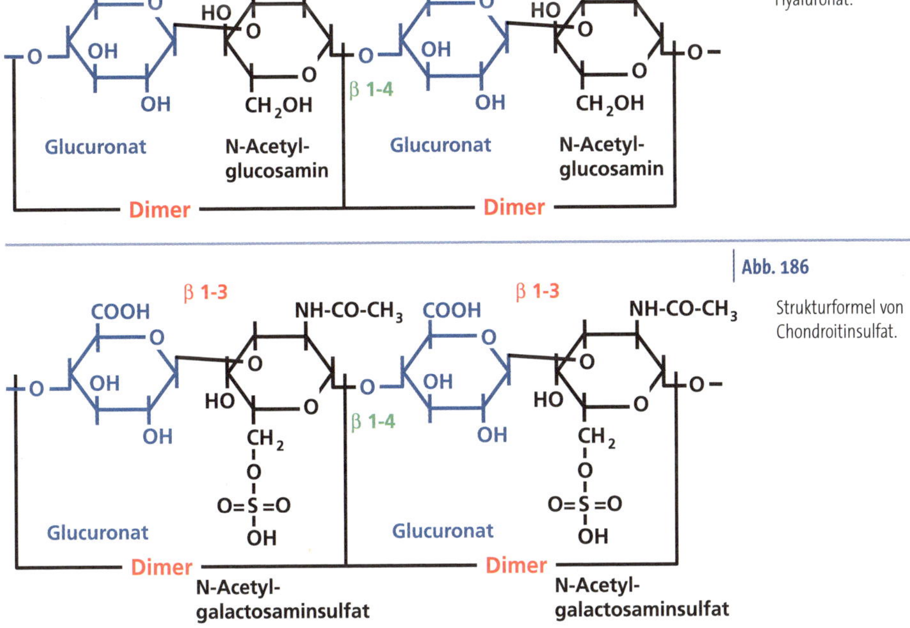

Abb. 185 Strukturformel von Hyaluronat.

Abb. 186 Strukturformel von Chondroitinsulfat.

Dimere treten 1β→3-glycosidisch verbundenes Glucuronat und N-Acetylgalactosaminsulfat auf. Auch hier sind die Dimere 1β→4-glycosidisch verknüpft (Abb. 186). **Keratansulfat** ist ebenfalls ein wichtiger Bestandteil des Knorpels. Hier sind die Grundbausteine Galactose und N-Acetylglucosaminsulfat 1β→4-glycosidisch zu Dimeren verbunden, die untereinander über 1β→3-Bindungen verknüpft sind (Abb. 187). Hyaluronat, Chondroitinsulfat und Keratansulfat bilden mit ihren sauren Carboxylgruppen, basischen NH-Gruppen und hydrophilen Hydroxylgruppen mit Proteinen ionogene Bindungen und Wasserstoffbrücken aus, so dass **Peptidoglycane** entstehen (Abb. 188). Peptidoglycane stellen die Grundstruktur des Knorpels dar.

Auch **Heparin** (Abb. 189) ist ein Mucopolysaccharid, das sich aufgrund seiner negativen Ladungen an den Carboxyl-und Sulfatgruppen an pro-

Abb. 187

Strukturformel von Keratansulfat.

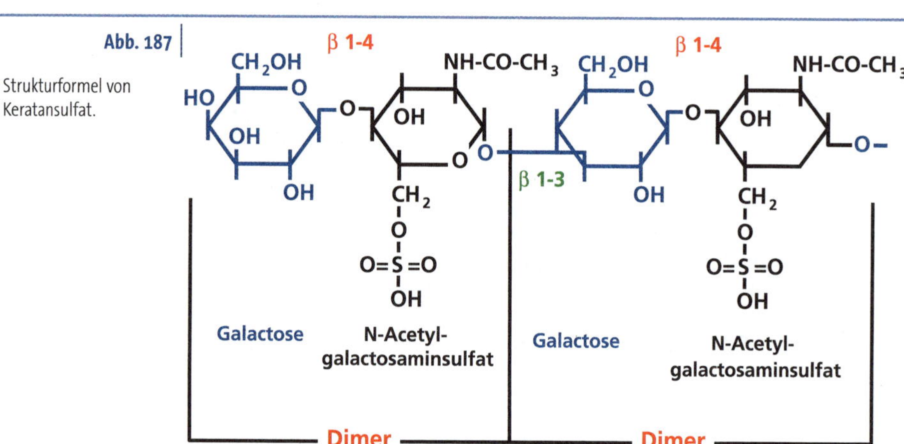

Abb. 188

Mucopolysaccharide verbinden sich mit Polypeptiden zu Peptidoglycanen und bilden so die Grundstruktur des Knorpels.

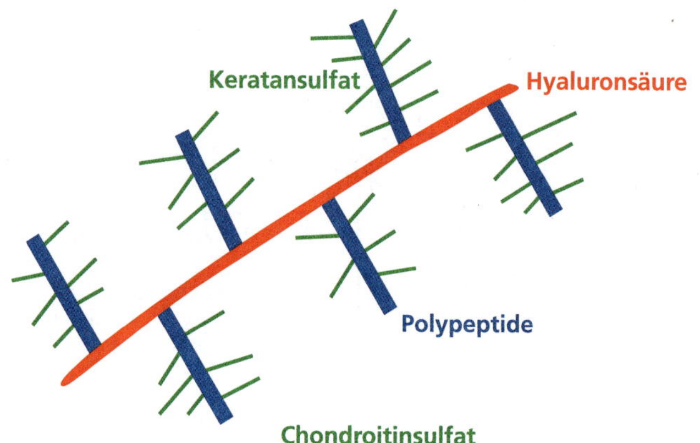

tonierte Aminogruppen eines Gerinnungsproteins ionogen anlagern kann. Es inaktiviert das Protein und verhindert so die Blutgerinnung. Heparin kommt in Leber und Lunge vor. Zur Verhütung und Behandlung von Thrombosen und Herzinfarkten sowie zur Verhinderung der Blutgerinnung im Blutspendewesen wird Heparin gezielt eingesetzt.

Peptidoglycane stellen auch das Gerüst der Bakterienzellwand dar, das als **Murein** bezeichnet wird (Abb. 190). Die Heteropolysaccharidstränge werden dabei von Peptiden quervernetzt. Ähnlich wie die pflanzliche Zellwand schützt auch die bakterielle Zellwand die Bakterienzellen vor einem Platzen in einem hypotonischen Medium. In das Mureingerüst sind weitere Polysaccharide eingelagert, die für die Kommunikation des Bakteriums mit seiner Umwelt von Bedeutung sind. Bei den **Gram-negativen** Bakterien (mit Anilinfarbstoffen nicht anfärbbar) ist die Murein-

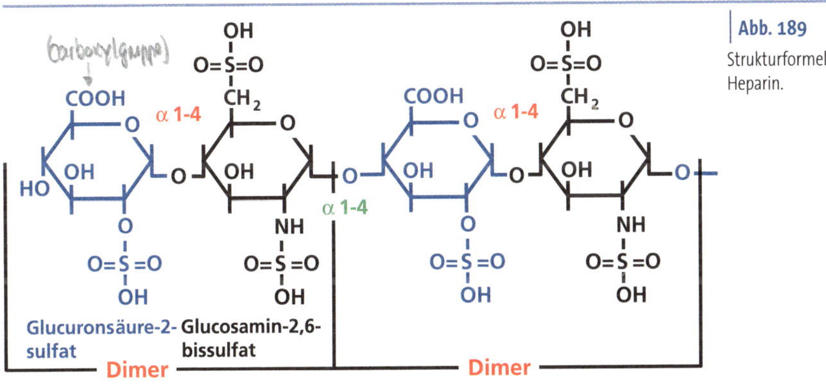

Abb. 189
Strukturformel von Heparin.

D-Ala
(LGly)$_5$-L-Lys
D-Glu-NH_2
L-Ala
C=O
H_3C-CH
CH_2OH
β1-4
NH-CO-CH_3
O
OH
HO
NH-CO-CH_3
CH_2OH
β1-4
N-Acetylglucosamin
N-Acetylmuraminsäure
Dimer

Abb. 190
Strukturformel von Murein.

Abb. 191

Strukturformel von Teichonat.

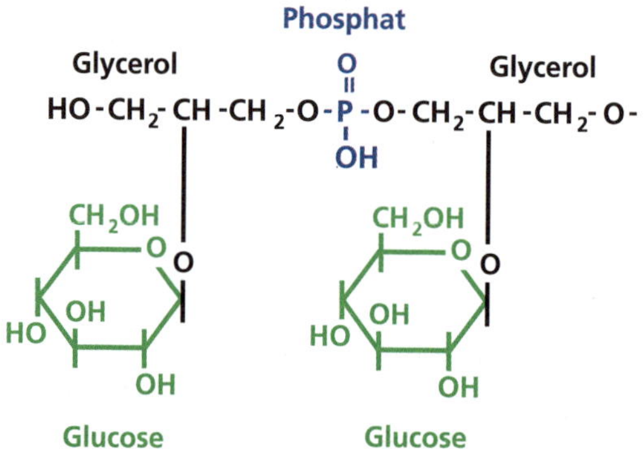

$HO-CH_2-CH-CH_2-O-P(=O)(OH)-O-CH_2-CH-CH_2-O-$

schicht relativ dünn und von Proteinen sowie Phospholipiden und Lipolysacchariden überlagert. Bei den **Gram-positiven** Bakterien ist die relativ dicke Mureinschicht mit **Teichonat** (Anion der Teichonsäure) überlagert. Teichonat ist ein Polymer aus Glycerol, Phosphat und Glucose (Abb. 191). Es lässt sich mit Anilinfarbstoffen anfärben.

Fragen

1 Wie unterscheiden sich Aldosen und Ketosen?
2 Was sind Halbacetale und Halbketale?
3 Welche Funktionen haben Kohlenhydrate?
4 Welche funktionellen Gruppen sind für die Synthese von Di-, Oligo- und Polysacchariden erforderlich?
5 Nennen Sie reduzierende und nicht reduzierende Disaccharide!
6 Welche Enzyme sind für den Aufbau von Disacchariden aus den monomeren Bausteinen erforderlich?
7 Wie sind Fructane aufgebaut?
8 Wie erfolgt die Biosynthese von Inulin?
9 Beschreiben Sie die Biosynthese von Amylose!
10 Worin bestehen die wesentlichen Unterschiede in der pflanzlichen Speicherung von Stärke, Saccharose und Inulin?
11 Welches sind die Komponenten der pflanzlichen Zellwand?
12 Was ist Chitin und welche Bedeutung hat es?
13 Vergleichen Sie den molekularen Aufbau pflanzlicher, pilzlicher und bakterieller Zellwände!
14 Was ist Kallose und wozu wird sie im pflanzlichen Organismus synthetisiert?

Kohlenhydratabbau | 7

Inhalt

Der Abbau von Kohlenhydraten liefert Energie in Form von ATP und NADH + H^+. Glycolyse und Gärung erfolgen anaerob im Cytosol, Citrat-Zyklus und Atmung aerob in den Mitochondrien. Neben der oxidativen Phosphorylierung, die analog zur photosynthetischen Phosphorylierung chemiosmotisch erfolgt, wird das zweite wichtige Prinzip der ATP-Synthese, die Substratkettenphosphorylierung, vorgestellt. Alternative Atmung der Pflanzen und Entkopplungsproteine ermöglichen die Bildung von Wärme. Der Gluconat-Reaktionsweg liefert Substrate für die Synthese von Nucleinsäuren, aromatischen Aminosäuren und Fetten.

Überblick | 7.1

In Kapitel 4 wurde gezeigt, wie aus den anorganischen Molekülen CO_2 und H_2O Kohlenhydrate synthetisiert werden. Hierzu mussten erhebliche Mengen an Energie in Form von Licht investiert werden. Kohlenhydrate stellen daher energiereiche chemische Verbindungen dar, die beim Abbau diese **Energie** wieder freisetzen und für Stoffwechselreaktionen bereitstellen können. Darüber hinaus stellen sie **Grundkörper** dar, die für die Biosynthese von Lipiden (Kapitel 8), Stickstoff-Verbindungen (Kapitel 9) und weiteren Substanzen genutzt werden. Stoffwechselmetaboliten des Kohlenhydratabbaus können so in andere Biosynthesewege eingeschleust werden.

Der Abbau der Kohlenhydrate zur Gewinnung metabolisch nutzbarer Energie erfolgt stufenweise bis zu den ursprünglichen Ausgangssubstanzen CO_2 und H_2O, so dass sich der Kreis schließt (Abb. 192). Der erste Abschnitt erfolgt anaerob (→ Def.) in der **Glycolyse**. Am Ende des glycolytischen Abbaus steht Pyruvat (Anion der Brenztraubensäure), das entweder aerob über den **Citrat-Zyklus** und die **Atmungskette**

Definition

Aerobe Stoffwechselwege erfordern Sauerstoff, anaerobe Prozesse können (fakultativ anaerob) oder müssen (obligatorisch anaerob) ohne Sauerstoff ablaufen.

Abb. 192

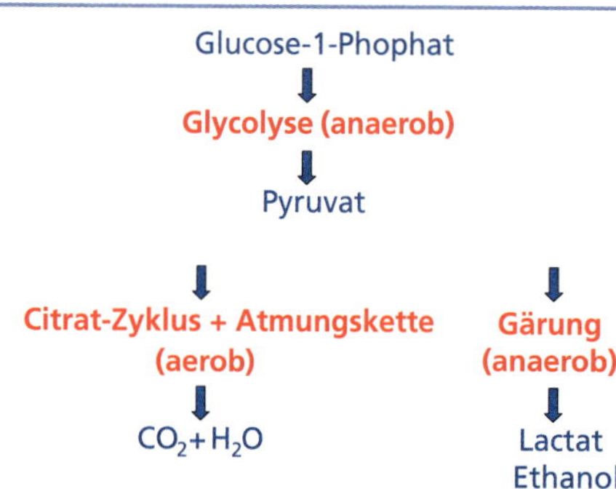

Übersicht zum Abbau von Kohlenhydraten zwecks Energiegewinnung.

oder anaerob über die **Gärung** weiter verstoffwechselt wird. Darüber hinaus kann Glucose auch direkt im **Gluconat-Reaktionsweg** oxidiert werden.

7.2 Glycolyse

Makromoleküle müssen zunächst in ihre Bausteine zerlegt werden, bevor sie in der Glycolyse abgebaut werden können. Besonders einfach erfolgt dies im Falle von Stärke (oder Glycogen im menschlichen Organismus), da Hexosephosphate als Substrate der Glycolyse dienen. Wird die Stärke mittels **Hydrolasen** gespalten, ist vor dem Abbau zunächst eine Phosphorylierung erforderlich, die Energie verbraucht. Energetisch günstiger ist der Abbau mit der **Stärke-Phosphorylase**. In diesem Fall entsteht direkt Glucose-1-Phosphat, und es ist keine Phosphorylierung erforderlich (Abb. 193). Mit Hilfe von Isomerasen wird Fructose-6-Phosphat gebildet, das das direkte Substrat der Glycolyse darstellt.

Die **Glycolyse** (Embden-Meyerhof-Reaktionsweg, Abb. 194) wurde bereits sehr früh in der Evolution entwickelt. Sie ist daher in allen Lebewesen anzutreffen, vom primitiven Bakterium bis zum Menschen. Allerdings existieren verschiedene Variationen. Besonders im pflanzlichen Organismus (in den Plastiden) sind Nebenwege realisiert, die den speziellen Stoffwechsel-Ansprüchen Rechnung tragen. In erster Linie sind die Enzyme der Glycolyse im **Cytosol** lokalisiert.

Die Glycolyse wird mit dem Enzym **Phosphofructo-Kinase** eingeleitet (Abb. 195). Es phosphoryliert unter ATP-Verbrauch Fructose-6-Phosphat zu Fructose-1,6-Bisphosphat. Zur Gewinnung von Energie durch Kohlenhydratabbau muss also zunächst Energie verbraucht werden. Das Enzym Phosphofructo-Kinase entscheidet maßgeblich darüber, ob Kohlenhydrate zur Energiegewinnung abgebaut oder in andere Strukturen zur Speicherung oder zum Strukturaufbau überführt werden. Als ers-

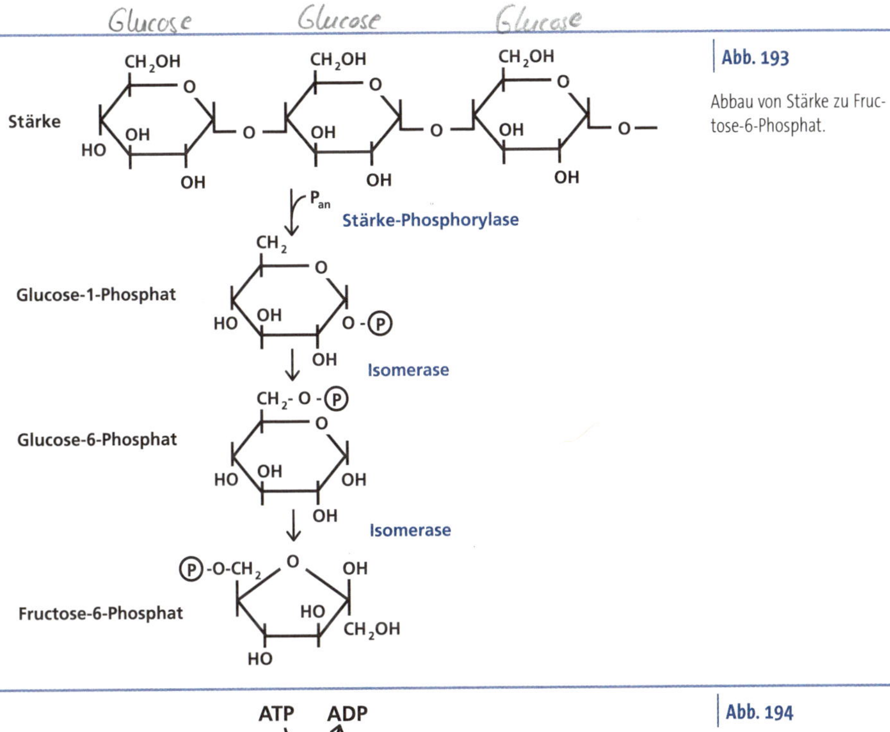

Abb. 193

Abbau von Stärke zu Fructose-6-Phosphat.

Fructose-6-Phosphat —(ATP → ADP)→ Fructose-1,6-Bisphosphat

→ Triosephosphate —(NAD⁺ → NADH + H⁺; P_{an})→ 1,3-Bisphosphoglycerat

—(ADP → ATP)→ 3-Phosphoglycerat → 2-Phosphoglycerat

—(H_2O)→ Phosphoenolpyruvat —(ADP → ATP)→ Enolpyruvat ⇄ Pyruvat

Abb. 194

Glycolyse.

tes Enzym in der Reaktionsfolge ist es für die Regulation des gesamten Stoffwechselweges der Glycolyse prädestiniert. Es wird allosterisch (vgl. Kapitel 1.5, Abb. 24) über folgende Metaboliten reguliert:

- Stimulierung durch AMP
- Hemmung durch ATP und Citrat

Es handelt sich um Stoffwechselprodukte, die nicht direkt von der Phosphofructo-Kinase synthetisiert werden, sondern erst in nachgeordneten Reaktionen auftreten. Insofern liegt eine typische **Feedback-Regulation** vor (vgl. Abb. 64). Hohe Konzentrationen an AMP signalisieren einen Mangel an Energie und bewirken eine Steigerung des glycolytischen Abbaus von Kohlenhydraten zur Energiegewinnung. Umgekehrt bedeutet eine hohe Konzentration an ATP eine ausreichende Energieversorgung, so dass die Aktivität der Phosphofructo-Kinase gehemmt wird. Auch hohe Konzentrationen an Citrat (Anion der Zitronensäure) als Metabolit des Citrat-Zyklus (siehe unten) bedeuten indirekt, dass eine gute Energieversorgung der Zelle vorliegt.

Der weitere glycolytische Abbau erfolgt durch Spaltung von Fructose-1,6-Bisphosphat durch eine Aldolase in die beiden Triosephosphate Dihydroxyacetonphosphat und **Phosphoglycerinaldehyd (PGA)** (Abb. 196). Letzterer wird aus dem isomeren Gleichgewicht entnommen und von dem Enzym **PGA-Dehydrogenase (PGA-DH)** oxidativ phosphoryliert (Abb. 197). Auch wenn hier eine Oxidation stattfindet, muss betont werden, dass der Vorgang anaerob ist (vgl. Def. S. 121). Er bewirkt, dass ein Phosphoryl energiereich gebunden wird, indem ein H-Atom in der Carboxylgruppe substituiert wird. Dieses Phosphoryl kann mit einer Kinase auf ADP übertragen werden. Es entsteht ATP (Abb. 198). Hierbei handelt es sich um ein Prinzip der ATP-Synthese, das als **Substratkettenphosphorylierung** bezeichnet wird (→ Def.). Es unterscheidet sich prinzipiell von der chemiosmotischen Phosphorylierung (Kapitel 4.4). Ein Substrat wird in einem Reaktionsweg mehreren enzymatischen Umwandlungen unterworfen, bis ein energiereich gebundenes Phosphoryl vorliegt, das schließlich auf ADP übertragen wird und durch Substitution eines H-Atoms ATP bildet.

Definition

In der **Substratkettenphosphorylierung** wird ein Metabolit mehreren enzymatischen Umwandlungen unterworfen, bis ein energiereich gebundenes Phosphoryl vorliegt, das für die Synthese von ATP genutzt wird.

3-Phosphoglycerat ist das Ausgangssubstrat für eine zweite Substratkettenphosphorylierung. Nach Isomerierung und Wasserabspaltung (Abb. 199) liegt in Phosphoenolpyruvat ein weiteres energiereich gebundenes Phosphoryl vor, das zur ATP-Synthese genutzt werden kann (Abb. 200). Der Trick liegt darin, dass die Phosphorylgruppe von einer Alkoholgruppe in eine Enolgruppe überführt wird, in der es energiereich gebunden wird (vgl. Abb. 39). Das entstandene Enolpyruvat steht mit Pyruvat in einem isomeren Gleichgewicht (Abb. 200)

Bilanziert man die Zu- und Abgänge der Glycolyse (Abb. 201), so lässt sich aus Glucose-1-Phosphat ein Nettogewinn von 2 Pyruvat, 3 ATP und 2 NADH + 2 H^+ ableiten. Der Energiegehalt des NADH lässt sich in ATP-Äquivalente umrechnen, und mit etwa 3 ATP pro NADH angeben (siehe unten). Es ist festzustellen, dass nur ein kleiner Teil der in Glucose gebundenen Energie (etwa 30%) gewonnen wird, und dass der größte Teil noch in Pyruvat gebunden ist.

Abb. 195

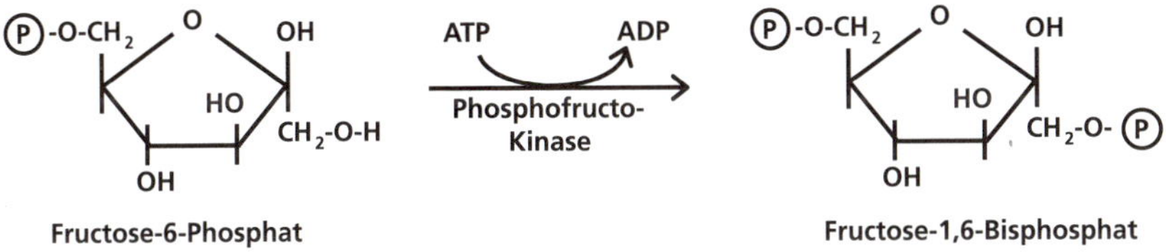

P -O-CH2
O
OH
HO
CH2-O-H
OH
Fructose-6-Phosphat
ATP
ADP
Phosphofructo-
Kinase
P -O-CH2
O
OH
HO
CH2-O- P
OH
Fructose-1,6-Bisphosphat

Startreaktion der Glycolyse mit dem Enzym Phosphofructo-Kinase.

Abb. 196

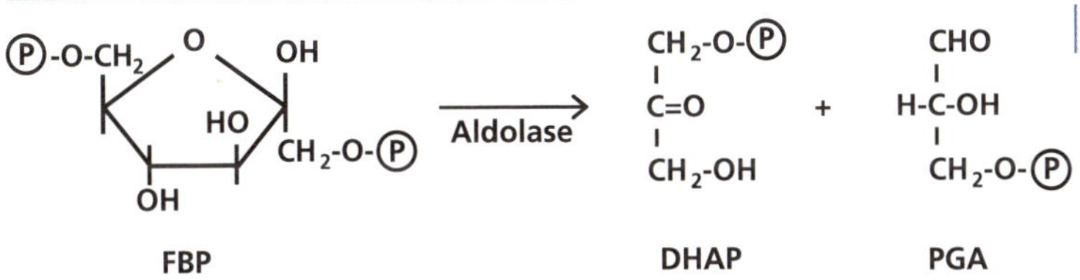

P -O-CH2
O
OH
HO
CH2-O- P
OH
FBP
Aldolase
CH2-O- P
C=O
CH2-OH
DHAP
+
CHO
H-C-OH
CH2-O- P
PGA

Spaltung von Fructose-1,6-Bisphosphat (FBP) in die beiden Triosephosphate Dihydroxyacetonphosphat (DHAP) und Phosphoglycerinaldehyd (PGA) mit dem Enzym Aldolase.

Abb. 197

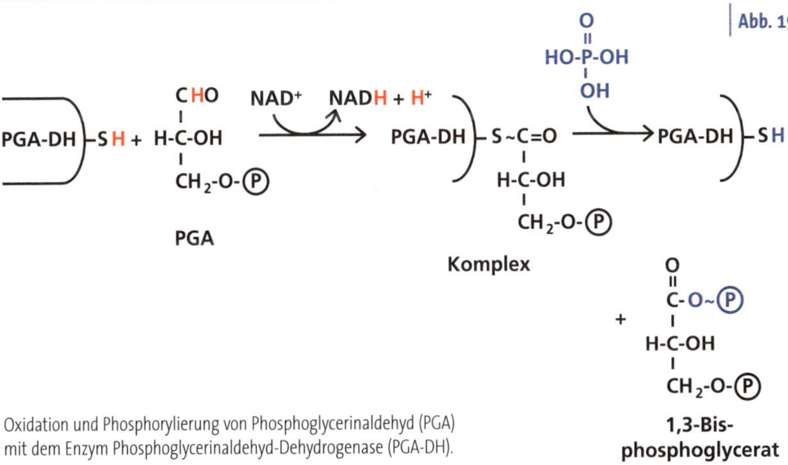

PGA-DH -SH +
CHO
H-C-OH
CH2-O- P
PGA
NAD+
NADH + H+
PGA-DH - S~C=O
H-C-OH
CH2-O- P
Komplex
O
HO-P-OH
OH
PGA-DH -SH
+
O
C-O~ P
H-C-OH
CH2-O- P
1,3-Bis-
phosphoglycerat

Oxidation und Phosphorylierung von Phosphoglycerinaldehyd (PGA) mit dem Enzym Phosphoglycerinaldehyd-Dehydrogenase (PGA-DH).

Abb. 198

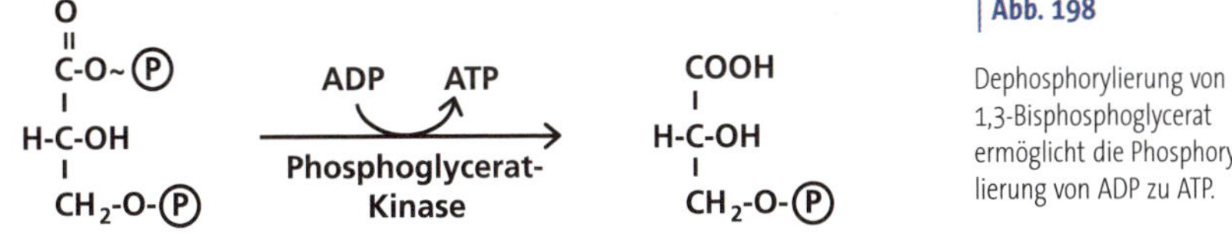

O
C-O~ P
H-C-OH
CH2-O- P
1,3-Bisphosphoglycerat
ADP
ATP
Phosphoglycerat-
Kinase
COOH
H-C-OH
CH2-O- P
3-Phosphoglycerat

Dephosphorylierung von 1,3-Bisphosphoglycerat ermöglicht die Phosphorylierung von ADP zu ATP.

Abb. 199

Umwandlung von 3-Phosphoglycerat zu Phosphoenolpyruvat (PEP).

COOH – H-C-OH – CH_2-O-(P) (**3-Phosphoglycerat**) → **Isomerase** → COOH – H-C-O-(P) – CH_2-OH (**2-Phosphoglycerat**) → **Enolase** (H_2O) → COOH – C-O~(P) = CH_2 (**PEP**)

Abb. 200

Dephosphorylierung von Phosphoenolpyruvat (PEP) ermöglicht die Phosphorylierung von ADP zu ATP.

COOH – C-O~(P) = CH_2 (**PEP**) → **Pyruvat-Kinase** (ADP → ATP) → COOH – C-OH = CH_2 (**Enolpyruvat**) ⇄ COOH – C=O – CH_3 (**Pyruvat**)

Abb. 201

Bilanz der Glycolyse.

Zugang	Abgang
1 Glucosephosphat	2 Pyruvat
1 ATP	1 ADP
2 P_{an}	2 H_2O
4 ADP	4 ATP
2 NAD^+	2 NADH + 2 H^+

netto: 2 Pyruvat
3 ATP
2 NADH + 2 H^+ (6 ATP-Äquivalente)

7.3 Gärung

Unter anaeroben Bedingungen kann Pyruvat durch Gärung weiter abgebaut werden. Dies erfolgt beispielsweise durch **alkoholische Gärung** in fakultativ anaeroben Organismen, wie zum Beispiel Hefen oder auch in geringerem Maße in Pflanzenwurzeln. Dabei erfolgt zunächst eine Decarboxylierung von Pyruvat zu Acetaldehyd durch **Pyruvat-Decarboxylase** und in einem zweiten Schritt eine Reduktion zu Ethanol durch **Alkohol-Dehydrogenase** (Abb. 202). Hierbei erfolgt kein Energiegewinn, sondern es werden sogar zwei Drittel der in der Glycolyse gewonnenen Energie in Form von NADH + H^+ verbraucht. Gärung dient dazu, Pyruvat aus dem System zu entfernen, so dass es nicht zu einer Produkthemmung kommt.

Besondere Bedeutung für die alkoholische Gärung besitzt die Kulturhefe *Saccharomyces cerevisiae*, die seit Jahrhunderten kultiviert wird und der Produktion von alkoholischen Getränken wie Bier, Wein oder Branntwein dient. Hefestämme mit unterschiedlichen Stoffwechseleigenschaften spielen eine entscheidende Rolle für die Ausprägung von Aromastoffen des Weins. Schon der französische Chemiker und Biologe Louis Pasteur (1822-1895) stellte fest, dass Hefen bei Mangel an Sauerstoff auf anaeroben Stoffwechsel umschalten, wobei allerdings die Energieausbeute aus Glucose gering ist und dementsprechend mehr Zucker abgebaut werden. Dieses Phänomen wird als Pasteureffekt bezeichnet (→ Def.). In letzter Zeit hat die alkoholische Gärung eine bedeutende Rolle bei der Produktion von sogenanntem **Bioethanol** als Kraftstoff erlangt. Dabei werden besonders Zuckerrohr, Mais und Getreide als Rohstoffe für die Produktion von Ethanol eingesetzt, das in unterschiedlichen Anteilen dem Benzin zugesetzt oder als reiner Kraftstoff eingesetzt wird.

Definition

Unter Pasteureffekt versteht man, dass fakultativ anaerobe Organismen unter aeroben Bedingungen weniger Zucker abbauen als unter anaeroben.

Eine zweite wichtige Form der Gärung stellt die **Milchsäuregärung** dar. Hierbei wird Pyruvat, zum Beispiel im Muskel unter Sauerstoffmangel, mittels **Lactat-Dehydrogenase** zu Lactat (Anion der Milchsäure) reduziert (Abb. 203). Auch diese Form der Gärung stellt keinen Energiegewinn, sondern einen Energieverlust dar. Milchsäuregärung spielt eine wichtige Rolle bei der Konservierung von Lebensmitteln (zum Beispiel Sauerkraut) und Futtermitteln (Silagen). Dabei werden durch Absenkung des pH-Wertes unerwünschte Mikroorganismen verdrängt. Voraussetzung sind strikt anaerobe Bedingungen, nicht zuletzt, weil die Milchsäure-

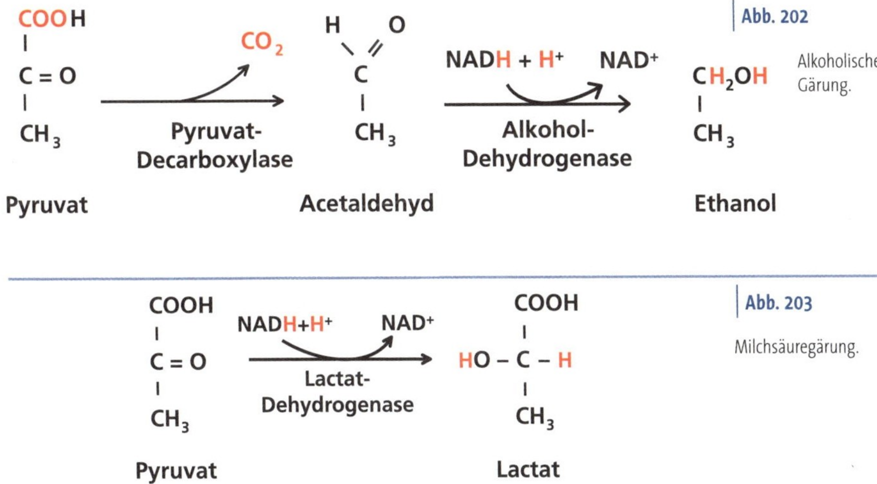

Abb. 202 Alkoholische Gärung.

Abb. 203 Milchsäuregärung.

bakterien obligatorisch anaerob leben. Während Bakterien der Gattung *Bifidobacterium* eine wichtige Rolle in der menschlichen Verdauung spielen, wird die Gattung *Lactobacillus* für die Produktion von Joghurt eingesetzt. Die Gattung *Streptococcus* verursacht das Sauerwerden der Milch.

7.4 | Mitochondrien: Ort des oxidativen Stoffwechsels

Während die anaeroben Reaktionen der Glycolyse und Gärung im Cytosol stattfinden, ist der aerobe Stoffwechsel auf spezielle Organellen, die **Mitochondrien** angewiesen. Es handelt sich um die Kraftwerke der Zellen, die die allgemeine Energiewährung, das ATP, in großen Mengen produzieren. Sie liegen besonders in metabolisch aktiven Zellen angereichert vor. So enthält beispielsweise eine einzige Leberzelle bis zu 2000 Mitochondrien, und ein Drittel der Herzmasse besteht aus Mitochondrien. In elektronenmikroskopischen Aufnahmen erscheinen Mitochondrien stark kompartimentiert, was die zwei wichtigsten Prozesse ermöglicht:

- Citrat-Zyklus
- Atmungskette

Während fast alle Enzyme des **Citrat-Zyklus** gelöst in der **Matrix** vorliegen, sind die Enzyme und Redoxsysteme der **Atmungskette** in die **innere Membran** eingebettet (Abb. 204).

Ähnlich wie die Plastiden wurden Mitochondrien im Laufe der Evolution als Bakterien endosymbiontisch einverleibt (s. Seite 48). Dies ist

Box 9

Konsequenzen der mitochondrialen DNA für den Menschen

Mitochondrien werden cytoplasmatisch mütterlicherseits vererbt. Da sie eigene genetische Informationen enthalten, lassen sich anhand ihrer DNA evolutionäre Stammbäume aufstellen. Mit dieser Methode wurde beispielsweise die menschliche Entwicklungsgeschichte neu rekonstruiert.

Die im Laufe des Lebens akkumulierten Mutationen stehen aber auch im Verdacht, dass sie die Leistungsfähigkeit der Mitochondrien schmälern. Nach einer Theorie soll dies für die menschliche Alterung verantwortlich sein. Die als Sklaven für die Zellen arbeitenden Mitochondrien würden nach dieser Vorstellung zu stillen Saboteuren des menschlichen Organismus und das „Lebenslicht“ mit der Zeit auslöschen.

nicht nur der Grund für eigene genetische Informationen in Form von DNA (Info-Box 9), sondern auch für das doppelte Membransystem. Die äußere Membran ist das ursprüngliche Plasmalemma der Wirtszelle. Im Unterschied zur inneren Membran, die für die meisten Stoffe eine selektive Barriere darstellt und einen kontrollierten Transport gewährleistet, ist die äußere Membran für viele Substanzen durchlässig.

Abb. 204

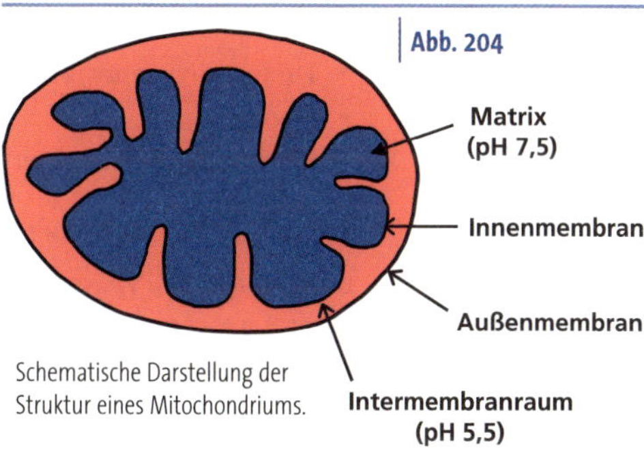

Schematische Darstellung der Struktur eines Mitochondriums.

Citrat-Zyklus

7.5

Der **Citrat-Zyklus** wird nach seinem Entdecker Hans Krebs auch als **Krebs-Zyklus** oder nach der ersten gebildeten organischen Säure (Zitronensäure, Anion Citrat), die drei Carboxylgruppen trägt, als **Tricarbonsäure-Zyklus** bezeichnet. Es handelt sich um eine anaeorbe Reaktionsfolge, deren Enzyme in der Matrix der Mitochondrien lokalisiert sind. Aus der Übersicht (Abb. 205) geht hervor, dass im Zyklus in erster Linie Reduktionsäquivalente (NADH + H^+ und $FADH_2$) sowie Energie (ATP) produziert werden. Es wird kein Sauerstoff verbraucht, so dass der Prozess prinzipiell anaerob möglich ist. Da jedoch die entstehenden Reduktionsäquivalente aerob weiter umgesetzt werden müssen (siehe unten), wird auch die Aktivität des Citrat-Zyklus bei Sauerstoffmangel über eine Produkthemmung kontrolliert und herunterreguliert. Das mit der Atmung ausgeschiedene CO_2 stammt in erster Linie aus diesem Zyklus.

Bevor Pyruvat in den Citrat-Zyklus eingeschleust werden kann, muss es oxidativ decarboxyliert werden. Für diese vorbereitende Reaktion, die strenggenommen nicht zum Citrat-Zyklus gehört, ist ein **Enzymkomplex** (→ Def.) zuständig, der aus drei Einzelenzymen zusammengesetzt ist und als **Pyruvat-Dehydrogenase** bezeichnet wird (Abb. 206).

Es ist typisch für Enzymkomplexe, dass sie mehrere Reaktionen katalysieren und nach einer dieser Reaktionen bezeichnet werden, in diesem Fall nach der Oxidoreduktion. Der Komplex besteht aus folgenden drei Einzelenzymen, die eine Einheit bilden und nacheinander drei Reaktionen katalysieren:

- Decarboxylase (Hauptklasse der Lyasen)
- Transacetylase (Hauptklasse der Tansferasen)
- Dehydrogenase (Hauptklasse der Oxidoreduktasen)

Definition

Ein Enzymkomplex ist aus mehreren Einzelenzymen zusammengesetzt, die bestimmte Reaktionen katalysieren. Meistens handelt es sich um Reaktionsfolgen, die zur Synthese eines Produkts beitragen.

Der Enzymkomplex enthält außerdem drei prosthetische Gruppen:

- Thiaminpyrophosphat (Decarboxylase)
- Liponat (Decarboxylase)
- Flavinadenin-Dinucleotid (FAD) (Dehydrogenase)

Er arbeitet mit zwei Coenzymen zusammen:

- Coenzym A (CoA-SH) (Transacetylase)
- Nicotinamidadenin-Dinucleotid (NAD^+) (Dehydrogenase)

In einer ersten Reaktion wird Pyruvat decarboxyliert, wobei der decarboxylierte Rest vorübergehend an die prosthetische Gruppe **Thiaminpyro-**

Abb. 205 Citrat-Zyklus.

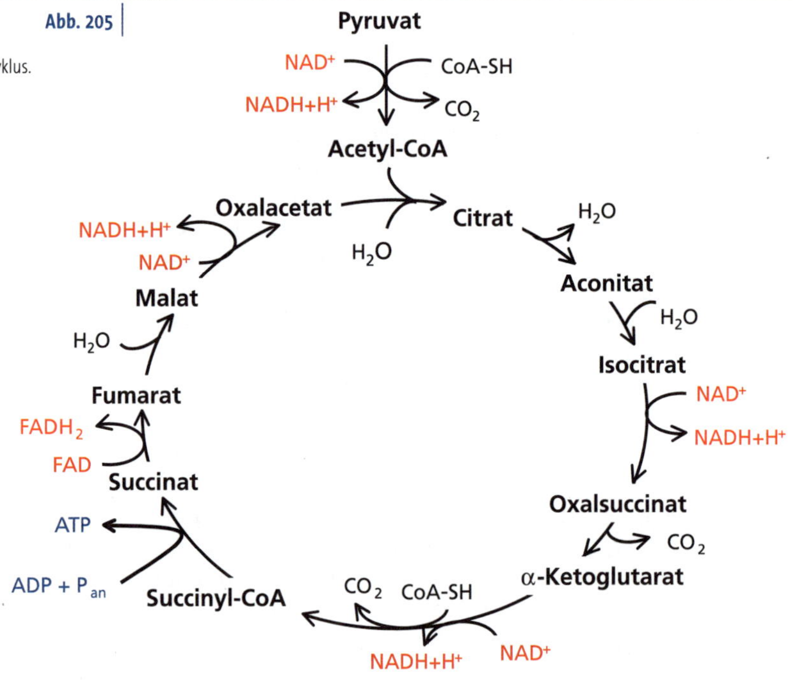

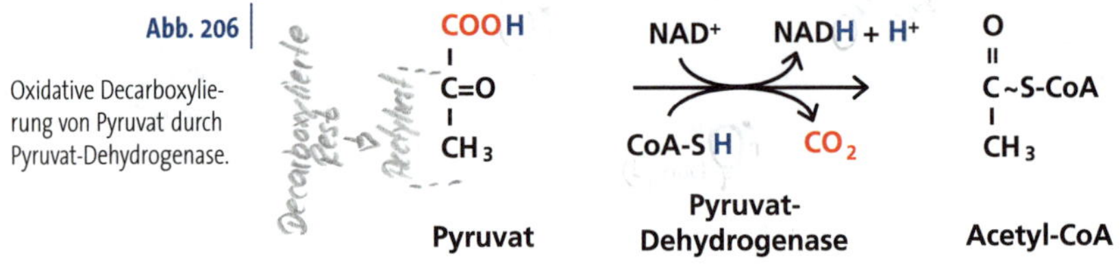

Abb. 206 Oxidative Decarboxylierung von Pyruvat durch Pyruvat-Dehydrogenase.

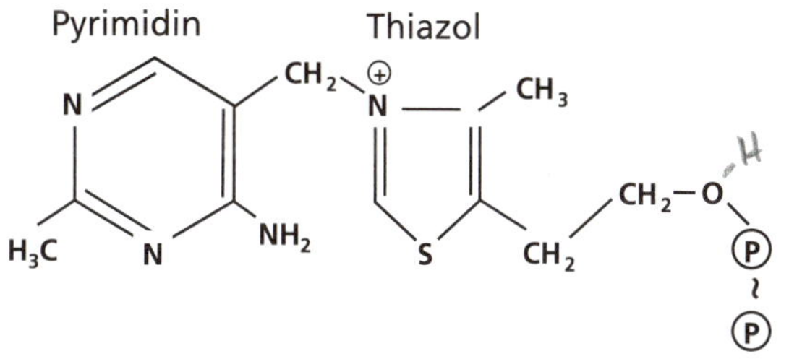

Abb. 207

Strukturformel von Thiaminpyrophosphat.

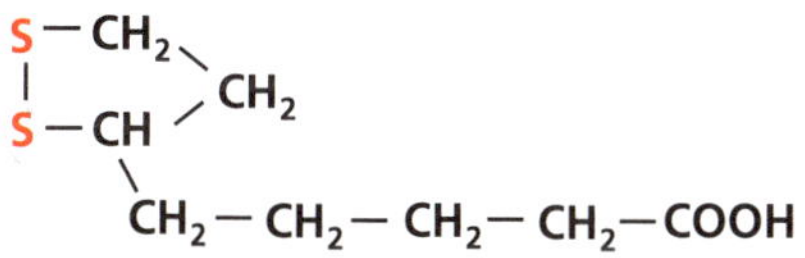

Abb. 208

Strukturformel von Liponat. Die Carboxylgruppe ist mit dem Enzym Pyruvat-Dehydrogenase esterartig verbunden.

phosphat (Abb. 207) gebunden wird. **Thiamin** (**Vitamin B1**) kann der menschliche Organismus nicht synthetisieren. Es ist daher für die menschliche Ernährung essentiell. Ein Mangel führt zu unkontrolliertem Zittern und ist für die Mangelkrankheit Beriberi verantwortlich. Da das Vitamin besonders in der Samenschale von Getreidekörnern vorkommt, kann es bei einseitigem Verzehr von poliertem Reis zum Mangel kommen. In Thiaminpyrophosphat ist ein H-Atom durch den Pyrophosphorylrest substitutiert. Unter Reduktion und Protonierung eines S-Atoms der prosthetischen Gruppe **Liponat** (Anion der Liponsäure, Abb. 208) wird der entstehende Acetylrest unter Öffnung der Ringstruktur auf das zweite S-Atom des Liponats übertragen.

Es schließt sich die Transferase-Reaktion an, wobei das Acetyl-Radikal auf das **Coenzym A** (Abb. 209) übertragen wird. Das Coenzym A trägt eine Thiolgruppe, in der ein H-Atom durch ein Radikal substituiert werden kann. Auf diese Weise kann das Radikal, in diesem Fall das Radikal des Acetats (Anion der Essigsäure), energiereich gebunden werden. Das H-Atom des Coenzyms A wird auf das zweite S-Atom von Liponat übertragen, so dass nun beide S-Atome reduziert und protoniert vorliegen. Im letzten Schritt, der Dehydrogenase-Reaktion, werden die beiden H-Atome vom Liponat zunächst auf die prosthetische Gruppe **FAD** (Abb. 210) übertragen, die zu $FADH_2$ (Abb. 211) reduziert wird. Anschließend werden die Elektronen auf NAD^+ übertragen, das zu NADH + H^+ reduziert wird.

Mit der aktivierten Essigsäure (Acetyl-CoA) und dem reduzierten Coenzym (NADH + H^+) entstehen zwei Produkte, die eine gute Energieversorgung signalisieren (Abb. 206). Daher ist es nicht erstaunlich, dass beide über eine Produkthemmung (vgl. Abb. 63) der Pyruvat-Dehydrogenase den Abbau von Pyruvat kontrollieren. Da in nachgeordneten Reaktionen Energie in Form von ATP gebildet wird, erfolgt zusätzlich eine Kontrolle der Pyruvat-Dehydrogenase mit Hilfe einer Feedback-Regulation über die Energieladung (vgl. Abb. 64, Info-Box 10, siehe unten).

Die oxidative Decarboxylierung von Pyruvat setzt Energie frei, die Acetat aktiviert und energiereich an das Coenzym A bindet. Mit **Acetyl-**

Abb. 209

Strukturformel von Coenzym A.

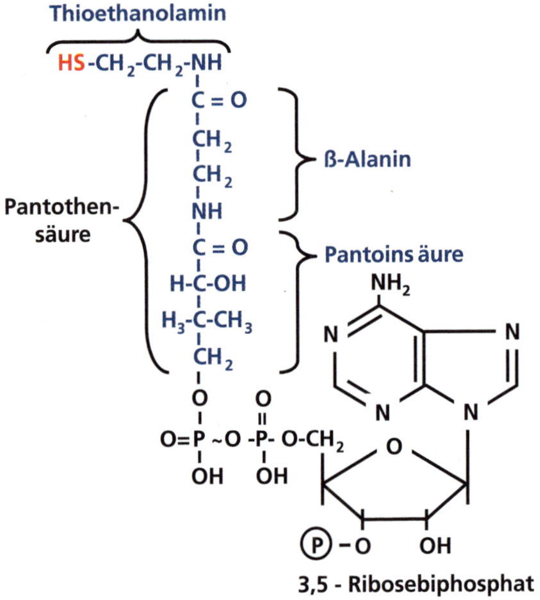

Abb. 210

Strukturformel von Flavinadenin-Dinucleotid (FAD).

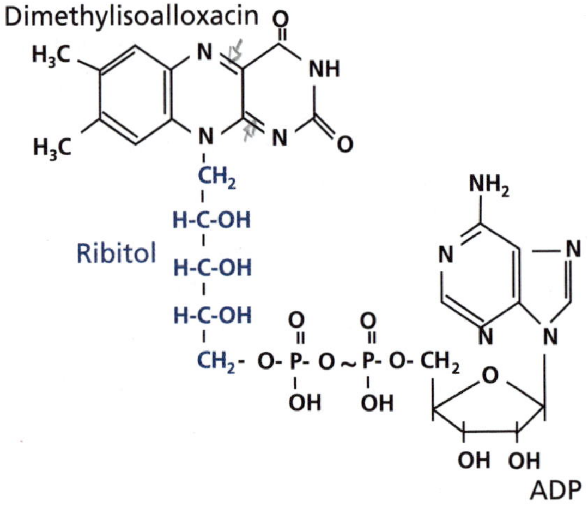

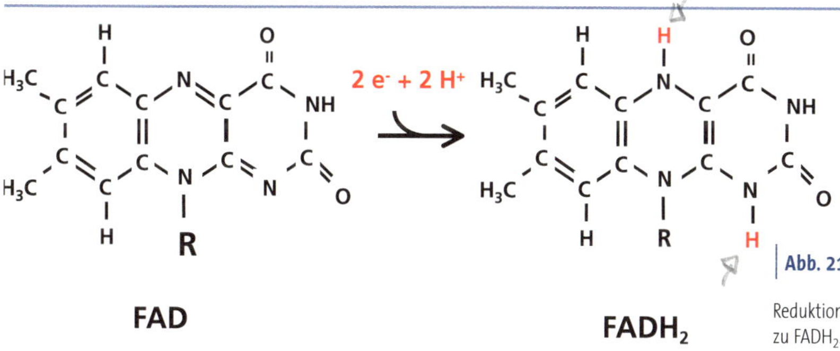

Abb. 211

Reduktion von FAD zu $FADH_2$.

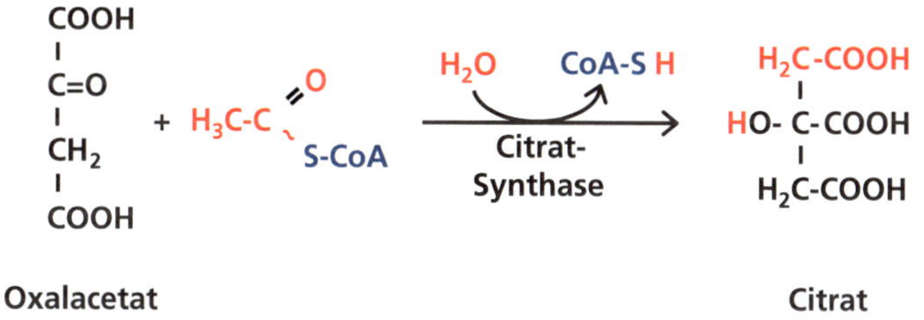

Abb. 212

Übertragung des Acetyl-Radikals auf Oxalacetat mittels Citrat-Synthase.

CoA entsteht ein wichtiger Metabolit, der als Zwischenglied Kohlenhydrat- und Lipidmetabolismus miteinander verbindet (siehe unten). Die energiereiche Bindung ist erforderlich, um den Acetylrest auf Oxalacetat zu übertragen und so den Citrat-Zyklus zu initiieren (Abb. 212). Die Reaktion wird durch das Enzym **Citrat-Synthase** (Hauptklasse der Transferasen) katalysiert und resultiert in der Synthese von Citrat (Anion der Zitronensäure).

In der anschließenden Reaktion, die durch das Enzym **Aconitase** katalysiert wird, erfolgt eine Abspaltung und sofortige Wiederanlagerung von Wasser, wodurch über das Zwischenprodukt Aconitat (Anion der Aconitsäure) Isocitrat (Anion der Isozitronensäure) entsteht (Abb. 213). Es handelt sich hierbei also um eine intramolekulare Umlagerung von Wasser. Es folgt eine Oxidation mit dem Enzym **Isocitrat-Dehydrogenase** zu Oxalsuccinat (Anion der Oxalbernsteinsäure) unter Reduktion von NAD^+ zu NADH + H^+ (Abb. 214). Oxalsuccinat wird anschließend mittels **Oxalsuccinat-Decarboxylase** zu α-Ketoglutarat (Anion der α-Ketoglutarsäure) decarboxyliert (Abb. 215).

α-Ketoglutarat wird mit dem Enzymkomplex **α-Ketoglutarat-Dehydrogenase** oxidativ decarboxyliert, der demjenigen der Pyruvat-Dehydrogenase sehr ähnlich ist (Abb. 216). Auch die α-Ketoglutarat-Dehydrogenase besteht aus den drei Einzelenzymen Decarboxylase, Transacetylase und

Dehydrogenase, besitzt die prosthetischen Gruppen Thiaminpyrophosphat, Liponat und FAD und arbeitet auch mit den Coenzymen NAD$^+$ und Coenzym A zusammen. Die Teilschritte der Enzymreaktionen sind für die beiden Enzymkomplexe identisch. Im entstandenen Succinyl-CoA ist das Succinyl-Radikal energiereich an CoA gebunden.

Die anschließende Reaktion wird durch ein Enzym katalysiert, das als **Synthetase** der **sechsten Hauptklasse (Ligasen)** angehört (vgl. Def. S. 15). In

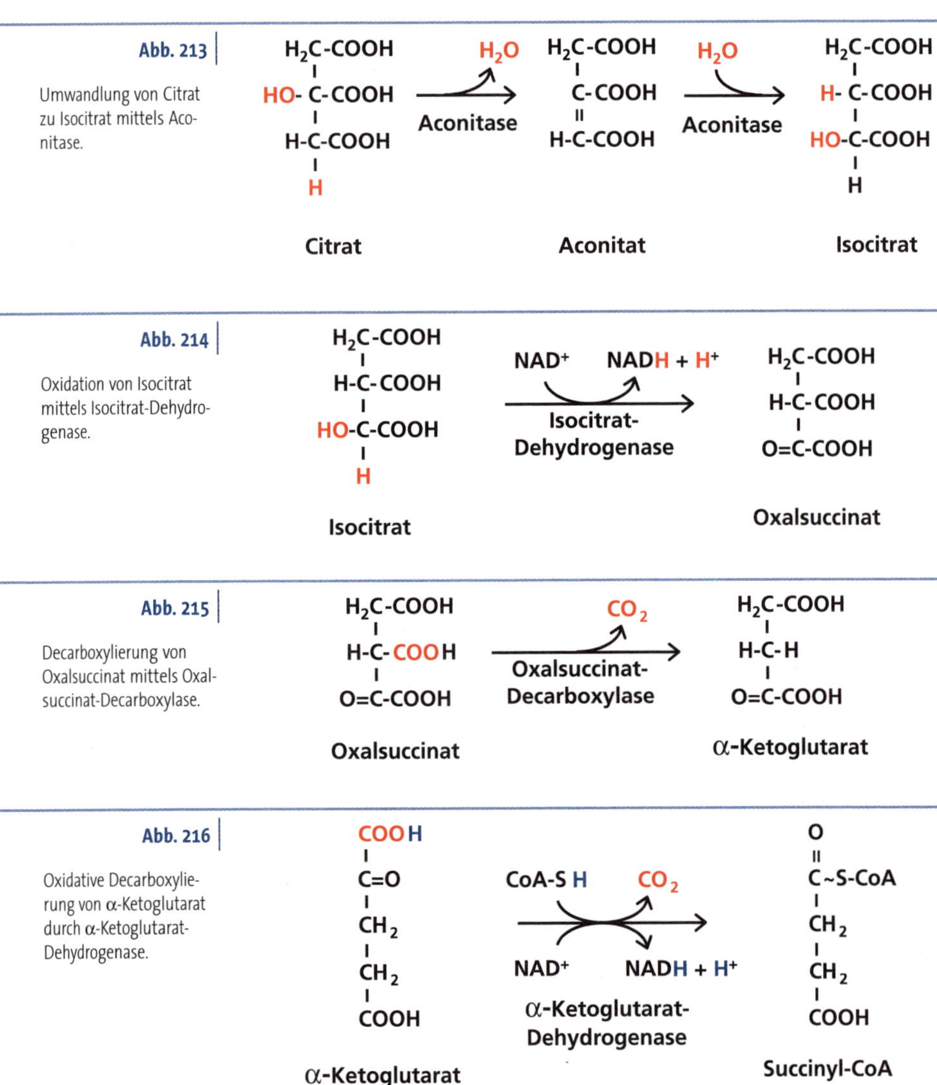

Abb. 213 Umwandlung von Citrat zu Isocitrat mittels Aconitase.

Abb. 214 Oxidation von Isocitrat mittels Isocitrat-Dehydrogenase.

Abb. 215 Decarboxylierung von Oxalsuccinat mittels Oxalsuccinat-Decarboxylase.

Abb. 216 Oxidative Decarboxylierung von α-Ketoglutarat durch α-Ketoglutarat-Dehydrogenase.

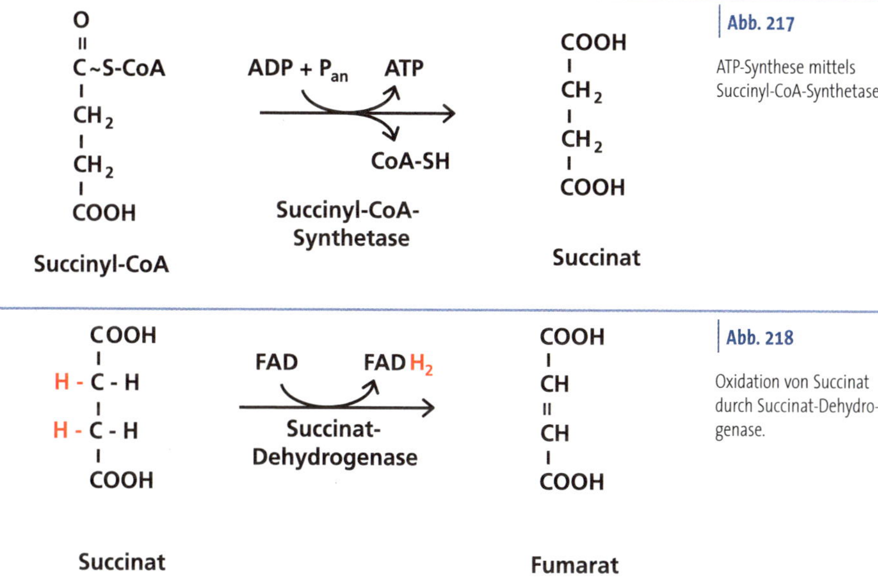

Abb. 217

ATP-Synthese mittels Succinyl-CoA-Synthetase.

Abb. 218

Oxidation von Succinat durch Succinat-Dehydrogenase.

dieser Hauptklasse finden sich Enzyme, die aus der hydrolytischen Spaltung von ATP Energie gewinnen und diese nutzen, um ein Substrat an ein anderes Substrat zu binden. Auf den ersten Blick scheint dies für die in Abb. 217 gezeigte Reaktion nicht zuzutreffen. Der Widerspruch löst sich auf, wenn man weiß, dass es sich um eine reversible Reaktion handelt, in der auch Coenzym A unter ATP-Verbrauch an Succinat (Anion der Bernsteinsäure) angelagert werden kann. In der Gegenreaktion wird die energiereiche Bindung genutzt, um ATP aus ADP und P_{an} zu synthetisieren. Wie zuvor für die Glycolyse beschrieben werden hier Metabolite solange umgewandelt, bis eine energiereiche Bindung vorliegt, die die Energie für die ATP-Synthese bereitstellt. Es handelt sich somit um ein weiteres Beispiel der **Substratkettenphosphorylierung**.

Succinat wird zu Fumarat (Anion der Fumarsäure) oxidiert, wobei die Reaktion von einem Enzym (**Succinat-Dehydrogenase**, Abb. 218) katalysiert wird, das als einziges Enzym des Citrat-Zyklus nicht in der Matrix gelöst vorkommt, sondern integraler Bestandteil der inneren Mitochondrienmembran ist. Ähnlich wie die Pyruvat- oder α-Ketoglutarat-Dehydrogenase besitzt die Succinat-Dehydrogenase FAD als prosthetische Gruppe. Der Zyklus wird abgeschlossen, indem zunächst H_2O an Fumarat angelagert wird (Abb. 219), und anschließend das entstandene Malat zu Oxalacetat oxidiert wird (Abb. 220). Damit liegt das Ausgangssubstrat wieder vor, und der Zyklus kann erneut starten.

Schließt man die vorbereitende Reaktion der Pyruvat-Dehydrogenase mit in die Betrachtungen ein, so lässt sich feststellen, dass an drei Stellen des Citrat-Zyklus **CO_2** abgegeben wird (Abb. 205). Die in Pyruvat gebundenen C-Atome werden also vollständig in CO_2 überführt. Dies ist das CO_2, das in der Atmung freigesetzt wird. Der im Gegenzug aufgenommene Sauerstoff wird jedoch nicht im Citrat-Zyklus verbraucht.

Die Hauptfunktion des Citrat-Zyklus besteht darin, **Reduktionsäquivalente** für die Atmungskette (siehe unten) zur Verfügung zu stellen. Bilanziert man die Zu- und Abgänge, so wird deutlich, dass die meiste Energie in Form von NADH + H^+ und $FADH_2$ und nur ein kleiner Teil

Abb. 219

Anlagerung von Wasser an Fumarat mittels Fumarase.

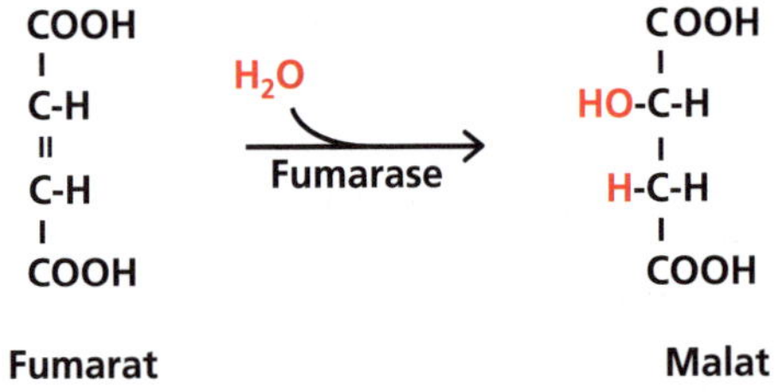

COOH
I
C-H
II
C-H
I
COOH

H_2O
Fumarase

COOH
I
HO-C-H
I
H-C-H
I
COOH

Fumarat **Malat**

Abb. 220

Oxidation von Malat mittels Malat-Dehydrogenase.

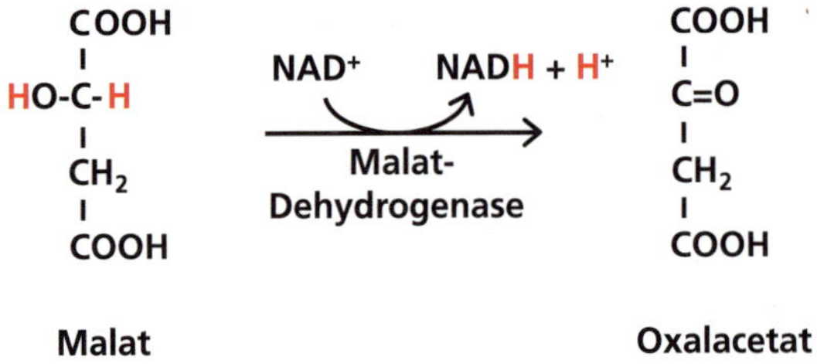

COOH
I
HO-C-H
I
CH_2
I
COOH

NAD^+ NADH + H^+
Malat-Dehydrogenase

COOH
I
C=O
I
CH_2
I
COOH

Malat **Oxalacetat**

Abb. 221

Bilanz des Citrat-Zyklus.

Zugang		Abgang
Pyruvat		3 CO_2
4 NAD^+		4 NADH + 4 H^+
2 CoA-SH		2 CoA-SH
FAD		$FADH_2$
ADP		ATP
P_{an}		
2 H_2O		
Netto:	**4 NADH + 4 H^+**	**(12 ATP-Äquivalente)**
	1 $FADH_2$	**(2 ATP-Äquivalente)**
	1 ATP	

als ATP freigesetzt wird (Abb. 221). Bezogen auf ein Molekül Glucose wird wesentlich mehr Energie gewonnen als in der Glycolyse (vgl. Abb. 201 und Abb. 221). Diese Energie kann in Form von ATP direkt über einen **ATP/AMP-Shuttle** exportiert werden (Abb. 222). Die in NADH + H^+ oder $FADH_2$ gebundenen Reduktionsäquivalente können jedoch nicht direkt exportiert werden, sondern es bedarf indirekter Exportsysteme für die Elektronen. Ein Beispiel ist in Abb. 223 dargestellt. Das bei der Oxidation von Malat zu Oxalacetat im Zyklus freigesetzte NADH + H^+ wird dabei genutzt, um Oxalacetat wieder zu Malat zu reduzieren. Malat kann über einen **Malat/Oxalacetat-Shuttle** gegen Oxalacetat ausgetauscht werden. Im Cytosol werden dann die Reduktionsäquivalente durch Oxidation des Malats auf NAD^+ übertragen, wodurch Oxalacetat entsteht, das wieder im Austausch in die Mitochondrien aufgenommen wird.

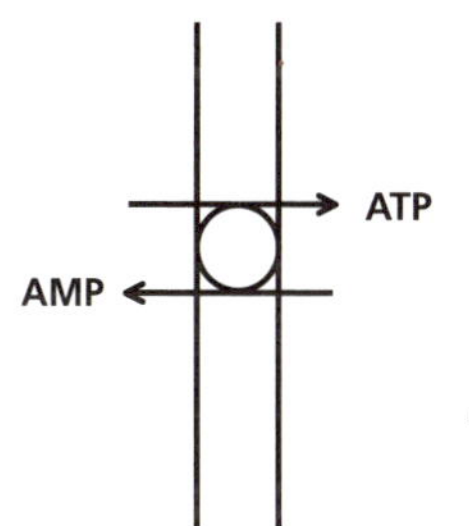

Abb. 222

ATP/AMP-Shuttle in der inneren Mitochondrienmembran.

Der Citrat-Zyklus stellt auch die Verbindung zwischen Kohlenhydrat-Stoffwechsel und anderen Stoffwechselwegen her (Abb. 224). So ist Acetyl-CoA das wichtigste Substrat für die **Fettsynthese** (vgl. Kapitel 8). Viele Grundkörper, besonders Ketosäuren, dienen als C-Gerüste für die Biosynthese der **Aminosäuren** (vgl. Kapitel 9). Succinyl-CoA dient als Substrat in der **Porphyrin-Synthese**.

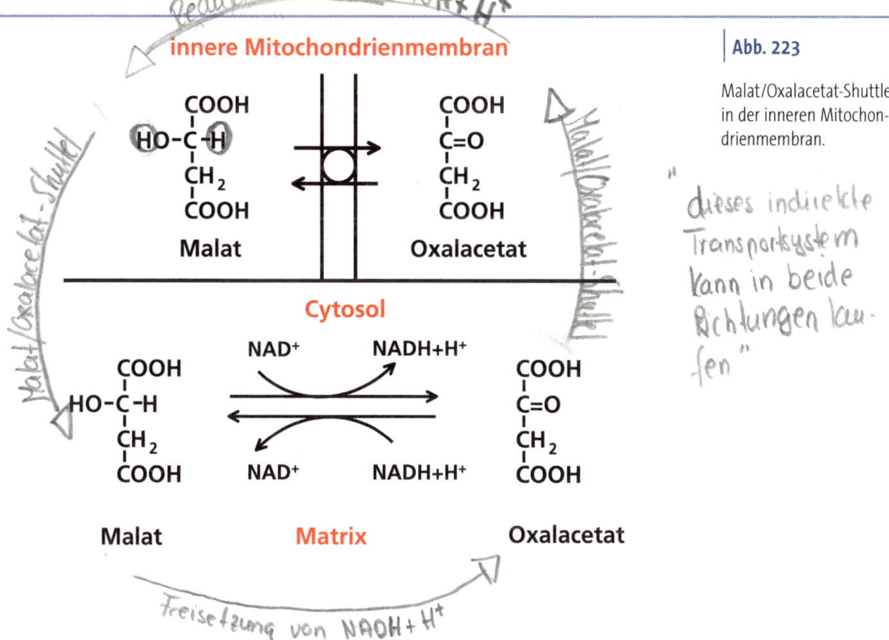

Abb. 223

Malat/Oxalacetat-Shuttle in der inneren Mitochondrienmembran.

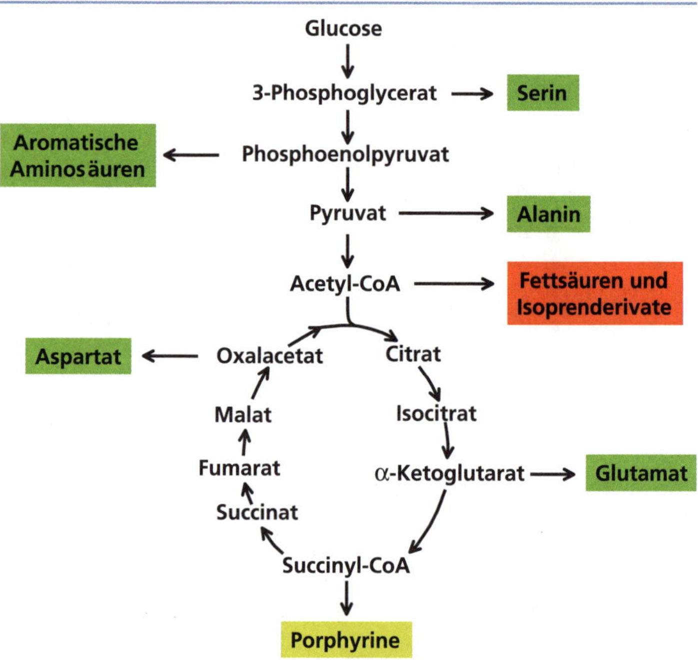

Abb. 224 | Der Citrat-Zyklus als Quelle von Substraten für andere Stoffwechselbereiche.

7.6 | Atmungskette

Die im Citrat-Zyklus gebildeten Reduktionsäquivalente NADH + H^+ (E_o' = -0,32 V) und $FADH_2$ (E_o' = + 0,03 V) sind bestrebt, ihre Elektronen an O_2 (E_o' = + 0,82 V) abzugeben. Dabei wird, wie von der Knallgasreaktion ($O_2 + 2\ H_2 \rightarrow 2\ H_2O$) her bekannt ist, viel Energie freigesetzt. Diese entspricht der Energie, die zuvor in der photosynthetischen Lichtreaktion eingesetzt wurde, um Wasser in Protonen, Elektronen und Sauerstoff zu spalten (vgl. Abb. 81). Allerdings kann die Knallgasreaktion im lebenden System nicht unkontrolliert ablaufen, da die Heftigkeit zwangsläufig zu Schädigungen führen würde. Der Ablauf erfolgt vielmehr in kontrollierten Einzelschritten, die durch Enzymkomplexe in der **Atmungskette** ermöglicht werden (Abb. 225). Insgesamt sind **vier Enzymkomplexe** in der Atmungskette der inneren Mitochondrienmembran angeordnet:

- Komplex I (NADH-Dehydrogenase = FMN-Komplex)
- Komplex II (Succinat-Dehydrogenase = FAD-Komplex)
- Komplex III (Cytochrom-c-Reduktase)
- Komplex IV (Cytochrom-c-Oxidase = terminale Oxidase)

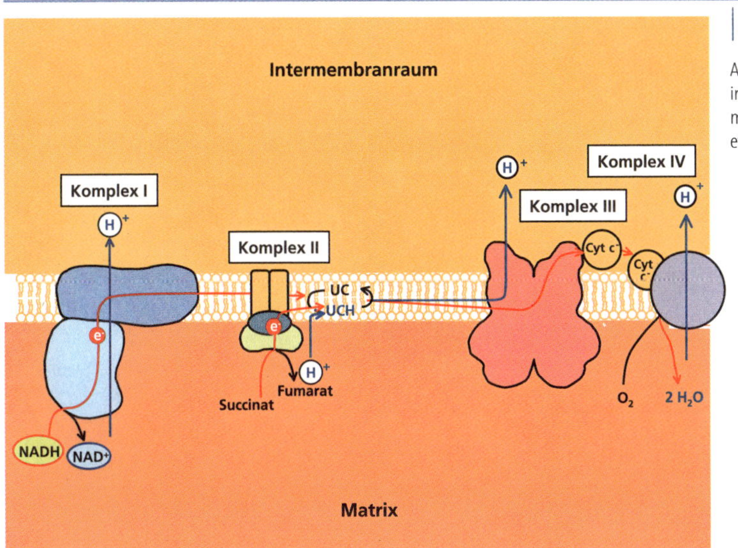

Abb. 225

Atmungskette in der inneren Mitochondrienmembran (nach BUCHANAN et al. 2000).

Komplex I besteht aus mindestens 26 Polypetidketten und Fe-S-Komplexen, die an der Elektronenübertragung beteiligt sind. Mit einem Molekulargewicht von 850.000 handelt es sich um einen großen Komplex. Der Name NADH-Dehydrogenase deutet an, dass dieser Komplex die H-Atome von NADH + H^+ aufnimmt. Hieran ist insbesondere die prosthetische Gruppe **Flavinmononucleotid (FMN)** beteiligt, die ähnlich wie FAD funktioniert, aber nur ein Nucleotid darstellt (Abb. 226).

Komplex II ist die Succinat-Dehydrogenase, die gleichzeitig eine Komponente des Citrat-Zyklus ist (Abb. 205) und die Oxidation von Succinat zu Fumarat katalysiert (Abb. 218). Es handelt sich um einen kleinen Komplex (Molekulargewicht: 97.000) mit Fe-S-Komplexen. Aufgrund der beteiligten prosthetischen Gruppe Flavinadenin-Dinucleotid wird der Komplex auch als FAD-Komplex bezeichnet. Beide Komplexe (I und II) nehmen Elektronen und Protonen aus dem Citrat-Zyklus auf und geben sie an **Ubichinon (Coenzym Q)** weiter. Hierbei handelt es sich um ein Chinon, das dem Plastochinon der photosynthetischen Elektronentransportkette sehr ähnlich ist (Abb. 227) und eine analoge Funktion hat. Es ist mit lipophilen Isoprenresten in der inneren Mitochondrienmembran verankert. Da sich der Isoprenrest zehnmal wiederholt, wird Ubichinon auch als $\mathbf{Q_{10}}$ bezeichnet. Durch Reduktion des Chinonrings kann Ubichinon zu Ubichinol reduziert und protoniert werden (Abb. 228).

Komplex III besitzt ein Molekulargewicht von 280.000 und enthält ebenfalls Fe-S-Komplexe sowie die Cytochrome b und c. Aufgrund dieser

Abb. 226

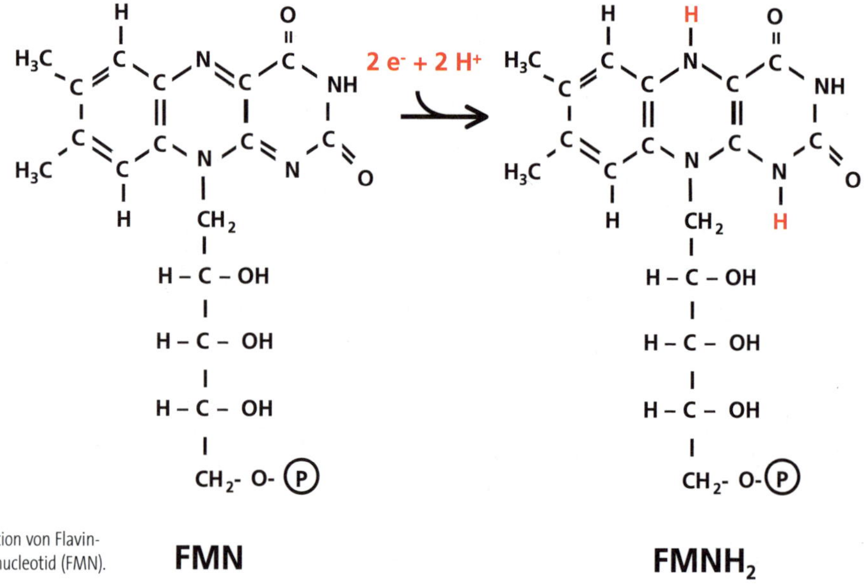

Reduktion von Flavinmononucleotid (FMN).

$2\,e^- + 2\,H^+$

FMN → **$FMNH_2$**

Abb. 227

Strukturformel von Ubichinon.

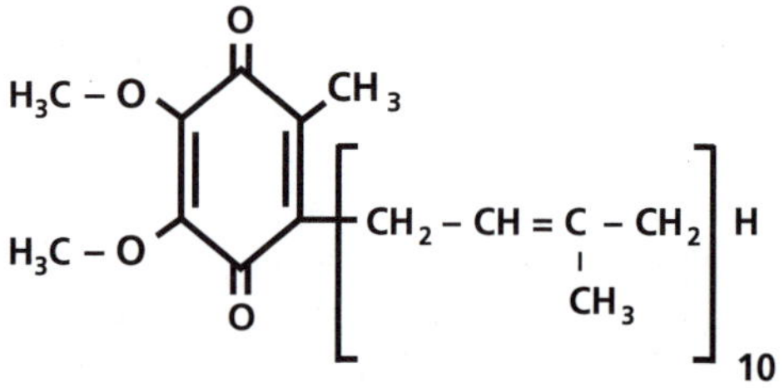

Abb. 228

Reduktion von Ubichinon zu Ubichinol.

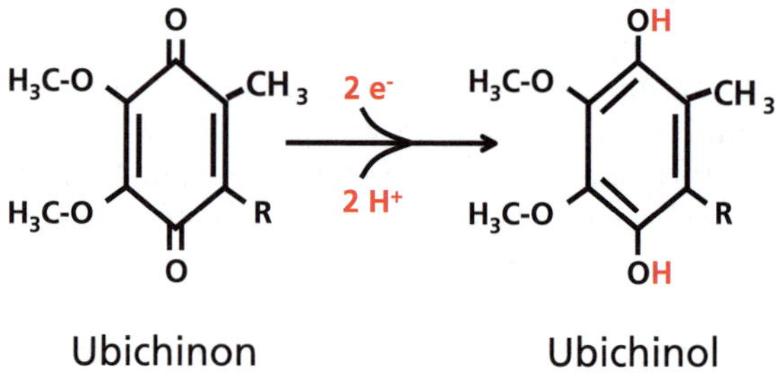

$2\,e^-$, $2\,H^+$

Ubichinon → Ubichinol

prosthetischen Gruppen kann Komplex III nur Elektronen, aber keine Protonen aufnehmen. Diese werden in den Intermembranraum abgeschieden und tragen zu dessen Ansäuerung bei (vgl. Abb. 204). Der Komplex heißt auch Cytochrom-c-Reduktase, da er Elektronen an Cytochrom c abgibt und so das Eisen in der Hämgruppe reduziert.

Komplex IV nimmt schließlich die Elektronen vom Cytochrom c auf und oxidiert es so (Cytochrom-c-Oxidase). Neben Kupfer enthält dieser Komplex mit einem Molekulargewicht von 200.000 Cytochrom a, das die Elektronen auf O_2 überträgt. Da dieser Komplex am Ende der Atmungskette steht, wird er auch als **terminale Oxidase** bezeichnet. Hier findet die Reduktion von O_2 zu H_2O statt, das heißt es werden Protonen verbraucht, die der Matrix entnommen werden. Auf diese Weise kommt es in der Matrix zu einem pH-Anstieg (vgl. Abb. 204). Analog zur photosynthetischen Elektronentransportkette wird in der Atmungskette ein elektrochemischer Gradient aufgebaut, der zur ATP-Synthese mit Hilfe einer **ATP-Synthase** genutzt werden kann (vgl. Abb. 101). Somit gibt es in den Mitochondrien eine zweite Stelle, an der ATP mittels chemiosmotischer Phosphorylierung synthetisiert werden kann (Abb. 229).

Der Vergleich von photosynthetischer Elektronentransportkette und Atmungskette ist aus verschiedenen Gründen faszinierend. Offensichtlich haben sich im Laufe der Evolution zwei Ketten von Redoxsystemen entwickelt, die Parallelen aufweisen (zum Beispiel Beteiligung von Chinonen und Cytochromen). Während in der photosynthetischen Elektronentransportkette H_2O gespalten wird, erfolgt in der Atmungskette eine Neusynthese von H_2O (Abb. 230). Es handelt sich daher um ideale Rezyklierungssysteme, die frei von Abfallstoffen arbeiten, um Energie zu gewinnen. In beiden Fällen wird ein elektrochemischer Protonengradient aufgebaut, der von einer ATP-Synthase genutzt wird, um ATP aus ADP und P_{an} zu synthetisieren.

Aus Abb. 230 ist auch ersichtlich, dass bei der Reduktion von Ubichinon durch NADH + H^+ mehr Energie in Form von ATP gewonnen werden kann als durch die Oxidation von Succinat. Während nämlich für die Elektronenweitergabe von NADH über FMN ein freies Proton

- Chemiosmotische Phosphorylierung
  Chloroplast: photosynthetische Phosphorylierung
  Mitochondrium: oxidative Phosphorylierung
- Substratkettenphosphorylierung
  Glycolyse
  Krebs-Zyklus

Abb. 229

Prinzipien der ATP-Synthese und ihre Lokalisierung.

Abb. 230

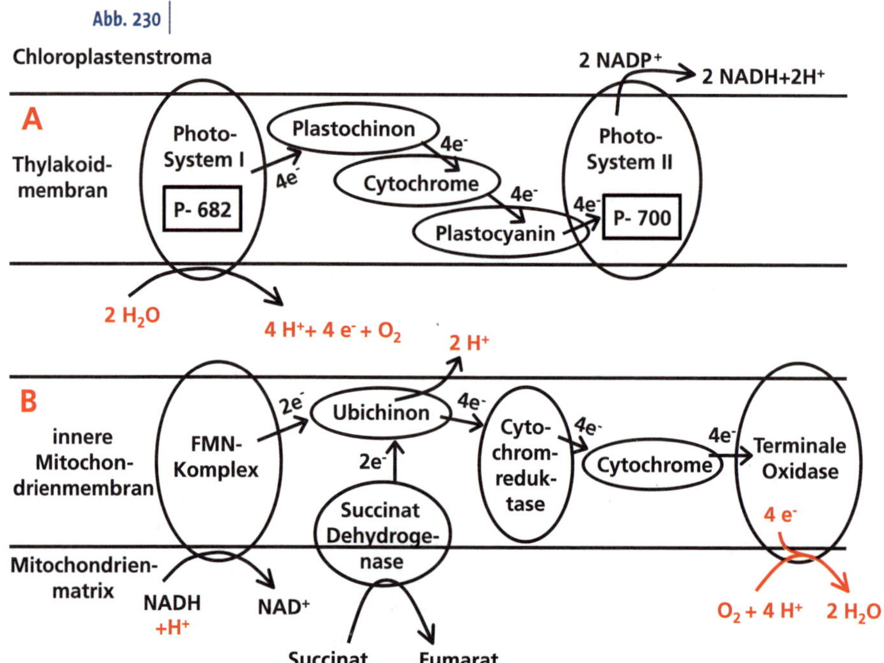

Vergleich der Sauerstoffproduktion in der Hill-Reaktion der Photosynthese (A) mit dem Sauerstoffverbrauch am Ende der Atmungskette (B). Das in der Photosynthese der Chloroplasten produzierte Abfallprodukt O_2 wird in der Atmung der Mitochondrien wieder verbraucht (nach SCHUBERT 2006).

verbraucht wird, das in der Matrix den pH-Wert ansteigen lässt, sind in Succinat die über FAD weitergegebenen Protonen beide gebunden, so dass an dieser Stelle die Weitergabe der Elektronen den pH-Wert nicht verändert. Es lässt sich berechnen (vgl. Info-Box 5), dass aus NADH + H^+ 107 kJ mol^{-1} gewonnen werden können, während in $FADH_2$ nur 86 kJ mol^{-1} gebunden sind. Da für den Aufbau einer energiereichen Bindung in ATP 32 kJ mol^{-1} benötigt werden, ergeben sich für NADH + H^+ drei und für $FADH_2$ zwei ATP-Äquivalente (vgl. Abb. 221).

Hierbei handelt es sich jedoch um theoretische Werte, die voraussetzen, dass die innere Mitochondrienmembran eine undurchlässige Barriere für Protonen darstellt und alle Protonen über die ATP-Synthase geleitet werden. Dies ist jedoch nicht der Fall. Es gibt Substanzen, die den Transport an der ATP-Synthase vorbei ermöglichen und so den Protonentransport von der ATP-Synthese entkoppeln. Solch ein **Entkoppler** ist beispielsweise Ammonium (Abb. 231). Ammonium kann aufgrund seines Ionendurchmessers, der dem des Kaliums sehr ähnelt, leicht über

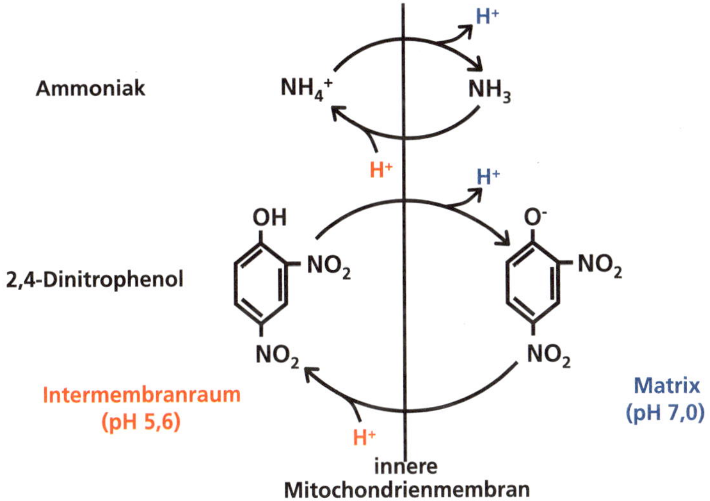

Abb. 231

Entkoppelnde Wirkung von Ammoniak und 2,4-Dinitrophenol.

Kaliumkanäle aus dem Intermembranraum über die innere Mitochondrienmembran in die Matrix gelangen. Aufgrund des hohen pH-Werts erfolgt dort eine partielle Dissoziation, so dass Ammoniak entsteht, das als ungeladenes Molekül über die innere Mitochondrienmembran in den Intermembranraum diffundieren kann. Aufgrund des dortigen niedrigen pH-Wertes kann Ammoniak ein Proton aufnehmen und es erneut in die Matrix transportieren. Der elektrochemische Protonengradient wird auf diese Weise abgebaut, ohne dass ATP synthetisiert wird. Dies ist eine Ursache für die toxische Wirkung von Ammoniak. Ähnlich wirkt auch das Herbizid 2,4-Dinitrophenol (Abb. 231).

In Warmblütern gibt es Stoffwechselsituationen, in denen wenig Energie in Form von ATP, aber viel Wärme benötigt wird. Dies trifft zum Beispiel für Säuglinge oder Tiere im Winterschlaf zu. Besonders in Zellen des braunen Fettgewebes werden daher gezielt Entkopplungsproteine gebildet, die mit dem Abbau des Protonengradienten Wärme und weniger ATP bilden. Auch Pflanzen sind auf Entkopplungsmechanismen angewiesen, um überschüssige Energie abzubauen (Info-Box 10).

Gluconat-Reaktionsweg | 7.7

Der **Gluconat-Reaktionsweg** (Abb. 235) weist große Ähnlichkeiten zum Calvin-Zyklus auf. Während im Calvin-Zyklus reduktive Prozesse zur CO_2-Assimilation beitragen (reduktiver Pentosephosphat-Zyklus), sind es im

Box 10

Abbau überschüssiger Energie und Wärmeproduktion in Pflanzen

Aufgrund ihrer photoautotrophen Lebensweise sind Pflanzen häufig mit dem Problem konfrontiert, dass sie eher über zuviel als über zu wenig Energie verfügen. So lässt sich die **Photorespiration** (Kapitel 5.2) als ein Mechanismus interpretieren, der hilft, Energie so umzuwandeln, dass überschüssige Elektronen nicht zur Bildung toxischer Sauerstoffradikale beitragen. Ähnlich wie tierische Organismen bilden Pflanzen darüber hinaus **Entkopplungsproteine**, um eine überschüssige ATP-Synthese zu vermeiden.

Eine Besonderheit pflanzlicher Mitochondrien besteht darin, dass sie eine **alternative Atmung** besitzen. Während Atmungsgifte wie Cyanid (CN^-), Azid (N_3^-) oder Kohlenmonoxid (CO) die terminale Oxidase hemmen und so zum Erstickungstod führen können, besitzen Pflanzen zusätzlich eine **alternative Oxidase**, die gegenüber diesen Hemmstoffen unempfindlich ist. Diese alternative Oxidase erhält die Elektronen nicht von den Cytochromen, sondern vom Ubichinon. Dies hat zur Folge, dass bei der Weitergabe der Elektronen vom Ubichinon an die alternative Oxidase nicht, wie normalerweise, Protonen in den Intermembranraum abgegeben werden (Abb. 230), so dass dieser Beitrag zum Aufbau des Protonengradienten entfällt.

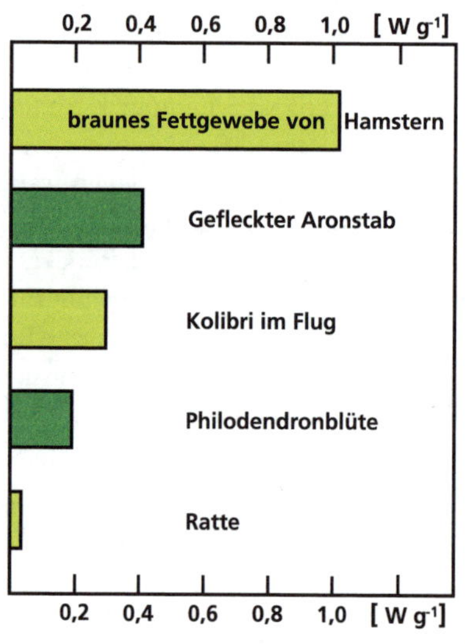

Abb. 232 Wärmebildungsrate der Blütenstände von Aronstab und Philodendron verglichen mit derjenigen von warmblütigen Tieren (nach SEYMOUR 1997).

Die alternative Atmung ist daher weniger effizient in der ATP-Synthese, sondern setzt, wie auch die Entkopplungsproteine, einen Teil der Energie in Wärmeenergie um. Manche Pflanzenarten, wie zum Beispiel Aronstabgewächse, nutzen diesen Mechanismus gezielt, um Wärme zu produzieren und damit Duftstoffe zu verflüchtigen, die Insekten zum Bestäuben anlocken. Vergleicht man die Wärmebildung einer Ratte mit der Wärmebildung der Blüten des

Aronstabs oder des Philodendrons, so zeigen sich für die Pflanzen wesentlich höhere Werte (Abb. 232). Sie sind vergleichbar mit denjenigen von Kolibris, die durch ihren Rüttelflug viel Wärme als Nebenprodukt produzieren. Wesentlich höhere Werte werden allerdings für das braune Fettgewebe von Hamstern festgestellt.

Mit der alternativen Atmung verfügen Pflanzen über eine effiziente Möglichkeit, den Energiehaushalt zu regulieren. Man kann davon ausgehen, dass unter normalen Stoffwechselbedingungen ein erheblicher Energieüberschuss vorliegt, der ständig über die alternative Atmung als Wärme abgegeben wird. Unter lichtarmen Bedingungen können Pflanzen bevorzugt auf die normale Atmung umschalten und so ihre ATP-Synthese effizienter durchführen. Auf diese Weise halten Pflanzen, die unter extremem Lichtmangel leiden, selbst bei fast vollständigem Abbau von Kohlenhydraten ihre ATP-Konzentration in den Wurzeln aufrecht (Tab. 10).

Nach einem Konzept von Atkinson ist die **Energieladung** ein Parameter, der den Energiezustand einer Zelle gut beschreibt und der in engen Grenzen reguliert wird (Abb. 233). Auch die Energieladung der Wurzeln konnten die Pflanzen unter extremem Lichtmangel fast auf dem Niveau der Kontrollpflanzen halten (Tab. 10). Dies wird durch Änderung der relativen Aktivitäten von ATP-produzierenden und ATP-verbrauchenden Prozessen realisiert (Abb. 234).

$$EC = \frac{[ATP] + 0{,}5\,[ADP]}{[ATP] + [ADP] + [AMP]}$$

Abb. 233
Energieladung (energy charge, EC). Die Energieladung liegt theoretisch zwischen 0 und 1. Normale Werte liegen zwischen 0,8 und 0,9.

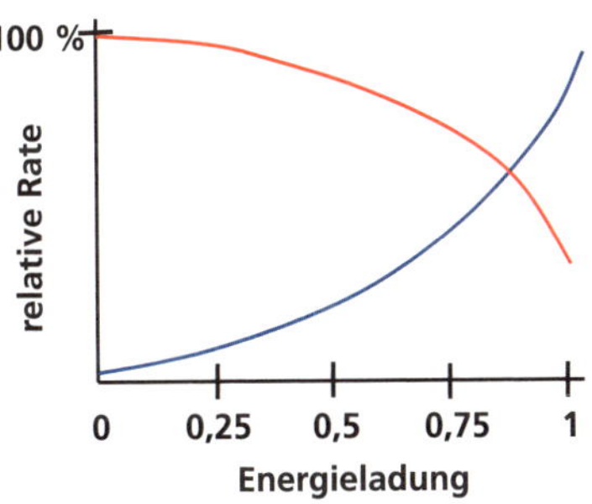

Abb. 234
Einfluss der Energieladung auf die relativen Raten typischer ATP-produzierender Prozesse (rot) und ATP-verbrauchender Prozesse (blau, nach ATKINSON 1968).

Tab. 7.10
Einfluss der Lichtintensität auf die Konzentrationen an Zuckern und ATP sowie die Energieladung in Wurzeln von Maispflanzen (nach SCHUBERT und MENGEL 1986).

Parameter	84 (W m^{-2})	24 (W m^{-2})
Glucose (%)	2,52	0,54
Fructose	2,44	0,08
Saccharose (%)	0,67	0,00
Stärke (%)	0,39	0,04
ATP (mmol kg^{-1})	1,29	1,32
Energieladung	0,79	0,75

Gluconat-Reaktionsweg oxidative Prozesse, die zum Abbau von Kohlenhydraten führen. Der Gluconat-Reaktionsweg wird daher auch als **oxidativer Pentosephosphat-Zyklus** bezeichnet. Im Einzelnen stellt der Gluconat-Reaktionsweg folgende Metaboliten bereit:

- Reduktionsäquivalente (NADPH + H^+)
- Pentosen
- Erythrose-4-Phosphat
- Fructose-6-Phosphat

Ähnlich wie die Glycolyse ist der Gluconat-Reaktionsweg im Cytosol lokalisiert und findet sich vermutlich in allen Organismen. Eine besonders hohe Aktivität seiner Enzyme findet sich in Zellen der Leber, der Milchdrüse und des Fettgewebes, da das freigesetzte **NADPH + H^+** für die Fettsäure-Synthese benötigt wird (siehe unten).

Der Zyklus beginnt mit der Oxidation von Glucose unter Bildung von NADPH + H^+ (Abb. 236). Diese erste Reaktion ist irreversibel und daher prädestiniert als Regulationsstelle für den Zyklus. NADPH + H^+ konkurriert mit $NADP^+$ um die Bindungsstelle an der **Glucose-6-Phosphat-Dehydrogenase** und hemmt bei einem Konzentrationsanstieg das Enzym über eine Produkthemmung. Durch Wasseranlagerung an 6-Phosphogluconolacton entsteht Gluconat-6-Phosphat (Abb. 237), das unter weiterer Frei-

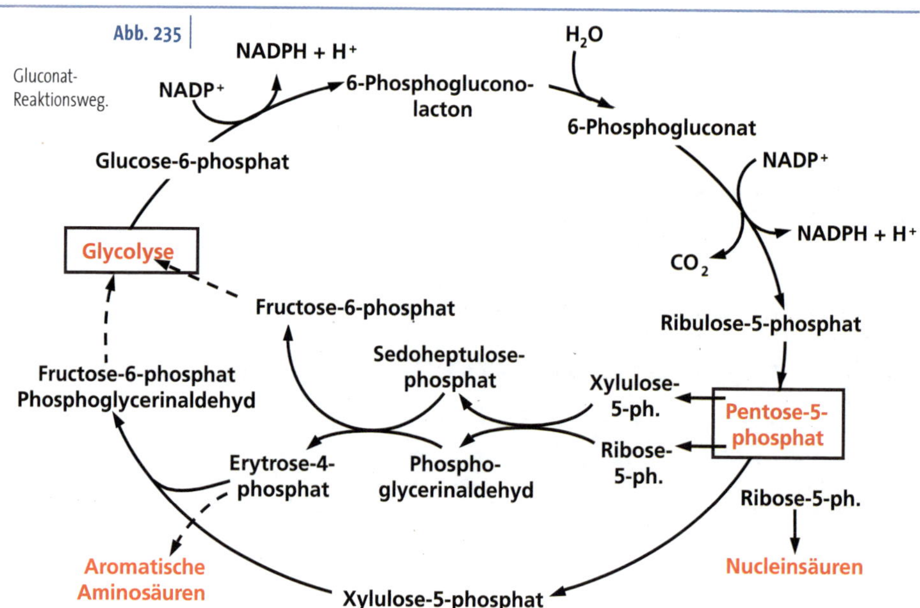

Abb. 235 Gluconat-Reaktionsweg.

setzung von NADPH + H^+ oxidativ zu **Ribulose-5-Phosphat** decarboxyliert wird (Abb. 238). Ausgehend von diesem Metaboliten können mittels Isomerasen verschiedene Pentosephosphate synthetisiert werden, die der Synthese von Nucleotiden wie zum Beispiel ATP, CoA, $NADP^+$, FAD und FMN dienen (Abb. 235). Ähnlich wie im Calvin-Zyklus entsteht **Erythrose-4-Phosphat**, das für die Synthese aromatischer Aminosäuren herangezogen wird. Neben der Bereitstellung von Bausteinen für die verschiednen Synthesewege kann Phosphoglycerinaldehyd auch in die Glycolyse eingespeist und weiter abgebaut werden (Abb. 235).

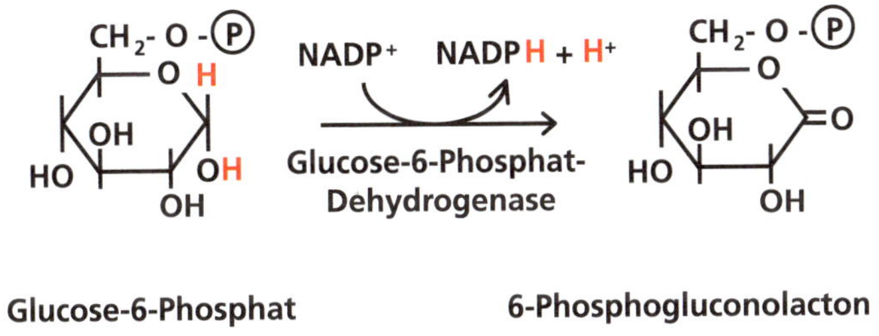

NADP+ NADPH + H+

Glucose-6-Phosphat-Dehydrogenase

Glucose-6-Phosphat 6-Phosphogluconolacton

Abb. 236

Oxidation von Glucose-6-Phosphat mittels Glucose-6-Phosphat-Dehydrogenase.

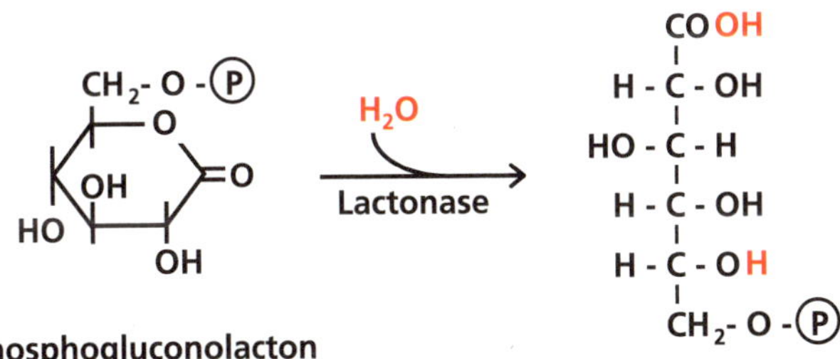

Abb. 237

Wasseranlagerung an 6-Phosphogluconolacton mittels Lactonase.

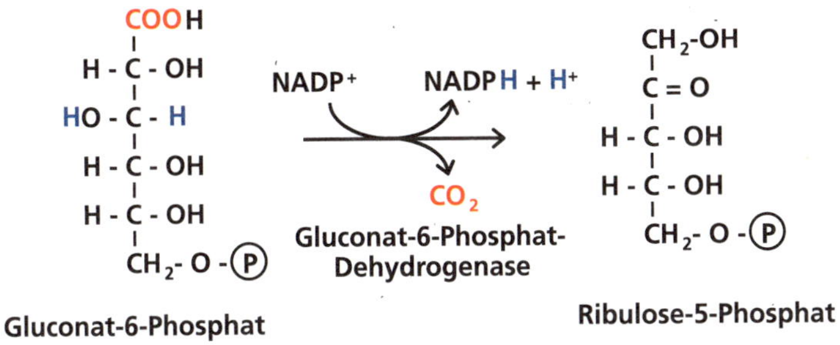

NADP+ NADPH + H+

CO2

Gluconat-6-Phosphat-Dehydrogenase

Gluconat-6-Phosphat Ribulose-5-Phosphat

Abb. 238

Oxidative Decarboxylierung von Gluconat-6-Phosphat mittels Gluconat-6-Phosphat-Dehydrogenase.

Fragen

1 Welche Stoffwechselwege des Kohlenhydratabbaus verlaufen aerob, welche anaerob?
2 In welchen zellulären Kompartimenten erfolgen die einzelnen Schritte des Kohlenhydratabbaus?
3 Worin besteht der Vorteil des Stärkeabbaus zur Gewinnung von Energie durch das Enzym Stärke-Phosphorylase im Vergleich zu Stärke-Hydrolase?
4 Wie erfolgt die Regulation der Aktivität der Glycolyse?
5 Was versteht man unter Substratkettenphosphorylierung?
6 Vergleichen Sie die energetische Effizienz von Glycolyse, Gärung und Citrat-Zyklus!
7 Was versteht man unter dem Pasteur-Effekt?
8 Welche Teilreaktionen werden vom Enzymkomplex Pyruvat-Dehydrogenase katalysiert?
9 Erläutern Sie die Funktionen der prosthetischen Gruppen und Coenzyme im Enzymkomplex Pyruvat-Dehydrogenase!
10 Welche Funktionen hat der Citrat-Zyklus?
11 Welche Rolle spielen die einzelnen Enzymkomplexe der Atmungskette?
12 Wie erfolgt der Aufbau des elektrochemischen Protonengradienten an der inneren Mitochondrienmembran?
13 In welchen Prozessen sind die Prinzipien der Substratkettenphosphorylierung und der chemiosmotischen Phosphorylierung realisiert?
14 Was sind Entkopplungsproteine?
15 Welche Funktion hat die alternative Oxidase in pflanzlichen Mitochondrien?
16 Welche Funktionen hat der Gluconat-Reaktionsweg?

Lipide | 8

Inhalt

Neutralfette dienen der Speicherung von Energie. Sie setzen sich aus Glycerol und Fettsäuren zusammen. Beide Substrate leiten sich vom Kohlenhydratstoffwechsel ab. Die Biosynthese der Fettsäuren erfolgt mit einem Multienzymkomplex, der Fettsäure-Synthase. Lipoide mit ihren amphiphilen Eigenschaften sind Bausteine von biologischen Membranen und stellen die Grundkörper von Hormonen, Vitaminen und Geruchsstoffen dar. Der Abbau von Fetten beginnt mit der hydrolytischen Spaltung durch Lipasen. Die in den Fettsäuren gespeicherte Energie wird in der mitochondrialen β-Oxidation freigesetzt.

Überblick | 8.1

Ähnlich wie Kohlenhydrate sind Lipide in erster Linie Verbindungen aus den Elementen C, O und H, allerdings in einem anderen Verhältnis der Partner. Zum Teil treten weitere Atome, wie zum Beispiel P oder S, auf. Lebende Organismen könnten ohne Lipide nicht existieren, da sie wichtige **Funktionen** im Stoffwechsel übernehmen:

- Speicherung von Energie
- Bausteine biologischer Membranen
- Hormone
- Vitamine
- Geruchsstoffe und weitere Naturstoffe

Lipidgruppen | 8.2

Innerhalb der Lipide unterscheidet man zwei Gruppen:

- Neutralfette (Triglyceride)
- Lipoide (fettähnliche Substanzen)

Definition

Fettsäuren sind Monocarbonsäuren mit unverzweigter Kohlenstoffkette. Die Anionen heißen Acylate.

Die **Neutralfette** tragen keine elektrische Ladung und dienen in erster Linie der Speicherung von Energie. Während Kohlenhydrate einen Energiegehalt von 17 kJ g^{-1} aufweisen, enthalten Fette, bezogen auf ihre Masse, mehr als doppelt so viel Energie: 38 kJ g^{-1}. Neutralfette werden auch als Triglyceride bezeichnet, da sie dreifache Ester von **Glycerol** (Glycerin) und Fettsäuren darstellen (Abb. 239). Gesättigte **Fettsäuren** (**Acylate**, → Def.) haben den allgemeine Aufbau: $H_3C\text{-}(CH_2)_n\text{-}COOH$, wobei die meisten natürlich vorkommenden Fettsäuren aufgrund der Biosynthese eine gerade Anzahl von C-Atomen haben (siehe unten). Aus der Definition der Fettsäuren folgt, dass Äpfelsäure, die zwei Carboxylgruppen besitzt, keine Fettsäure ist. Das Gleiche trifft für die Zitronensäure zu, die nicht nur drei Carboxylgruppen trägt, sondern auch verzweigt ist.

Für die Veresterung mit Glycerol kommt eine große Anzahl von Fettsäuren in Frage (Tab. 11, Tab. 12), die unterschiedliche Kettenlängen aufweisen. Je nach Hydrierung unterscheidet man gesättigte und ungesättigte Fettsäuren. Fettsäuren mit einer Doppelbindung werden als einfach ungesättigte, solche mit mehreren als mehrfach ungesättigte Fettsäuren bezeichnet. Da an den Doppelbindungen Jod angelagert wer-

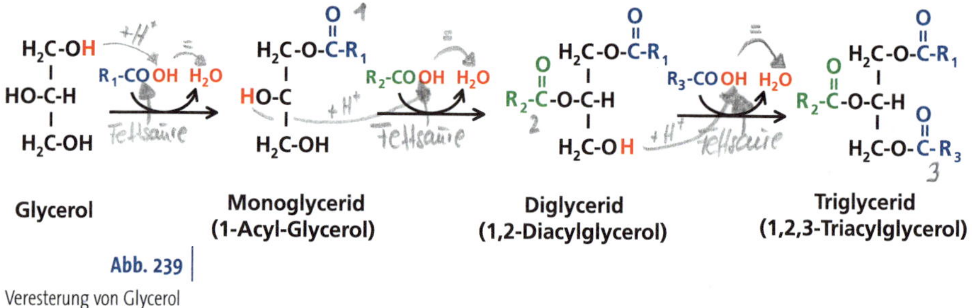

Abb. 239 Veresterung von Glycerol mit Fettsäuren.

Tab. 8.11 **Wichtige gesättigte Fettsäuren.**

Name	Formel	Kurzbezeichnung	Vorkommen
Essigsäure	$CH_3\text{-}COOH$	$C_2:0$	Stoffwechsel
Buttersäure	$CH_3\text{-}(CH_2)_2\text{-}COOH$	$C_4:0$	Butter, Silage
Capronsäure	$CH_3\text{-}(CH_2)_4\text{-}COOH$	$C_6:0$	Butter
Caprylsäure	$CH_3\text{-}(CH_2)_6\text{-}COOH$	$C_8:0$	Palmfrüchte
Caprinsäure	$CH_3\text{-}(CH_2)_8\text{-}COOH$	$C_{10}:0$	Palmfrüchte
Laurinsäure	$CH_3\text{-}(CH_2)_{10}\text{-}COOH$	$C_{12}:0$	Kokosnuss
Myristinsäure	$CH_3\text{-}(CH_2)_{12}\text{-}COOH$	$C_{14}:0$	Myristaceae
Palmitinsäure	$CH_3\text{-}(CH_2)_{14}\text{-}COOH$	$C_{16}:0$	Pflanzliche Fette
Stearinsäure	$CH_3\text{-}(CH_2)_{16}\text{-}COOH$	$C_{18}:0$	Tierische Fette

Tab. 8.12

Wichtige gesättigte Fettsäuren.

Name	Kurzbezeichnung	Vorkommen
Ölsäure	$C_{18}:1, \Delta9$	Pflanzliche Fette
Linolsäure	$C_{18}:2, \Delta9, 12$	Leinöl
Linolensäure	$C_{18}:3, \Delta9, 12, 15$	Thylakoidmembran
Eicosensäure	$C_{20}:1, \Delta11$	Rapssamen
Erucasäure	$C_{22}:1, \Delta13$	Rapssamen

Tab. 8.13

Schmelzpunkte verschiedener Fettsäuren.

Fettsäure	Kurzbezeichnung	Schmelzpunkt (°C)
Laurinsäure	$C_{12}:0$	44,2
Myristinsäure	$C_{14}:0$	53,9
Palmitinsäure	$C_{16}:0$	63,1
Stearinsäure	$C_{18}:0$	69, 6
Ölsäure	$C_{18}:1$	13, 4
Linolsäure	$C_{18}:2$	- 5,4
Linolensäure	$C_{18}:3$	- 11,0

den kann, ist die **Iodzahl** ein Maß für den Sättigungsgrad. **Kettenlänge** und **Sättigungsgrad** der Fettsäuren bestimmen die Eigenschaften der Neutralfette. Je länger die C-Kette, desto geringer ist die Wasserlöslichkeit und desto besser die Löslichkeit in apolaren Lösungsmitteln wie Benzol oder Chloroform. Mit längerer C-Kette nimmt der Schmelzpunkt zu, während er mit der Anzahl der Doppelbindungen abnimmt (Tab. 13). Da pflanzliche Fette allgemein einen größeren Anteil an ungesättigten Fettsäuren aufweisen, ist Margarine direkt aus dem Kühlschrank gut streichfähig, während Butter zunächst bei Zimmertemperatur stehen muss, um ihre Steifheit zu verlieren. Als Öle bezeichnet man Fette in flüssigem Aggregatzustand.

Zur Bezeichnung der C-Atome in einer Fettsäure und damit zur genauen Festlegung der Position von Doppelbindungen gibt es drei Möglichkeiten (Abb. 240). Man kann die C-Atome, beginnend mit der Carboxylgruppe, durchnummerieren. Eine andere Möglichkeit besteht in der Bezeichnung mit griechischen Buchstaben, wobei das erste Atom hinter der Carboxylgruppe das α-Atom ist. In den Ernährungswissenschaften hat sich auch durchgesetzt, die Nummerierung mit dem letzten C-Atom zu beginnen. Da der letzte Buchstabe im griechischen Alphabet ω ist, wird das letzte Atom mit ω bezeichnet. Das ω-3-C-Atom ist das drittletzte C-Atom der Kohlenstoffkette. Eine Fettsäure wird nach der Anzahl der C-Atome (im Beispiel der Abb. 240 C_6) und nach den Doppelbindungen bezeichnet, wobei man die Stelle der Doppelbindung immer mit dem

Abb. 240

$$\begin{array}{cccccc} & & & & & \omega \\ 1 & 2 & 3 & 4 & 5 & 6 \\ \mathrm{HOOC} - & \mathrm{CH_2} - & \mathrm{CH_2} - & \mathrm{CH_2} - & \mathrm{CH_2} - & \mathrm{CH_3} \\ & \alpha & \beta & \gamma & \delta & \varepsilon \end{array}$$

Möglichkeiten zur Nummerierung der C-Atome in einer Fettsäure am Beispiel von Capronsäure. α bezeichnet das erste C-Atom nach der Carboxylgruppe, ω das letzte C-Atom.

ersten C-Atom, das die Doppelbindung trägt, bezeichnet. Ölsäure hat dementsprechend zwischen dem neunten und zehnten C-Atom eine Doppelbindung (Tab. 12).

Den Aufbau von Doppelbindungen bezeichnet man als **Desaturierung** (Abb. 241). Hierfür sind Desaturasen zuständig, die spezifisch arbeiten und an ganz bestimmten Stellen die Doppelbindung aufbauen. Obwohl es sich um eine Oxidation der Fettsäuren handelt, werden für die Reaktion Reduktionsäquivalente in Form von NADPH + H^+ benötigt. Es handelt sich daher um eine sogenannte gemischt-funktionelle Reaktion (mixed function reaction). In Abb. 241 ist beispielhaft die Desaturierung von Stearinsäure über Ölsäure und Linolsäure zu Linolensäure dargestellt. Während das einfach ungesättigte Oleat (Anion der Ölsäure) auch vom menschlichen Organismus synthetisiert werden kann, müssen die mehrfach ungesättigten Fettsäuren **Linol- und Linolensäure** (Anionen: Linoleat und Linolenat) mit der Nahrung aufgenommen werden; es handelt sich um essentielle Fettsäuren. Ausgehend von der Ölsäure können auch die beiden ungesättigten Fettsäuren Eicosensäure (Anion: Eicosenat) und Erucasäure (Anion: Erucat) synthetisiert werden. Da die Biosynthese über eine Kettenverlängerung an der Carboxylgruppe erfolgt, verschiebt sich die Position der Doppelbindung jeweils um zwei C-Atome (Tab. 12). Erucasäure ist eine in der menschlichen Ernährung unerwünschte Fettsäure. Um Rapsöl qualitativ zu verbessern, hat man Rapssorten gezüchtet, die arm an Erucasäure sind.

Lipoide haben nicht nur lipophile (das heißt hydrophobe) Eigenschaften, sondern sie besitzen Seitengruppen, die ihnen zusätzlich hydrophile Eigenschaften verleihen. Sie können sich dadurch sowohl in einem wässrigen Medium lösen als auch mit anderen lipophilen Substanzen interagieren. Diese amphiphilen Eigenschaften machen sie zu idealen Bausteinen biologischer Membranen (vgl. Abb. 69, Kapitel 3.3). In Biomembranen bilden folgende Lipoide eine Matrix, in die Proteine eingebettet sind:

- Phospholipide
- Glycolipide
- Sulfolipide
- Sphingolipide
- Sterole

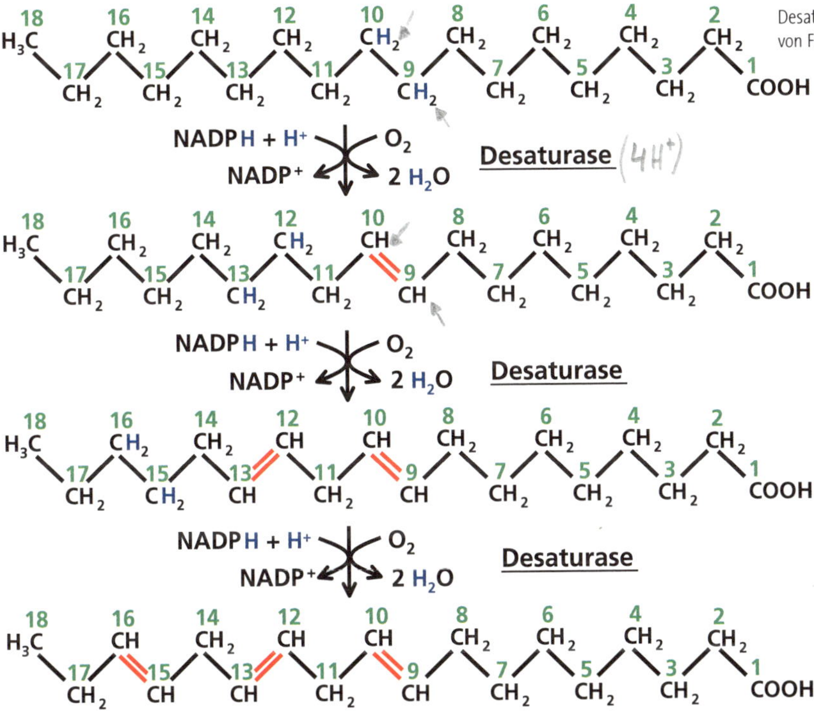

Abb. 241

Desaturierung von Fettsäuren.

Grundkörper der **Phospholipide** ist **Phosphatidat** (Anion der Phosphatidsäure, Abb. 242). Hierbei handelt es sich um ein Diglycerid, das mit Phosphat verestert ist. Freies Phosphatidat kommt im Stoffwechsel nur in sehr geringen Konzentrationen vor. Ein Phospholipid erhält man, wenn die Phosphatgruppe mit einem Alkohol verestert wird. So führt die Veresterung von Phosphatidat mit Ethanolamin zu **Phosphatidyl-Ethanolamin** (Kephalin, Abb. 243). Ebenso wie **Phosphatidyl-Cholin** (Lecithin, Abb. 244) kommt es als Grundkörper in vielen biologischen Membranen in größeren Anteilen vor. Phosphatidyl-Cholin ist ein quartäres **Amin** (Abb. 245), das durch Substitution der H-Atome des Ammoniumions entsteht. Die positive Ladung bleibt bei der Substitution erhalten und verleiht dem Molekül an dieser Stelle hydrophile Eigenschaften. Auch die Aminogruppe des Ethanolamins ist

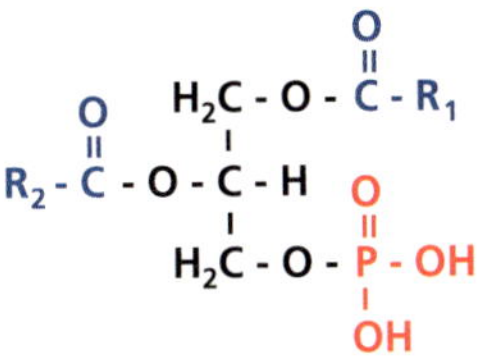

Abb. 242

Strukturformel von Phosphatidat.

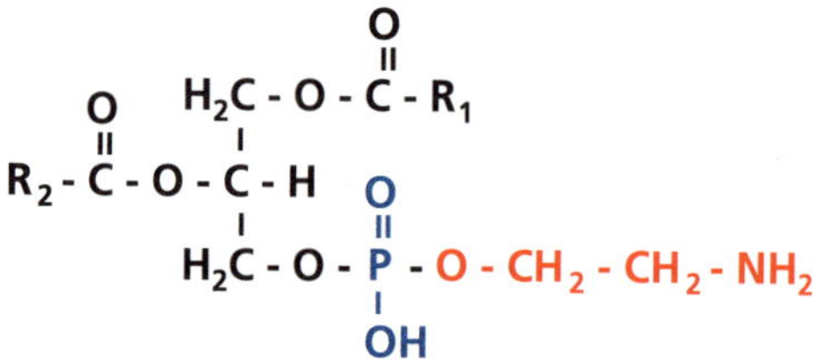

Abb. 243

Strukturformel von Phosphatidyl-Ethanolamin (Kephalin).

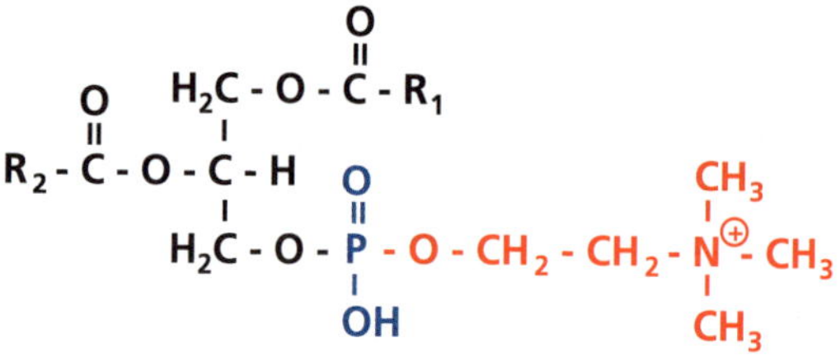

$$H_2C-O-C(=O)-R_1$$
$$R_2-C(=O)-O-C-H$$
$$H_2C-O-P(=O)(OH)-O-CH_2-CH_2-NH_2$$

Abb. 244

Strukturformel von Phosphatidyl-Cholin (Lecithin).

$$H_2C-O-C(=O)-R_1$$
$$R_2-C(=O)-O-C-H$$
$$H_2C-O-P(=O)(OH)-O-CH_2-CH_2-N^{\oplus}(CH_3)_3$$

Abb. 245

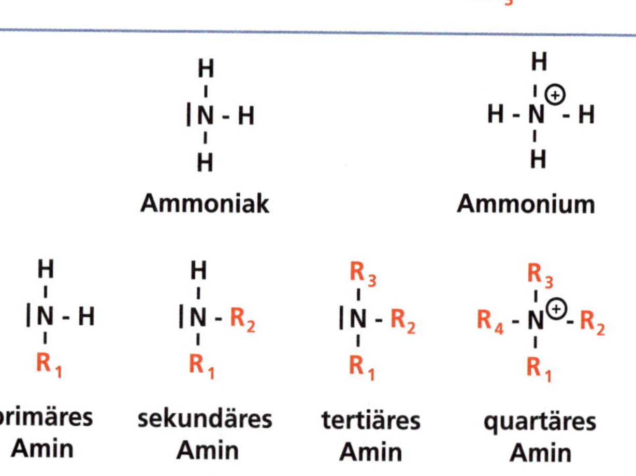

Strukturformel von Ammoniak, Ammonium und abgeleiteten Aminen.

unter physiologischen Bedingungen protoniert und daher positiv geladen und weist ebenfalls hydrophile Eigenschaften auf.

Es sind diese hydrophilen Seitengruppen, die als Köpfchen in das wässrige Medium ragen und mit diesem interagieren (vgl. Abb. 69), während die beiden Fettsäurereste jeweils hydrophobe Schwänze darstellen, die in die Lipidmatrix tauchen und hydrophobe Wechselwirkungen mit den gegenüberstehenden Fettsäureresten eingehen. Man spricht auch von hydrophoben Bindungen, da diese Wechselwirkungen zu einer thermodynamisch stabilen Struktur beitragen. Die Phosphatgruppen der Phospholipide sind unter physiologischen Bedingungen dissoziiert und können mit positiv geladenen Aminogruppen Ionenbindungen aufbauen. Zwei benachbarte negativ geladene Phosphatgruppen können auch durch zweiwertige Ionen, besonders Ca^{2+}, ionogen verbunden werden. Zwischen dem O-Atom der Phosphatgruppe und H-Atomen von Hydroxylgruppen können auch schwache Wasserstoffbrücken-Bindungen aufgebaut werden. Zusammengefasst wird die Stabilität der Lipiddoppelschicht durch folgende Bindungen gewährleistet:

- Hydrophobe Bindungen
- Ionenbindungen
- Calciumbrücken
- Wasserstoffbrücken

Die **hydrophoben Bindungen** bieten der Lipiddoppelschicht in einem wässrigen Medium bereits ein hohes Maß an Stabilität, die aber in apolaren Lösungsmitteln sofort verloren geht. **Ionenbindungen** sind stark abhängig vom pH-Wert: Niedrige pH-Werte können zur Protonierung und damit zum Verlust negativer Ladungen führen. Hohe pH-Werte lassen dagegen Aminogruppen dissoziieren. Dadurch gehen positive Ladungen verloren. Auch **Calciumbrücken** sind aus den oben genannten Gründen gegenüber niedrigen pH-Werten empfindlich. Hohe Na^{+}-Konzentrationen können ebenfalls Ca^{2+}-Ionen von der Außenseite der Membran verdrängen und so die Stabilität beeinträchtigen. Dies ist einerseits auf die Einwertigkeit des Na^{+}-Ions zurückzuführen, das keine Brücke zwischen zwei negativen Ladungen bilden kann und andererseits auf seine große Hydrathülle, die verhindert, dass das Ion sich eng mit einer negativen Oberfläche verbinden kann (vgl. Kapitel 1.6). Die schwächsten Bindungen stellen die **Wasserstoffbrücken** dar. Hohe Temperaturen versetzen die Moleküle in Schwingungen, die, wenn sie zu groß werden, die Wasserstoffbrücken sprengen können.

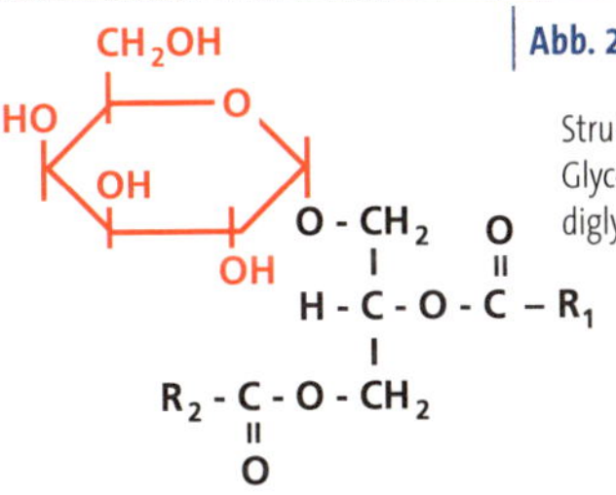

Eine weitere Gruppe von Membranlipiden sind die **Glycolipide** (Abb. 246). Das hydrophile Köpfchen besteht hier aus einem Zucker, der O-glycosidisch mit Glycerol verbunden ist. Auch wenn hier keine elektrischen Ladungen im Molekül vorliegen, so wirken dennoch die Hydroxylgruppen hydrophil. Ähnlich wie bei den Phospholipiden sind zwei Fettsäuren mit dem Glycerol verestert und stellen die beiden lipophilen Schwänze dar. Substituiert man eine Hydroxylgruppe des Zuckers

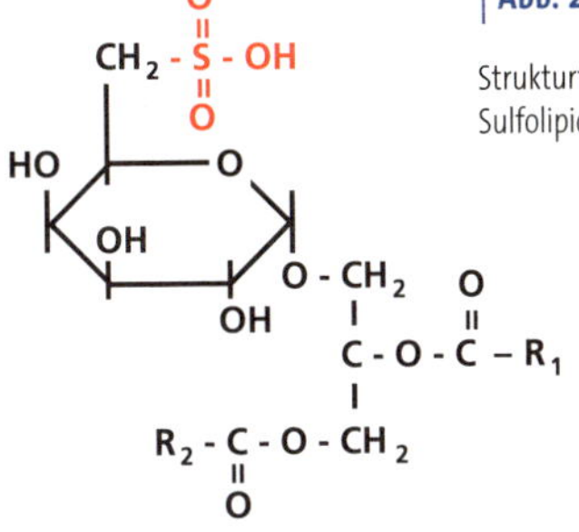

Abb. 246

Strukturformel eines Glycolipids: Galactosyldiglycerid.

Abb. 247

Strukturformel eines Sulfolipids.

Abb. 248 Strukturformel von Sphingomyelin.

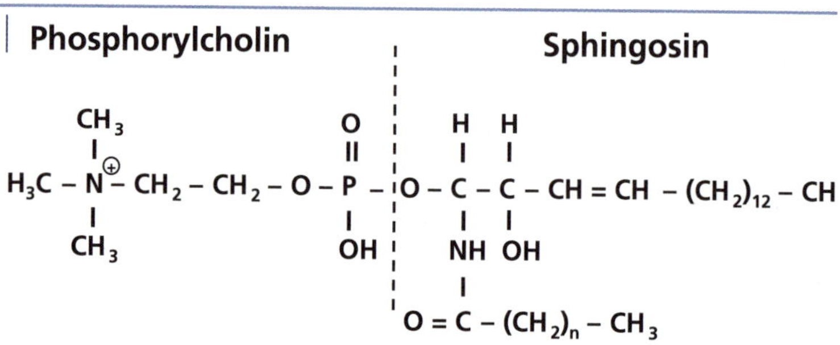

Abb. 249

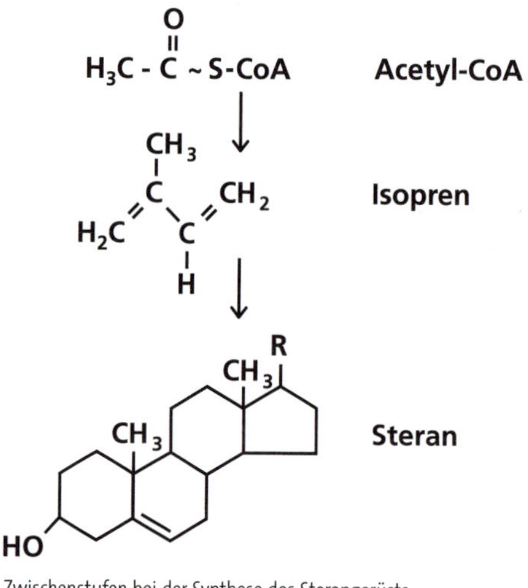

Zwischenstufen bei der Synthese des Sterangerüsts.

Abb. 250 Strukturformel von Cholesterol.

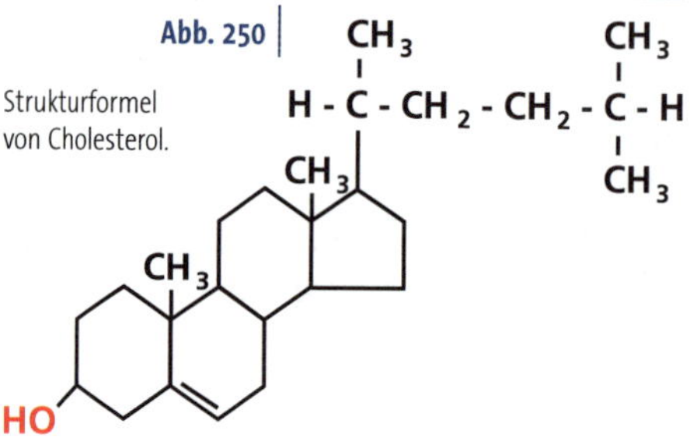

durch eine Sulfongruppe, so erhält man ein **Sulfolipid** (Abb. 247). Die Hydroxylgruppe der Sulfongruppe ist unter physiologischen Bedingungen dissoziiert und daher negativ geladen.

Sphingolipide sind Membranbausteine, die als Alkoholkomponente nicht Glycerol, sondern Sphingosin besitzen (Abb. 248). Es sind Lipoide, die besonders in Membranen von Nervenzellen vorkommen. Im Sphingomyelin ist Sphingosin mit Phosphorylcholin verestert. Auch in diesem Molekül gibt es aufgrund mehrerer funktioneller Gruppen (Cholin, Hydroxylgruppen) ein hydrophiles Köpfchen, während die Kohlenstoffketten des Alkohols lipophile Eigenschaften aufweisen (Abb. 248).

Sterole, auch als Steroide oder Sterine bezeichnet, sind Ringverbindungen, die das Steran als Grundgerüst haben (Abb. 249). Die Synthese leitet sich ähnlich wie bei den Fettsäuren (siehe unten) aus dem Kohlenhydratabbau über Isopren von Acetyl-CoA ab. Der wichtigste Vertreter der Sterole ist das **Cholesterol** (Cholesterin, Abb. 250). Es besitzt eine Hydroxylgruppe, die dem Molekül einen kleinen hydrophilen Bereich verleiht, während der große lipophile Rest in die Biomembran eingebettet ist. Während das Plasmalemma eukaryotischer Zellen meistens reich an Sterolen ist, findet es sich selten in den Membranen der Prokaryoten und Organellen. Verschiedene **Phytosterole** wie zum Beispiel Sitosterol, Stigmasterol oder Campesterol stellen wichtige Membranbausteine dar, die sich vom Cholesterol ableiten. Sie werden unter bestimmten Umweltbedingungen verstärkt gebildet und können die Eigenschaften der Membran (Fluidität) modifizieren und auf diese Weise zur Anpassung der Pflanzen an Umweltstress beitragen (Info-Box 11).

Säugetiere und auch Insekten müssen bestimmte Sterole als Vitamine aufnehmen, die sie selbst nicht synthetisieren können, aber als Grundstruktur für Hormone benötigen. So wird der Ca- und P-Stoffwechsel des Menschen durch ein Hormon (Calcitriol) reguliert, das sich vom **Vitamin D** ableitet. In der Gruppe des Vitamin D fasst man alle Vitamere (→ Def.) zusammen, die die gleiche Wirkung wie Vitamin D_3 (Cholecalciferol) haben. Die Vitamere des Vitamin D können durch UV-Bestrahlung aus Provitaminen synthetisiert werden. Die Leber kann aus Cholesterol das Provitamin **Dehydrocholesterol** bilden, aus dem unter dem Einfluss von UV-Licht **Cholecalciferol** gebildet wird (Abb. 254). Fehlt UV-Licht, so entsteht **Rhachitis** (Knochenerweichung), eine Krankheit, die besonders zu Beginn der Industrialisierung aufgrund des Smogs weit verbreitet war. Ein anderes Vitamer, das Vitamin D_2 (Ergocalciferol) kann aus der Vorstufe Ergoste-

Definition

Vitamere sind Verbindungen mit unterschiedlicher Struktur aber gleicher physiologischer Wirkung. Sie können sich in der quantitativen Wirkung unterscheiden.

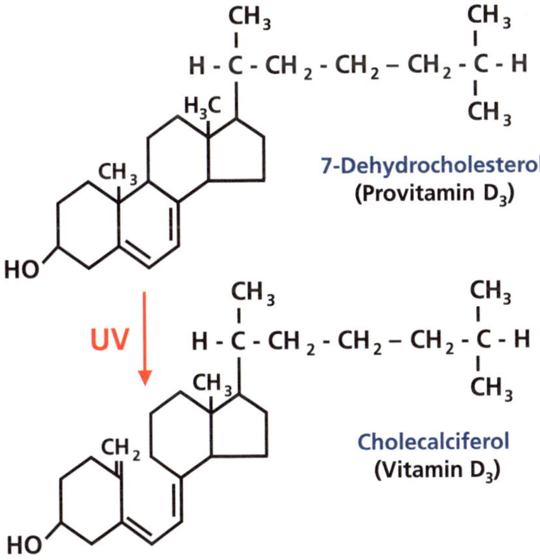

Abb. 254

Synthese von Cholecalciferol (Vitamin D3) aus der Vorstufe 7-Dehydrocholesterol.

Box 11

Neusynthese von Biomembranen

Ein Translokon ist ein Membranprotein, das im Endoplasmatischen Reticulum (ER) darüber entscheidet, ob eine Polypeptidkette in die Membran eingebaut oder in das Lumen des ER abgeschieden wird.

Biomembranen sind einem ständigen Auf- und Abbau unterworfen, so dass sich ihre Eigenschaften schnell den Anforderungen veränderter Umweltbedingungen anpassen können. Die **Synthese von Biomembranen** erfolgt am **Endoplasmatischen Reticulum**. Dort werden die Membranlipide zusammengesetzt und Proteine von Ribosomen in die Matrix hineingepresst (Abb. 251). Da das Endoplasmatische Reticulum auch ein Rohrpostsystem darstellt, in dem Proteine verschickt werden, ist entscheidend, welche Proteine in das Lumen abgeschieden und welche in die Membran integriert werden. Es konnte gezeigt werden, dass hierüber der Anteil von lipophilen Aminosäuren entscheidet, aus denen das Protein aufgebaut ist (Abb. 252). Ist der Anteil an lipophilen Aminosäuren wie zum Beispiel Phenylalanin (Phe), Leucin (Leu) und Isoleucin (Ile) groß, so integriert sich das Protein in die Membran. Liegen dagegen mehr hydrophile Aminosäuren vor, so wird das Protein über ein Translokon (→ Def.) in das Lumen des Endoplasmatischen Reticulums abgeschieden.

Vom Endoplasmatischen Reticulum werden Vesikel abgeschnürt, die mit dem **Golgi-Apparat** fusionieren (Abb. 251). Hier erfolgt eine Modifikation der Membran, bis sie den Anforderungen entspricht. Danach wer-

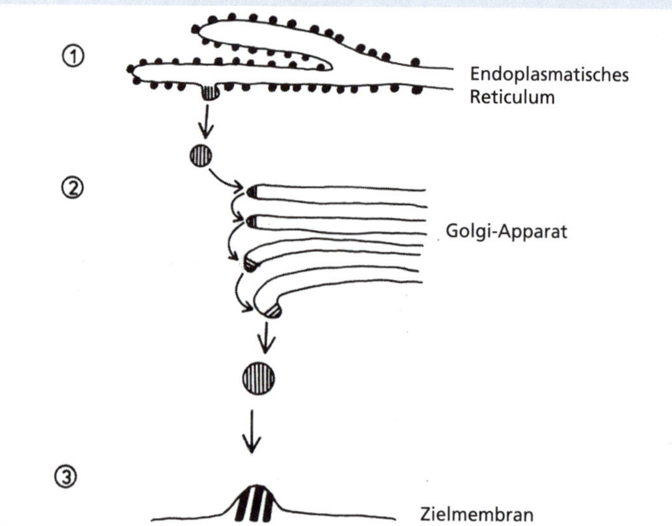

Abb. 251 Stufenweise Synthese und Modifizierung einer Biomembran. 1 = Biosynthese am Endoplasmatischen Reticulum und Abschnüren von Membranvesikeln, 2 = Fusion der Vesikel mit dem Golgi-Apparat am *trans*-Ende und Modifikation, 3 = Abschnüren der Vesikel vom *cis*-Ende des Golgi-Apparats und Fusion mit der Zielmembran.

den vom Golgi-Apparat wiederum Vesikel abgeschnürt, die dann mit der Zielmembran fusionieren. Die Erkennung der Zielmembran durch die Vesikel erfolgt mit speziellen Membranproteinen, die für die verschiedenen Membranen spezifisch sind (Abb. 253).

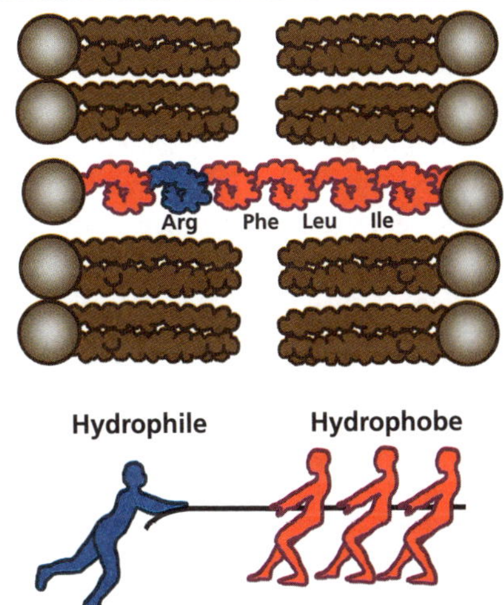

Abb. 252

Der Einbau des Proteins in die Membran hängt von der Hydrophobizität des Polypeptids ab (nach MacKinnon 2005).

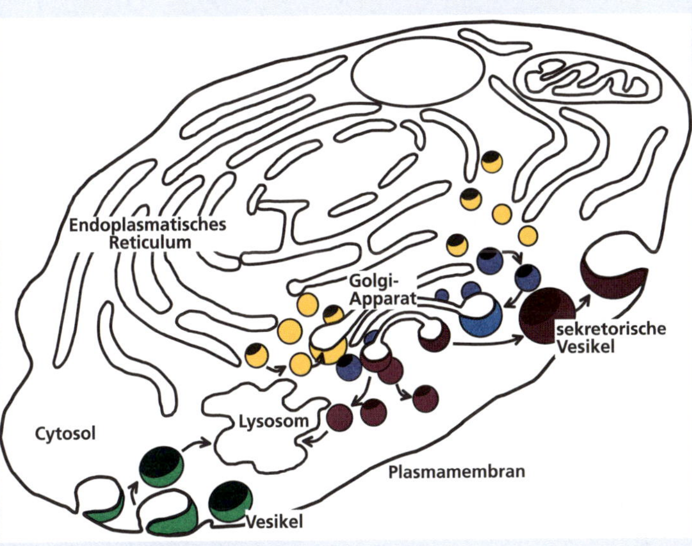

Abb. 253

Erkennung der Zielmembran durch Vesikel: Farbliche Unterschiede repräsentieren spezifische Erkennungsproteine der Vesikel.

rol gebildet werden, das in Hefen vorkommt. Hydroxylierungsreaktionen in Leber und Niere führen zum aktiven Hormon, dem **Calcitriol**.

Auch die Produktion von **Sexualhormonen** (Oestrogen, Testosteron, Progesteron) geht von den Sterolen aus. Vom Sterangerüst leiten sich auch sekundäre Pflanzeninhaltsstoffe ab, die zum Teil sehr giftig sind. **Solanin** bildet sich beispielsweise in Kartoffelknollen, wenn diese belichtet werden. Aus diesem Grund sollte man den Verzehr grüner Knollen vermeiden. **Digitoxigenin** ist ein Glycosid, das in den Blättern des Fingerhuts (*Digitalis purpurea*) vorkommt. Es hemmt die Dephosphorylierung der E_2-Zwischenform der Na^+/K^+-ATPase und wird in der Medizin zur Behandlung von Herzmuskelschwäche eingesetzt. Auch **Strophantin** ist ein herzwirksames Glycosid, das in Samen von *Strophantus*-Arten vorkommt. Es wird aber therapeutisch nicht mehr verwendet.

Die **Carotinoide** wurden bereits als akzessorische Pigmente des Photosyntheseapparats angesprochen (vgl. Abb. 83, Kapitel 4.3). Es sind fett-

Abb. 255

Bildung eines Iononrings aus zwei Isoprenbausteinen.

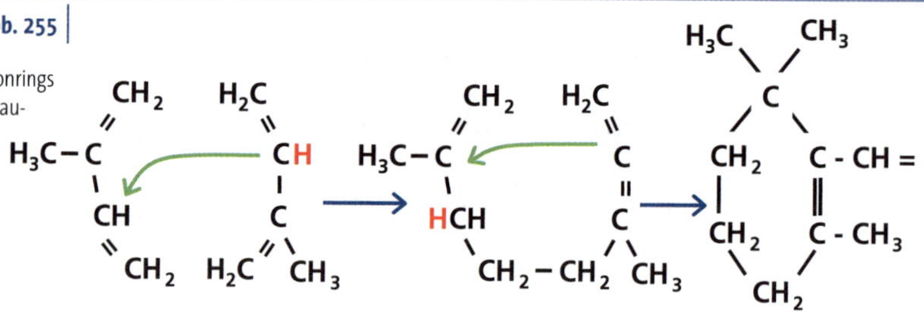

Abb. 256

Synthese von Vitamin A aus Carotin.

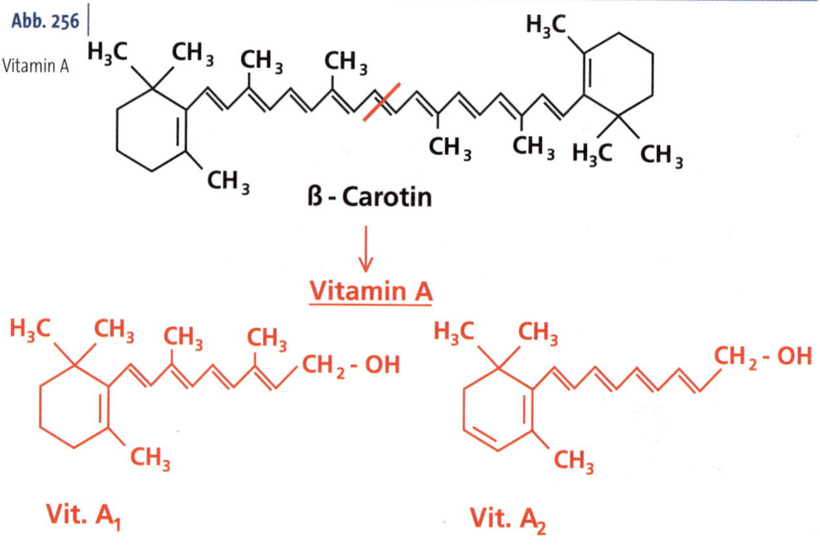

lösliche, gelb-rote Pigmente, die unter anderem in Karotten, Tomaten und Maiskörnern vorkommen. Ausgehend von Acetyl-CoA erfolgt die Biosynthese über Isoprenbausteine, die sich zu Iononringen zusammenlagern (Abb. 255). Iononringe und Isoprenketten sind die Bausteine der Carotinoide. Ernährungsphysiologisch besonders wichtig sind die Carotine. Es sind Provitamine, die durch Spaltung das **Vitamin A (Retinol)** bilden (Abb. 256). Da α- und γ-Carotine nur einen Iononring besitzen, kann aus Ihnen jeweils nur ein Molekül Vitamin A synthetisiert werden. Im Gegensatz hierzu können aus β-Carotin durch Spaltung zwei Moleküle Vitamin A (zwei Vitamere) entstehen. Mangel an Vitamin A ruft Epithelschäden und vermindertes Wachstum hervor. Da Retinol die Vorstufe für die Farbkomponente des Sehpurpurs ist, entsteht bei Vitamin A-Mangel Nachtblindheit. Aufgrund der Hydroxylgruppe haben Xanthophylle keine Provitamin A-Funktion.

Abkömmlinge des Isoprens sind auch die Vitamine E und K. **Vitamin E** (**Tocopherol**, Abb. 257) kommt verbreitet in Pflanzenfetten vor und verhindert die Autoxidation ungesättigter Fettsäuren. Es wirkt also als Antioxidans. Ein Mangel führt zu Sterilität, Muskelschwäche und Muskelschwund. Als Radikalfänger verhindert Tocopherol die Anreicherung von Sauerstoffradikalen im oxidativen Stoffwechsel und damit die Schädigung von Zellmembranen und Nucleinsäuren. Auch das **Vitamin K** (Abb. 258) kommt in Pflanzen weit verbreitet vor. Es wird bei der Blutgerinnung für die Synthese von Prothrombin benötigt.

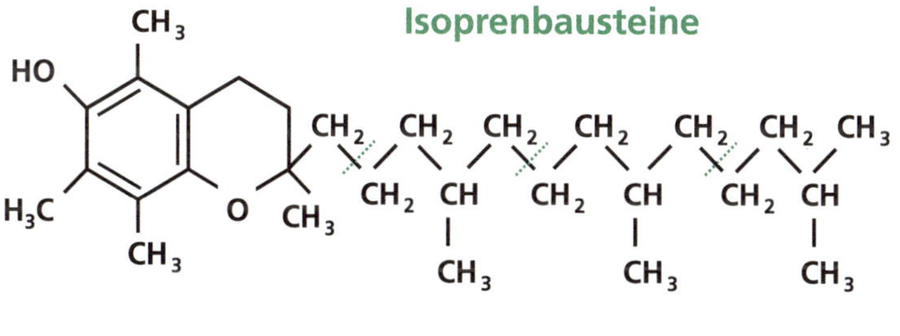

Isoprenbausteine

Abb. 257

Strukturformel von Tocopherol (Vitamin E).

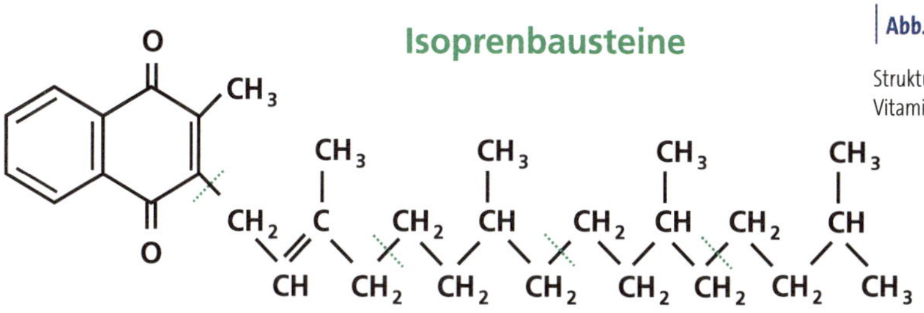

Isoprenbausteine

Abb. 258

Strukturformel von Vitamin K_1.

Abb. 259

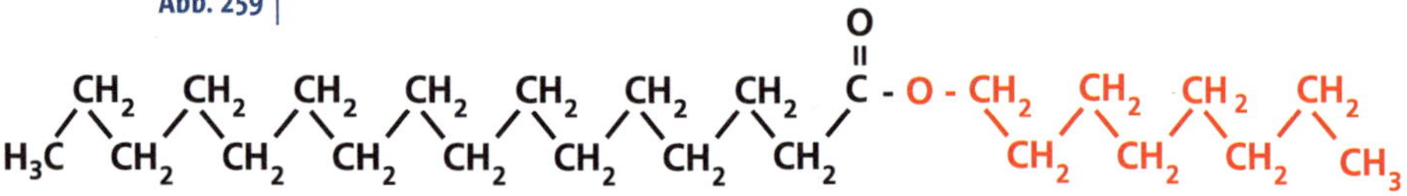

Strukturformeln von Wachsen: Ester von langkettigen Fettsäuren mit aliphatischen (oben) oder zyklischen (unten) Alkoholen.

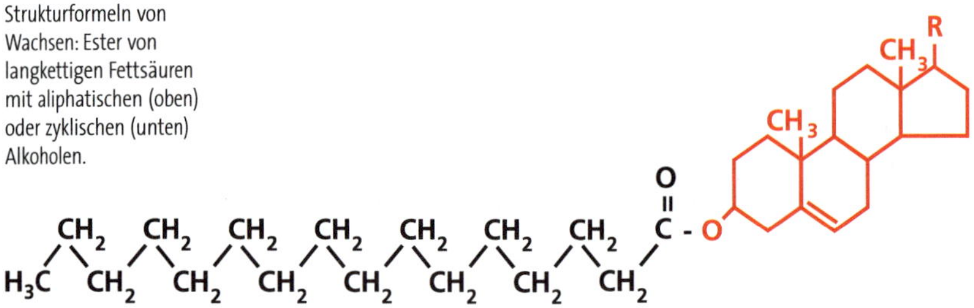

Definition

Die Cuticula ist eine hydrophobe Schutzschicht von Blättern und Früchten. Sie besteht aus Wachsen und Cutin (Substanz aus Polyhydroxyfettsäuren).

Wachse zählen zu den Lipoiden, obwohl sie fast ausschließlich lipophile Eigenschaften haben. Es sind Ester von aliphatischen oder zyklischen Alkoholen mit langkettigen Fettsäuren (Abb. 259). Als Bestandteil der pflanzlichen Cuticula (→ Def.) verhindern sie die unkontrollierte Transpiration und sind daher für den Wasserhaushalt wichtig. **Terpene** (Abb. 260) sind Abkömmlinge des Isoprens, das aufgrund seiner Doppelbindungen zur Polymerisation neigt. Zu den Terpenen zählen Geruchsstoffe wie zum Beispiel das Geraniol (Abb. 261) oder das Menthol. **Geraniol** ist eine wichtige Duftstoffkomponente, die in Rosen-, Lavendel- und Jasminöl sowie in Geranien und Pfefferminze vorkommt. **Kautschuk** ist ein Polyisopren (Abb. 262), das aus der Rinde des Baums *Hevea brasiliensis* gewonnen wird. Kautschuk war früher wichtigster Rohstoff für die Gummiherstellung, wurde aber mit der Einführung von Produkten auf Erdölbasis stark verdrängt. Dennoch wird er auch heute noch als Komponente bei der Autoreifenproduktion eingesetzt, um die erwünschten Gummieigenschaften zu erzielen.

Abb. 260

Strukturformel eines Terpens.

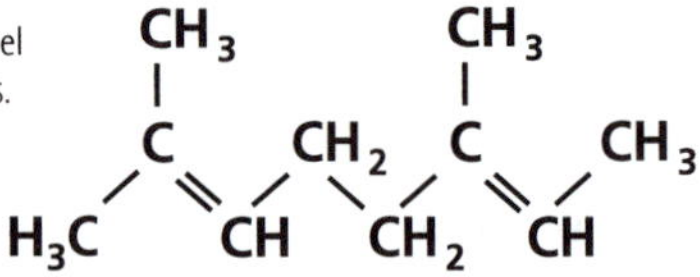

Abb. 261

Strukturformel von Geraniol.

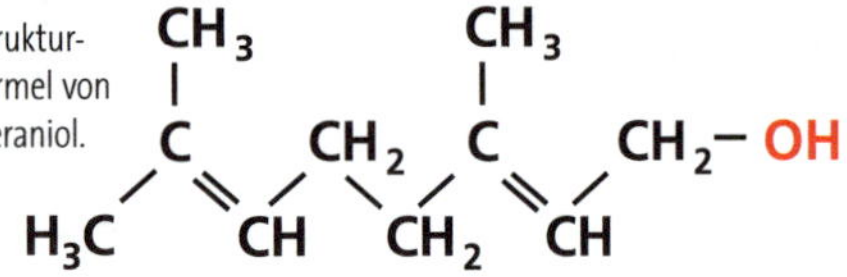

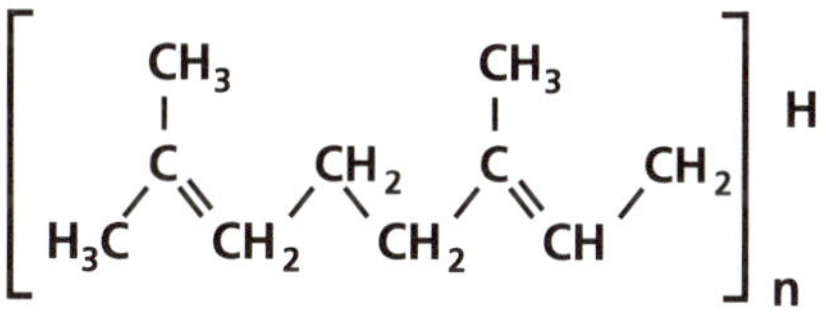

Abb. 262

Strukturformel von Kautschuk. n = Anzahl der Terpenmonomere.

Lipid-Biosynthese

8.3

Einzeller benötigen die gesamte biochemische Maschinerie, um alle zellulären Komponenten herzustellen. Da sie für den Aufbau ihrer Membranen Lipide benötigen, sind sie in der Lage, diese zu synthetisieren. In höheren Pflanzen und Tieren hat die Spezialisierung von Zellen zur Entwicklung von Geweben mit bestimmten Aufgaben geführt. Besonders in **Tieren** ist hiervon auch die Fettsynthese betroffen. Die Neusynthese von Fetten findet in folgenden Geweben statt:

- Fettgewebe
- Lebergewebe
- Milchdrüsengewebe

In Tieren können die Lipide von den Syntheseorten verlagert werden, besonders in Form von Phospholipiden und Triglyceriden, zum Teil auch als nichtveresterte Fettsäuren. Die Leber inkorporiert Fettsäuren in Phospholipide, die als Lipoproteine ins Blut abgeschieden werden. Fettgewebe synthetisiert Neutralfette, die in Fetttröpfchen gespeichert und bei Bedarf mobilisiert werden. Während der Laktation synthetisiert die Milchdrüse unter anderem Neutralfette: Eine leistungsfähige Milchkuh kann pro Tag über 1 kg Milchfett produzieren.

In **Pflanzen** werden Lipide dagegen in denjenigen Zellen gebildet, die diese Lipide benötigen. Es gibt keinen Transport von Fettsäuren oder Fetten zwischen pflanzlichen Geweben. Außer in Samen (zum Beispiel Raps, Sonnenblume, Lein, Sojabohne) speichern Pflanzen keine größeren Fettmengen. Assimilate für die Fettspeicherung in Samen werden überwiegend als Saccharose über das Phloem in die Samen importiert und dort in Lipide umgewandelt. Die dort gespeicherten Fette können für Nahrungszwecke oder technische Anwendungen genutzt werden.

Für die Biosynthese der Neutralfette werden zunächst folgende Bausteine benötigt:

- Glycerol-3-Phosphat
- Aktivierte Fettsäuren

Definition

Acetyl ist das Radikal der Essigsäure, Acyl ist das Radikal einer Fettsäure. Acetyl-CoA ist die aktivierte Essigsäure, Acyl-CoA ist eine aktivierte Fettsäure.

Glycerol kann prinzipiell mittels einer Glycerol-Kinase zu **Glycerol-3-Phosphat** phosphoryliert werden. Der normale Weg ist jedoch die Reduktion von Dihydroxyacetonphosphat (Abb. 263). Es liegt hiermit eine direkte Anbindung an den Kohlenhydratstoffwechsel vor. Die **aktivierten Fettsäuren** leiten sich ebenfalls vom Kohlenhydratstoffwechel ab, nämlich von Acetyl-CoA (→ Def.). Ort für die Synthese der weiteren Fettsäuren ist das Cytosol. In Pflanzen haben sich die Plastiden auf diese Aufgabe spezialisiert. Acetyl-CoA muss daher aus den Mitochondrien exportiert werden, was indirekt über den Einbau von Acetyl-CoA in Citrat erfolgt. In Plastiden kann Acetat importiert oder Acetyl-CoA über die Glycolyse gebildet werden. Acetat (oder auch andere Fettsäuren) können über einen zweistufigen Prozess aktiviert werden, der durch den Enzymkomplex **Thiokinase** katalysiert wird. Dabei wird zunächst mit einer Pyrophosphorylase ein AMP-Acyl gebildet, das dem Acylradikal genügend Energie verleiht, Coenzym A energiereich zu binden (Abb. 264). Der Vorgang ist analog zur Synthese von Polysacchariden: Zunächst aktiviert eine Pyrophosphorylase, bevor eine Synthase die eigentliche Übertragung katalysiert.

Für die Fettsäuresynthese ist ein weiterer Baustein erforderlich: **Malonyl-CoA** (aktivierte Malonsäure). Malonyl-CoA wird durch Carboxylierung aus Acetyl-CoA gewonnen. Das zuständige Enzym, die Acetyl-CoA-Carboxylase, besitzt eine prosthetische Gruppe, das **Biotin** (Abb. 265). Biotin ist ein zyklisches Harnstoffderivat mit einem Thiophenring. Es kann vom menschlichen Organismus nicht synthetisiert werden und muss als **Vitamin H** mit der Nahrung aufgenommen werden. Ernährungsbedingter Mangel an Biotin ist selten, da es von Bakterien der Darmflora ausreichend gebildet wird. Nur bei übermäßigem Verzehr von rohen Eiern kann ein Mangel induziert werden, da das im Eiklar vorhandene **Avidin** die Biotinaufnahme durch die Darmschleimhaut hemmt.

Das Substrat der **Acetyl-CoA-Carboxylase** ist Bicarbonat (Anion der Kohlensäure, Abb. 266). Bicarbonat wird unter Abspaltung von H_2O an Biotin angelagert, wobei das H_2O für die hydrolytische Spaltung von ATP her-

Abb. 263 Biosynthese von Glycerol-3-Phosphat aus Dihydroxyacetonphosphat (DHAP).

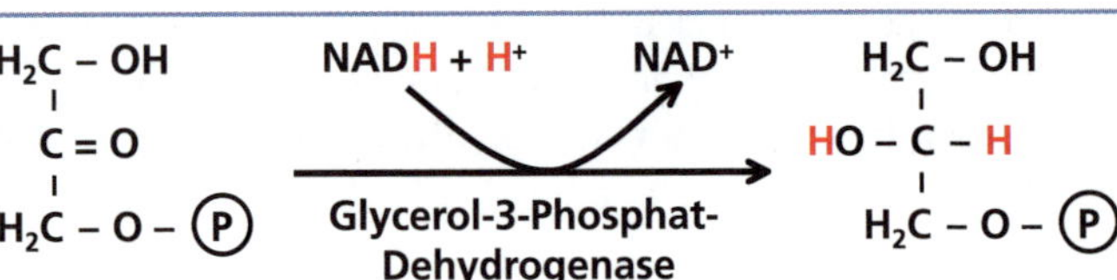

angezogen wird, welches die notwendige Energie liefert, um die Carboxylgruppe an Acetyl-CoA anzulagern. Es handelt sich damit um eine typische **Ligase-Reaktion**. Die Acetyl-CoA-Carboxylase steht am Anfang der Fettsäuresynthese und wird daher von verschiedenen Metaboliten allosterisch reguliert. Während Citrat und Isocitrat das Enzym aktivieren, wird es durch **Palmityl-CoA** über eine Feedback-Regulation gehemmt (Abb. 267), das durch Kettenverlängerung aus Malonyl-CoA gebildet wird und am Ende einer langen Reaktionsfolge steht.

Für die Kettenverlängerung, ausgehend von Acetyl-CoA und Malonyl-CoA, ist ein Multienzymkomplex (MG: 2,3 Mio.) zuständig, die **Fettsäu-**

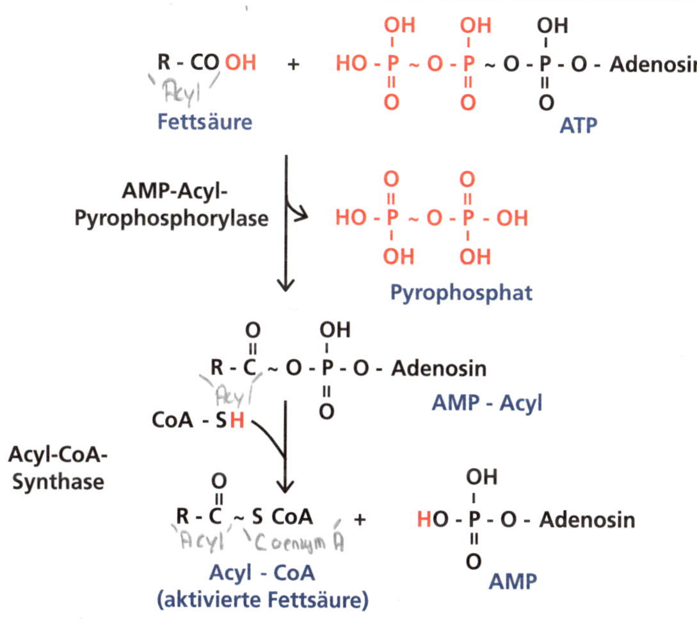

Abb. 264

Zweistufige Aktivierung einer Fettsäure mit dem Enzymkomplex Fettsäure-Thiokinase. Teilenzyme des Komplexes sind die AMP-Acyl-Pyrophosphorylase und die Acyl-CoA-Synthase.

```
        O
        ‖
        C
      /   \
H — N       N — H
    |       |
H — C ——— C — H
    |       |
  H2C       C — H
     \     /  \
       S        CH2 - CH2 - CH2 - CH2 - COOH
```

Abb. 265

Strukturformel der prosthetischen Gruppe Biotin. Am rot markierten H-Atom reagiert die Gruppe mit Bicarbonat unter Abspaltung von Wasser. Mit der Carboxylgruppe ist der Biotinylrest mit dem Enzym Acetyl-CoA-Carboxylase verestert.

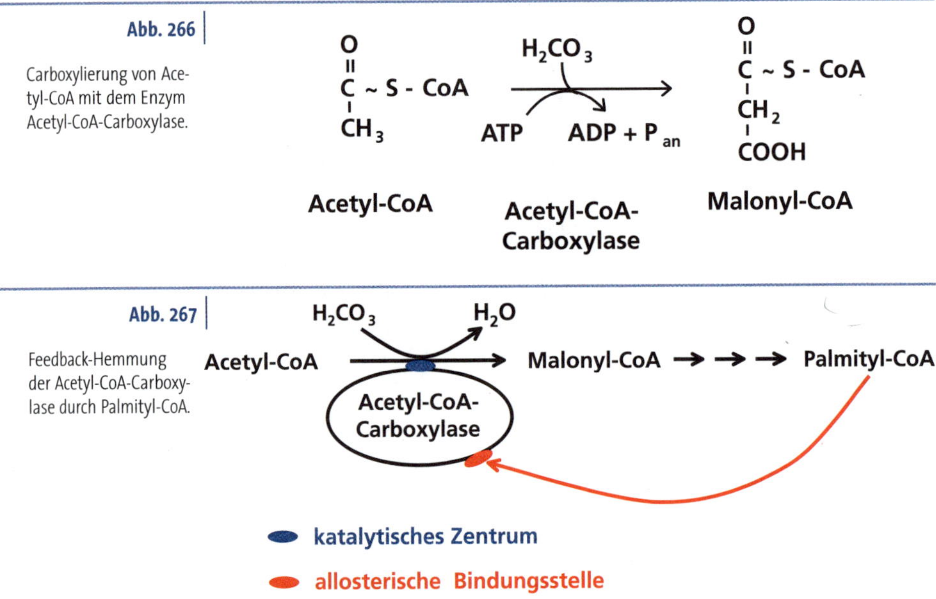

Abb. 266 Carboxylierung von Acetyl-CoA mit dem Enzym Acetyl-CoA-Carboxylase.

Abb. 267 Feedback-Hemmung der Acetyl-CoA-Carboxylase durch Palmityl-CoA.

re-Synthase. Sie besitzt sieben Reaktionsbereiche (Abb. 268). Charakteristisch sind außerdem zwei Thiolgruppen:

- Periphere Thiolgruppe
- Zentrale Thiolgruppe

Während die **periphere Thiolgruppe** am Reaktionsbereich 1 fest gebunden vorliegt, sitzt die **zentrale Thiolgruppe** an einem Peptidstrang, der wiederum eine Gruppe trägt, die dem Coenzym A ähnlich ist. An diesem „Arm" kann die zentrale Thiolgruppe wie an einem Uhrzeiger über die verschiedenen Reaktionsbereiche hinweg streichen und so die Teilreaktionen ermöglichen. Die einzelnen Teilreaktionen sind in Abb. 269 näher beschrieben. Man sieht, dass die C-Kette nach einer Reaktionsfolge um zwei C-Atome gewachsen ist. Dies ist der Grund für die gerade Anzahl von C-Atomen in den meisten der natürlich vorkommenden Fettsäuren. Am Ende beginnt die Reaktionsfolge erneut, bis ein Acyl mit einer Kettenlänge von 16 C-Atomen (Palmityl-CoA) vorliegt. **Palmityl-CoA** ist damit das Endprodukt dieser Reaktionsfolge. Eine weitere Kettenverlängerung zum **Stearyl-CoA** (18 C-Atome) erfolgt mit Einzelenzymen, die den Reaktionsbereichen der Fettsäure-Synthase ähnlich sind.

Die Biosynthese der Neutralfette beginnt mit der **Acylierung** (Def. 59) von Glycerol-3-Phosphat (Abb. 270). Dabei wird der Acylrest der aktivierten Fettsäure von der Glycerol-3-Phosphat-Acyl-Transferase spezifisch auf die C_1-Position des Glycerols übertragen. Das Enzym hat eine Präferenz für gesättigte Fettsäuren. Im zweiten Schritt erfolgt die Acylierung in der C_2-Position des Glycerols (Abb. 271), wobei das zuständige Enzym, die 1-Acyl-Glycerol-3-Phosphat-Acyl-Transferase, eher eine Präferenz für ungesättigte Fettsäuren besitzt. Es entsteht **Phosphatidat** (1,2-Diacyl-Glycerol-3-Phosphat), das Ausgangssubstrat für die Biosynthese sowohl der Neutralfette als auch der Phospholipide ist.

Ob Neutralfette oder Phospholipide synthetisiert werden, hängt von der Aktivität

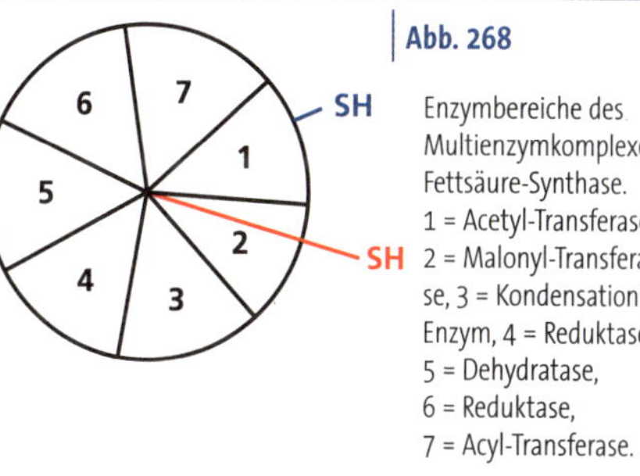

Abb. 268

Enzymbereiche des Multienzymkomplexes Fettsäure-Synthase. 1 = Acetyl-Transferase, 2 = Malonyl-Transferase, 3 = Kondensations-Enzym, 4 = Reduktase, 5 = Dehydratase, 6 = Reduktase, 7 = Acyl-Transferase.

Definition

Unter Acylierung versteht man die Übertragung eines Fettsäureradikals.

Abb. 269

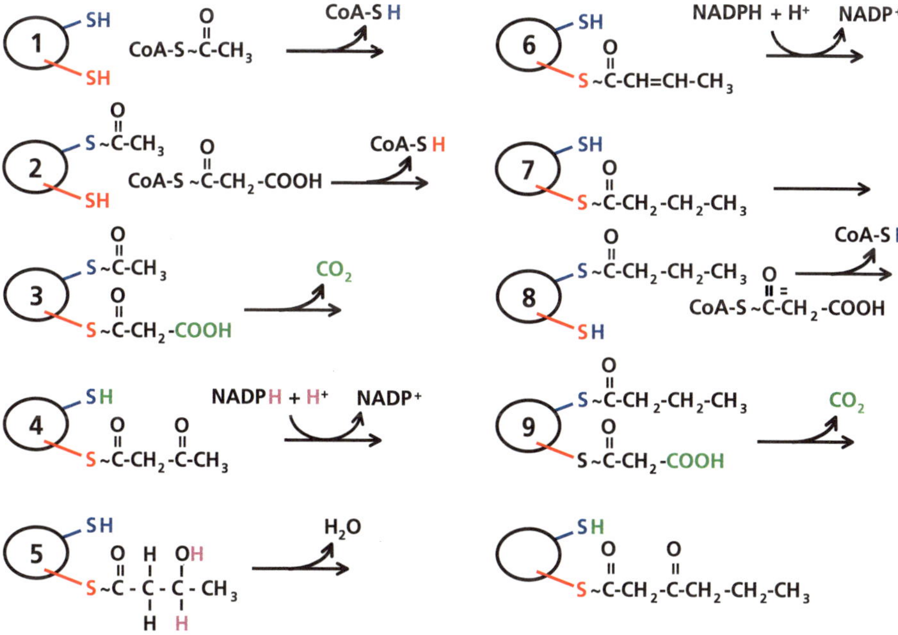

Teilreaktionen der Fettsäure-Synthase: **1** = Übertragung eines Acetyls auf die periphere Thiolgruppe, **2** = Übertragung eines Malonyls auf die zentrale Thiolgruppe, **3** = Kondensation unter Abspaltung von CO_2, **4** = Reduktion, **5** = Abspaltung von Wasser, **6** = Reduktion, **7** = Übertragung des Acyls von der zentralen auf die periphere Thiolgruppe, **8** = Übertragung eines Malonyls auf die zentrale Thiolgruppe, **9** = Fortsetzung der Synthese mit der Kondensation.

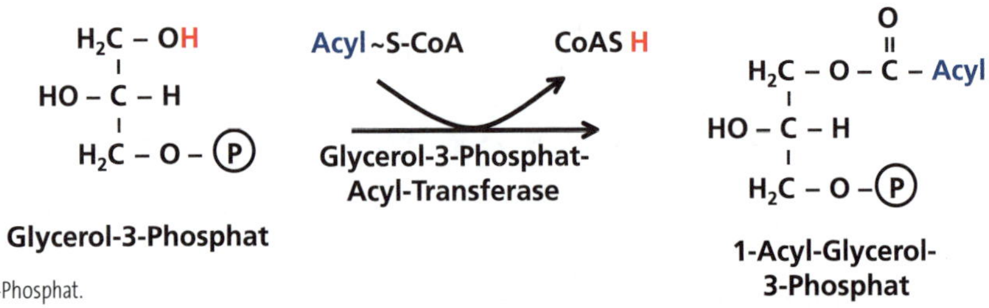

H_2C-OH

$HO-C-H$

H_2C-O- (P)

Glycerol-3-Phosphat

Acyl~S-CoA → CoAS H

Glycerol-3-Phosphat-Acyl-Transferase

$H_2C-O-C(=O)-Acyl$

$HO-C-H$

H_2C-O- (P)

1-Acyl-Glycerol-3-Phosphat

Abb. 270 | Acylierung von Glycerol-3-Phosphat.

$H_2C-O-C(=O)-Acyl$

$HO-C-H$

H_2C-O- (P)

1- Acyl-Glycerol-3-Phosphat

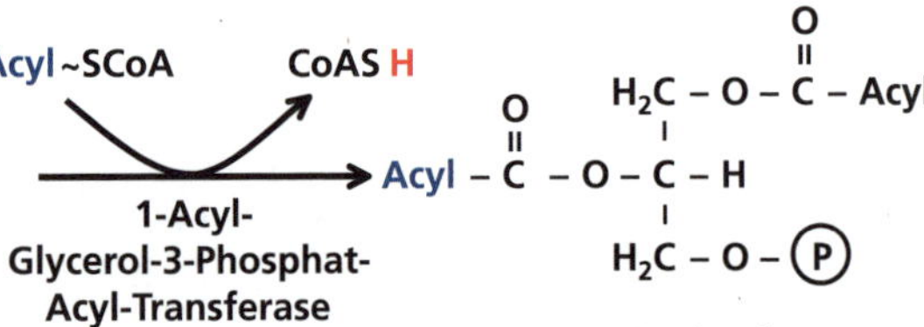

Abb. 271 | Acylierung von 1-Acyl-Glycerol-3-Phosphat.

$H_2C-O-C(=O)-Acyl$

$Acyl-C(=O)-O-C-H$

H_2C-O- (P)

Phosphatidat

H_2O → P_{an}

Phosphatidat-Phosphohydrolase

$H_2C-O-C(=O)-Acyl$

$Acyl-C(=O)-O-C-H$

H_2C-OH

1,2-Diacylglycerol

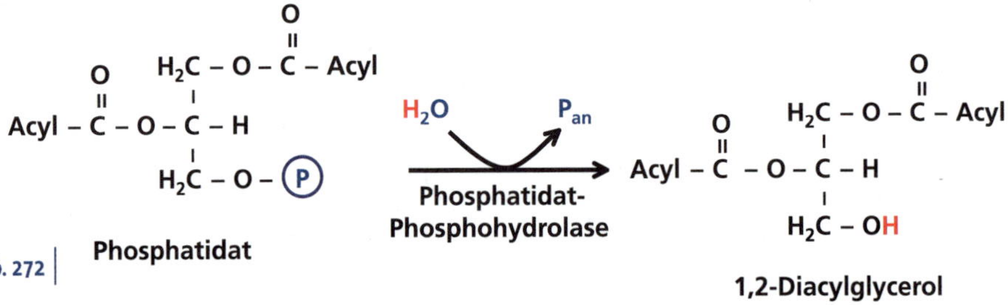

Abb. 272 | Dephosphorylierung von Phosphatidat.

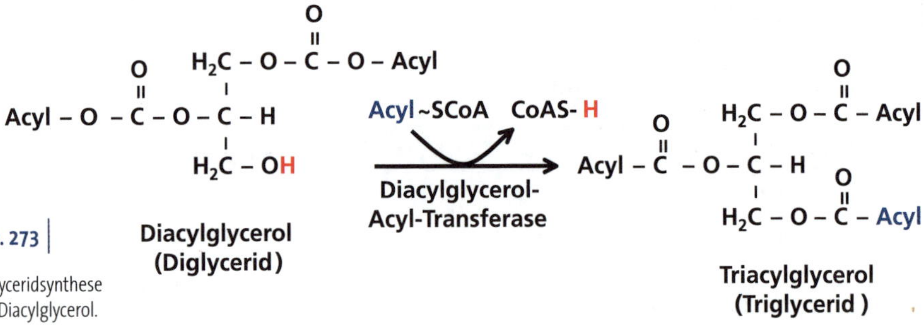

$H_2C-O-C(=O)-O-Acyl$

$Acyl-O-C(=O)-O-C-H$

H_2C-OH

Diacylglycerol (Diglycerid)

Acyl~SCoA → CoAS- H

Diacylglycerol-Acyl-Transferase

$H_2C-O-C(=O)-Acyl$

$Acyl-C(=O)-O-C-H$

$H_2C-O-C(=O)-Acyl$

Triacylglycerol (Triglycerid)

Abb. 273 | Triglyceridsynthese aus Diacylglycerol.

des Enzyms **Phosphatidat-Phosphohydrolase** ab (Abb. 272). Dieses Enzym ist Teil des Komplexes **Triacylglycerol-Synthase**, der nach Abspaltung des Phosphats die Acylierung an der C_3-Position mittels **Diacylglycerol-Acyl-Transferase** katalysiert (Abb. 273). Die Regulation der Phosphatidat-Phosphohydrolase erfolgt in Abhängigkeit vom Energiezustand. Bei hoher Aktivität des Enzyms werden Neutralfette synthetisiert. Bei schlechtem Energiezustand liegt es frei im Cytosol vor, ist aber dann inaktiv. Bei gutem Energiezustand der Zelle bindet es an das Endoplasmatische Reticulum, wird aktiviert und bildet mit der Diacylglycerol-Acyl-Transferase den Komplex Triacylglycerol-Synthase.

In pflanzlichen Neutralfetten erfolgt häufig eine Übertragung des Palmitylrests auf Position 1 und des Oleylrests (→ Def.) auf Position 2 des Glycerols. In vielen Samen kommen allerdings viele mehrfach ungesättigte Fettsäuren vor. Diese Anreicherung erfolgt, indem ein Teil des Diacylglycerol-Pools in Phosphatidylcholin überführt wird. Die Acylreste werden mit Desaturasen am Endoplasmatischen Reticulum desaturiert. Die Umwandlung in Phosphatidylcholin ist reversibel, so dass im Diacylglycerol-Pool mehrfach ungesättigte Fettsäuren angereichert werden, und Neutralfette mit großem Anteil an mehrfach ungesättigten Fettsäuren entstehen.

Definition

Oleyl ist das Radikal der Ölsäure.

Bei geringer Aktivität der Phosphatidat-Phosphohydrolase werden Phospholipide synthetisiert. Dazu wird Phosphatidat zunächst mit Hilfe des Coenzyms **Cytidintriphosphat** (Abb. 274) aktiviert. Cytidintriphosphat (CTP) ist ähnlich aufgebaut wie ATP. Anstelle der Stickstoffbase Adenin ist Cytosin N-glycosidisch mit dem Ribosylrest verknüpft. Wie im ATP liegen im CTP zwei energiereiche Bindungen vor, die für endergone Reaktionen genutzt werden können. Eine Pyrophosphorylase aktiviert Phosphatidat zu CDP-Diacylglycerol (Abb. 275). Unter Abspaltung von Cytidinmonophosphat (CMP) überträgt die Phosphatidylserin-Synthase anschließend einen Serinrest unter Bildung eines Phospholipids, dem Phosphatidylserin (Abb. 276). Decarboxylierung von Phosphatidylse-

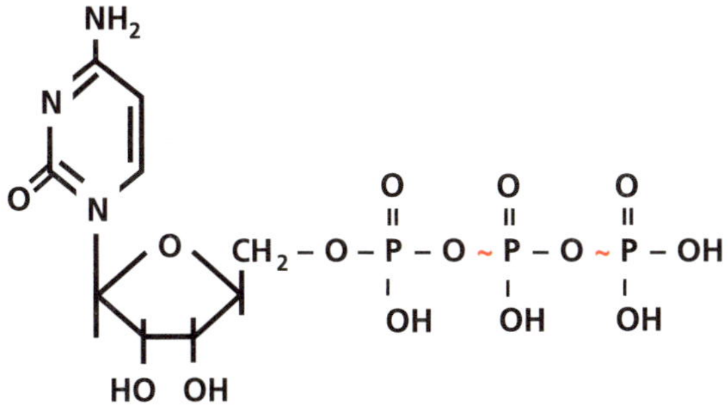

NH2
N
O
N
O
CH_2 – O – P – O ~ P – O ~ P – OH
O O O
OH OH OH
HO OH

Abb. 274

Strukturformel von Cytidintriphosphat (CTP).

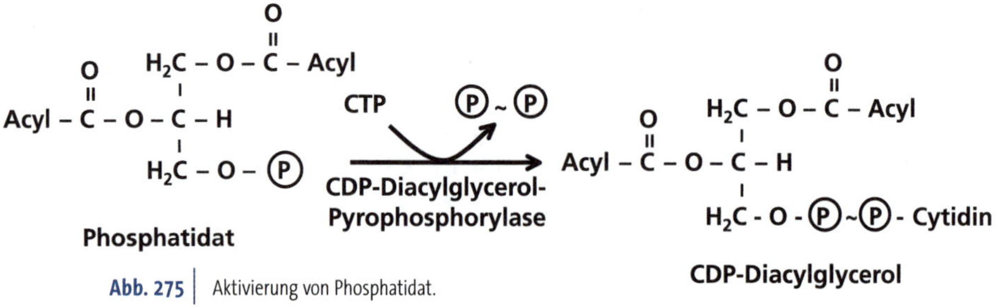

Phosphatidat

CTP → $Ⓟ \sim Ⓟ$

CDP-Diacylglycerol-Pyrophosphorylase

CDP-Diacylglycerol

Abb. 275 | Aktivierung von Phosphatidat.

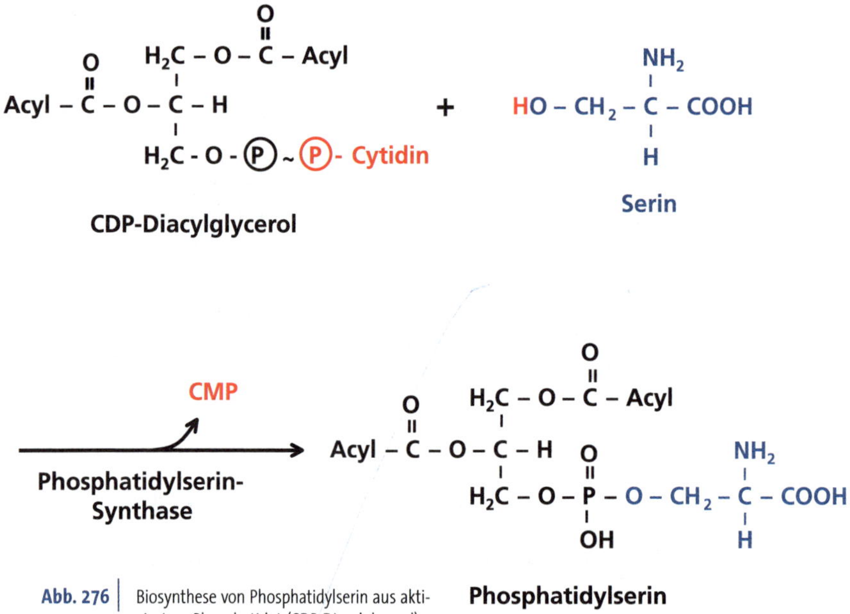

CDP-Diacylglycerol + Serin

CMP

Phosphatidylserin-Synthase

Phosphatidylserin

Abb. 276 | Biosynthese von Phosphatidylserin aus aktiviertem Phosphatidat (CDP-Diacylglycerol).

Phosphatidylethanolamin

$3 \cdot CH_3$ → $3\,H$

Methyl-Transferase

Phosphatidylcholin

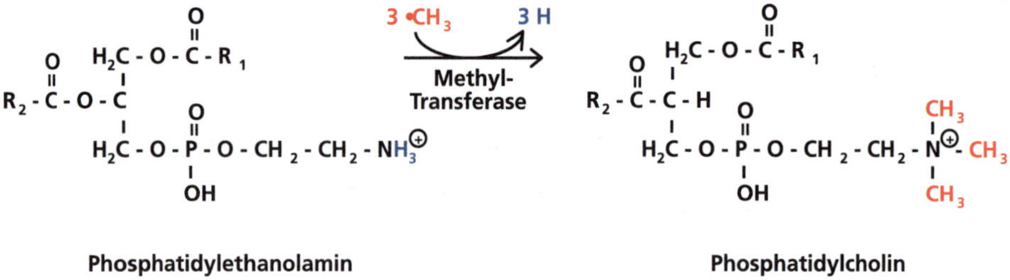

Abb. 277 | Biosynthese von Phosphatidylcholin durch Methyl-Übertragung auf Phosphatidylethanolamin.

Box 12

Methionin ist ein wichtiger Lieferant für Methylgruppen

Die S-haltige Aminosäure Methionin enthält nicht wie Cystein eine freie Thiolgruppe, sondern das H-Atom dieser Gruppe ist durch ein Methylradikal substituiert. Es kann auf andere Moleküle übertragen werden, wobei zunächst eine Aktivierung mit ATP erforderlich ist. Dabei wird das Radikal Adenosyl mit der S-Adenoslymethionin-Synthase am S-Atom gebunden (Abb. 278). Die positive Aufladung befähigt eine Methyltransferase, das Methylradikal zu übertragen.

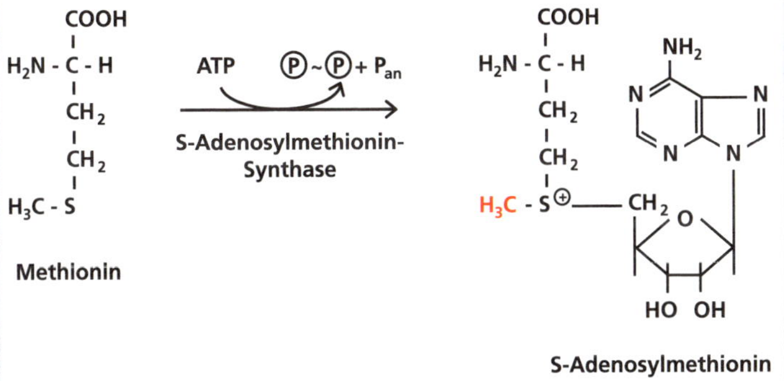

Abb. 278

Aktivierung von Methionin mit dem Enzym S-Adenosylmethionin-Synthase.

rin ergibt Phosphatidylethanolamin (Kephalin, vgl. Abb. 243), aus dem durch dreifache Übertragung von Methylradikalen Phosphatidylcholin gebildet werden kann (Abb. 277). Dabei dient Methionin als **Methyldonator** (Info-Box 12).

Lipidabbau 8.4

Der Abbau der Neutralfette beginnt mit der hydrolytischen Spaltung des Triglycerids in Glycerol und Fettsäuren durch **Lipasen** (Abb. 279). Der weitere Abbau erfordert zunächst Energie in Form von ATP. So wird Glycerol zu Glycerol-3-Phosphat phosphoryliert und anschließend zu Dihydroxyacetonphosphat (DHAP) oxidiert (Abb. 280). DHAP kann entweder in den Kohlenhydratmetabolismus eingeschleust oder über die Glycolyse zur Energiegewinnung weiter metabolisiert werden. Auch die Fettsäuren müssen zunächst aktiviert werden (Abb. 264).

Abb. 279

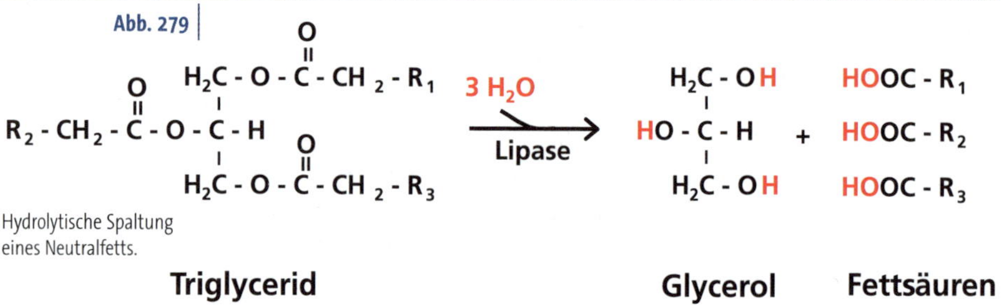

$$\begin{array}{l} \text{O} \\ \| \\ R_2-CH_2-C-O-C-H \end{array} \quad \begin{array}{l} H_2C-O-\overset{\overset{\Large O}{\|}}{C}-CH_2-R_1 \\ | \\ \quad\; | \\ H_2C-O-\overset{\overset{\Large O}{\|}}{C}-CH_2-R_3 \end{array} \xrightarrow[\text{Lipase}]{3\,H_2O} \begin{array}{c} H_2C-OH \\ | \\ HO-C-H \\ | \\ H_2C-OH \end{array} + \begin{array}{c} HOOC-R_1 \\ HOOC-R_2 \\ HOOC-R_3 \end{array}$$

Triglycerid → **Glycerol** + **Fettsäuren**

Hydrolytische Spaltung eines Neutralfetts.

Abb. 280

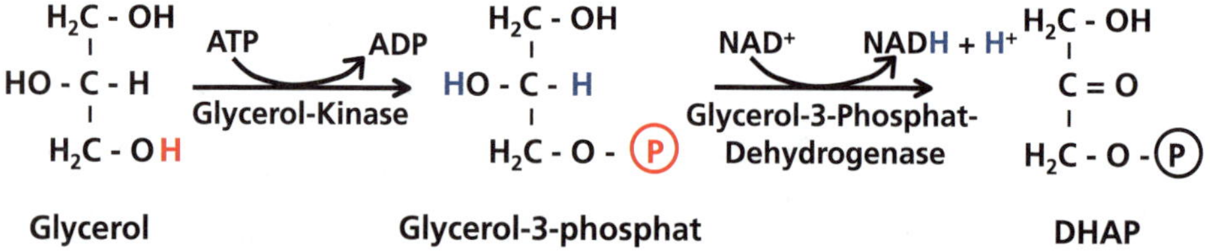

$$\begin{array}{c} H_2C-OH \\ | \\ HO-C-H \\ | \\ H_2C-OH \end{array} \xrightarrow[\text{Glycerol-Kinase}]{ATP \;\to\; ADP} \begin{array}{c} H_2C-OH \\ | \\ HO-C-H \\ | \\ H_2C-O-(P) \end{array} \xrightarrow[\text{Glycerol-3-Phosphat-Dehydrogenase}]{NAD^+ \;\to\; NADH + H^+} \begin{array}{c} H_2C-OH \\ | \\ C=O \\ | \\ H_2C-O-(P) \end{array}$$

Glycerol → **Glycerol-3-phosphat** → **DHAP**

Abbau von Glycerol zu Dihydroxyacetonphosphat (DHAP).

Abb. 281

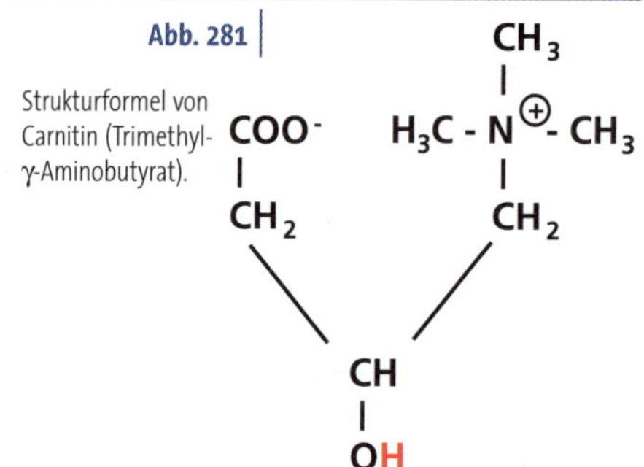

Strukturformel von Carnitin (Trimethyl-γ-Aminobutyrat).

Der Abbau der aktivierten Fettsäuren erfolgt in der **Matrix der Mitochondrien**. Hierzu müssen die aktivierten Fettsäuren die äußere und innere Mitochondrienmembran überwinden. Während die äußere Membran gut permeabel ist, stellt die innere Membran eine Barriere dar, die mit dem Carrier **Carnitin** (Abb. 281) überwunden wird. Carnitin ist ein Zwitterion, das an der dissozierten Carboxylgruppe eine negative und am methylierten N-Atom eine positive Ladung trägt. Man geht davon aus, dass sich diese beiden Ladungen gegenseitig aufheben und so einen lipophilen Bereich schaffen. Das H-Atom der Hydroxylgruppe kann durch ein Acyl substituiert werden, das so von Carnitin gebunden und durch die innere Mitochondrienmembran transportiert wird. In der Matrix wird das Acyl wieder von einem Coenzym A in Empfang genommen und energiereich gebunden (Abb. 282).

Der Abbau der aktivierten Fettsäuren erfolgt in der Matrix der Mitochondrien in einer Reaktionsfolge, die als **β-Oxidation der Fettsäuren** bezeichnet wird (Abb. 283). Der Name deutet an, dass das C-Atom in β-Position der Fettsäurekette bis zur Bildung einer Ketogruppe oxidiert

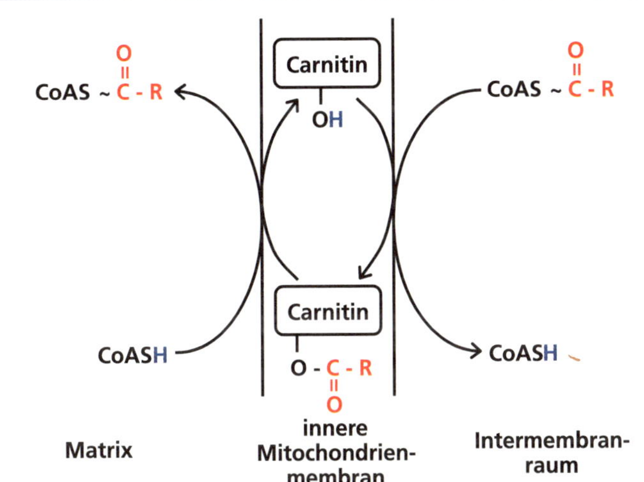

Abb. 282

Transport von Fettsäuren durch die innere Mitochondrienmembran.

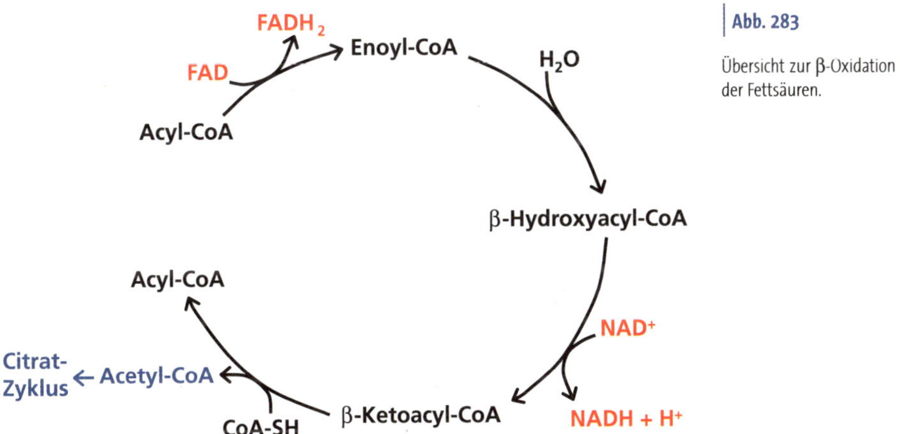

Abb. 283

Übersicht zur β-Oxidation der Fettsäuren.

wird. Hierzu wird das Acyl-CoA zunächst mit einer Acyl-CoA-Dehydrogenase zu Enoyl-CoA oxidiert. Die gewonnenen Elektronen können in die Atmungskette eingespeist werden. Nach Wasseranlagerung erfolgt eine zweite Oxidation unter Bildung eines β-Ketoyl-CoA, von dem schließlich mit einer Thiolyase ein Acetyl-CoA abgespalten wird, das in den Citrat-Zyklus einfließen kann (Abb. 284). Man sieht, dass auch die Abbauprodukte der Fettsäuren in die Stoffwechselwege einmünden, die dem oxidativen Abbau der Kohlenhydrate dienen.

Abb. 284

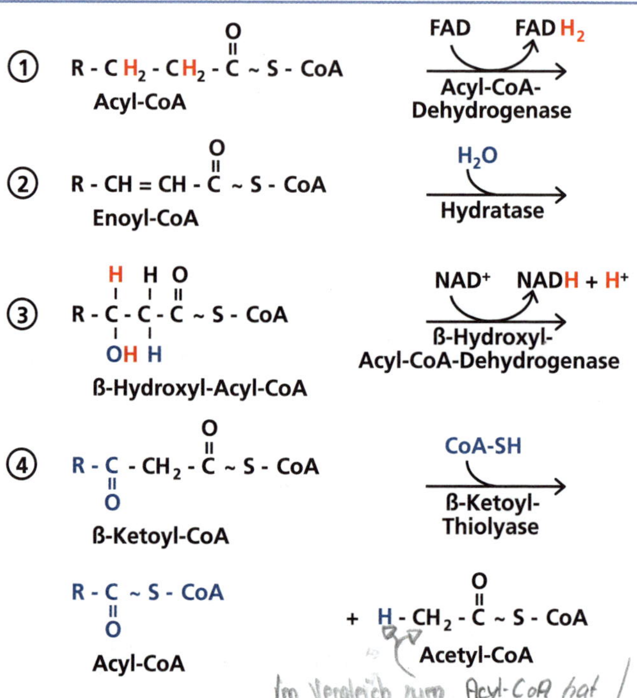

Abb. 284: β-Oxidation und Abspaltung von Acetyl-CoA von einer aktivierten Fettsäure.

Fragen

1. Wie sind Neutralfette strukturiert?
2. Wodurch wird der Schmelzpunkt von Neutralfetten beeinflusst?
3. Nennen Sie Lipoide einer Biomembran!
4. Durch welche Bindungen wird die Lipiddoppelschicht stabilisiert und welche Umweltfaktoren beeinträchtigen diese Bindungen?
5. Welche Funktionen haben Sterole im menschlichen Organismus?
6. Nennen Sie die fettlöslichen Vitamine in der menschlichen Ernährung!
7. Wie sind Wachse und Terpene strukturiert?
8. Vergleichen Sie die Orte der Fettsynthese und die Fettverlagerung in tierischen und pflanzlichen Organismen!
9. Woher stammen die Bausteine der Fettsynthese?
10. Was ist Biotin?
11. Wie funktioniert die Fettsäure-Synthase?
12. Beschreiben Sie die Biosynthese der Neutralfette!
13. Wie erreichen Pflanzen den hohen Anteil von ungesättigten Fettsäuren in den Neutralfetten ihrer Samen?

Fragen – Fortsetzung

14 Welche Schritte sind für die Synthese von Phosphatidylcholin aus Phosphatidylethanolamin erforderlich?

15 Wie erfolgt die Spaltung der Neutralfette?

16 Was ist Carnitin und welche Rolle kommt ihm beim Abbau von Fettsären zu?

17 Wie werden Fettsäuren oxidiert?

9 | Stickstoff-Assimilation

Inhalt

Die biologische N_2-Fixierung kann nur von bestimmten Prokaryoten durchgeführt werden, die das Enzym Nitrogenase besitzen. Die assimilatorische Reduktion von Nitrat über Nitrit zu Ammoniak der Pflanzen erfolgt im Cytosol bzw. in Plastiden. Die Ammonium-Assimilation stellt die erste Aminosäure, Glutamat, bereit, die über Transaminierungsreaktionen und spezifische Synthesewege in den Aminosäurefamilien umgeformt werden kann. Essentielle Aminosäuren müssen vom menschlichen Organismus mit der Nahrung aufgenommen werden. Ihr Anteil bestimmt die biologische Wertigkeit der Proteine.

9.1 | Überblick

Ähnlich wie Kohlenstoff zählt auch Stickstoff (N) zu den Elementen, die durch Assimilation in organische Substanz eingebaut werden (vgl. Def. 70). Im Vergleich zu Kohlenstoff findet die Assimilation jedoch auf verschiedenen Stufen statt und die einzelnen Organismengruppen sind in unterschiedlichem Maße zur Biosynthese von Stickstoffverbindungen befähigt. So können selbst Pflanzen den molekularen Luftstickstoff (N_2) nicht assimilieren, sondern sind auf die biochemischen Fähigkeiten bestimmter Bakterien angewiesen. Pflanzen können andererseits oxidierten oder reduzierten Stickstoff in Form von Nitrat (NO_3^-) oder Ammonium (NH_4^+) assimilieren und liefern so Grundgerüste für die Aminosäuresynthese des tierischen Organismus. Der Mensch kann selbst bestimmte Aminosäuren nicht synthetisieren und muss sie mit der Nahrung aufnehmen.

9.2 | Biologische N_2-Fixierung

Die Erdatmosphäre enthält mit 78% N_2, 21% O_2 und 1% Spurengasen große Mengen an Stickstoff. Dieser Stickstoff ist jedoch für alle Eukaryoten unerreichbar, da sie die Dreifachbindung zwischen den beiden N-Atomen nicht spalten können. Nur bestimmte Prokaryoten (manche Bakterien und Vertreter aus der Gruppe der Archaea) besitzen ein Enzym, die **Nitrogenase**, das N_2 reduzieren und protonieren kann (Abb. 285). Dieser Prozess wird als **N_2-Fixierung** bezeichnet (→ Def.). Es handelt sich um einen exergonen Prozess (ΔG^o = -55 kJ/mol N_2), es wird also Energie freigesetzt. Allerdings ist die Dreifachbindung zwischen den N-Atomen unter physiologischen Bedingungen sehr stabil. Es muss daher zunächst enorme Energie (Aktivierungsenergie) aufgebracht werden, um diese Bindung zu spalten. Trotz des Einsatzes von Katalysatoren muss bei der technischen N_2-Fixierung zur Produktion von Stickstoff-Düngemitteln im **Haber-Bosch-Verfahren** ein Druck von 20 MPa (200 bar) und eine Temperatur von 500 °C aufgewandt werden, um die Reaktion zu ermöglichen.

Definition

N_2-Fixierung ist die Reduktion und Protonierung von N_2 zu NH_3.

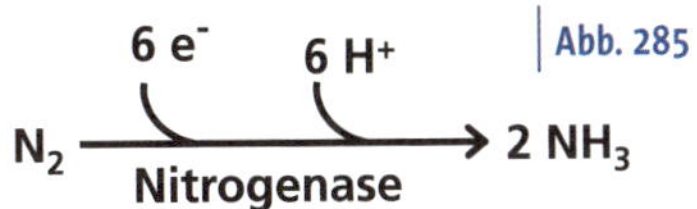

Abb. 285

Biochemische Reaktion der N_2-Fixierung mit dem Enzym Nitrogenase.

Biologische Systeme, die N_2 fixieren können, haben mit dem Enzym Nitrogenase einen eleganteren Weg gefunden: Die Reaktion kann bei physiologischer Temperatur und physiologischem Druck durchgeführt werden, indem die notwendige Aktivierungsenergie extrem herabgesetzt wird (vgl. Kapitel 1.2). Das Enzym besteht aus zwei Komponenten, der **Dinitrogenase-Reduktase** (kleine Komponente) und der **Dinitrogenase** (große Komponente, Abb. 286). Die kleine Komponente (Molekulargewicht 60.000) besteht aus zwei identischen Untereinheiten, die mit einem tetranuclearen Fe-S-Komplex und ATP zusammengehalten werden. Sie erhält Elektronen von einem dem Ferredoxin ähnlichen Protein und kann diese Elektronen an die große Komponente abgeben. Hierfür ist jedoch zusätzliche Energie erforderlich. Für jedes Elektron, das weitergegeben wird, müssen zwei Moleküle ATP gespalten werden. Neben den erforderlichen Elektronen für die Reduktion ist dies der Grund für den trotz der katalytischen Leistung der Nitrogenase enormen Energiebedarf.

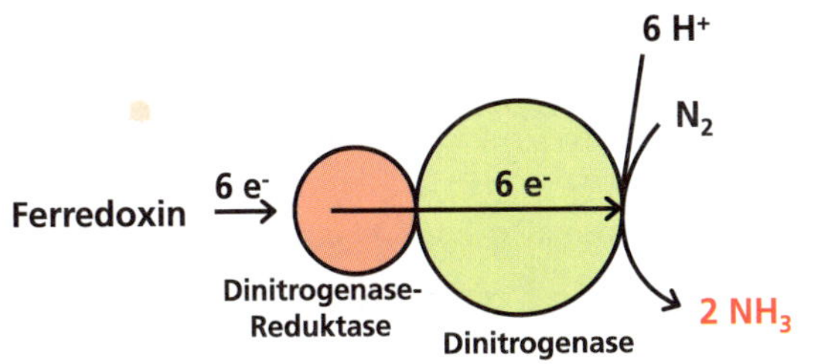

Abb. 286

Das Enzym Nitrogenase besteht aus den Komponenten Dinitrogenase-Reduktase und Dinitrogenase.

Elektronen erhält Ferredoxin von NADH + H^+, das überwiegend aus dem Citrat-Zyklus stammt (vgl. Abb. 205). Obwohl das physiologische Standard-Redoxpotential von Ferredoxin (E_0' = -0,43 V) negativer als dasjenige von NADH + H^+ (E_0' = -0,32 V) ist, kann es Elektronen aufnehmen; allerdings nur, wenn die reduzierte Form (NADH + H^+) gegenüber der oxidierten Form (NAD^+) stark überwiegt (vgl. die Nernst-Gleichung in Abb. 62). Es muss also vom Stoffwechsel ein ständiger „Elektronendruck"

Box 13

Angepasste Lebensweise N_2-fixierender Prokaryoten

Die verschiedensten Familien bzw. Gattungen von Prokaryoten sind zur N_2-Fixierung befähigt (Tab. 14). Neben den freilebenden Bakterien haben sich manche mit höheren Pflanzen zu Assoziationen oder Symbiosen zusammengeschlossen. Während freilebende Bakterien nur eine geringe N_2-Fixierungsleistung erreichen, ist diejenige von Assoziationen, besonders aber von Symbiosen, wesentlich besser. Ausschlaggebend sind drei limitierende Faktoren, die besonders in Symbiosen überwunden werden:

Symbiose ist eine enge Lebensgemeinschaft zwischen zwei (oder mehr) Organismen, aus der beide einen Vorteil ziehen.

- Versorgung der Bakterien mit Assimilaten der Pflanze
- Abtransport von reduziertem Stickstoff
- Schutz der Nitrogenase vor hohem O_2-Partialdruck durch eine O_2-Diffusionsbarriere

Die N_2-Fixierung wird wesentlich durch ihren hohen Energiebedarf eingeschränkt. Photoautotrophe Bakterien, wie zum Beispiel die Cyanobakterien, können über eigene Photosynthese **Assimilate** selbst herstel-

Tab. 9.14 | **Beispiele für N_2-fixierende Bakterien.**

Gattung	Leistung (kg N ha^{-1} $Jahr^{-1}$)	Gattung	Leistung (kg N ha^{-1} $Jahr^{-1}$)
Freilebend:	10–20	Symbiose:	
Azotobacter		*Anabaena*	50–100
Beijerinckia		*Frankia*	50–100
Clostridium		*Rhizobium*	50–400
Cyanobakterien	50–100	*Bradyrhizobium*	50–200
Assoziation:			
Acetobacter	> 100		
Azotobacter	40–80		

aufgebaut werden, um die Reduktion zu ermöglichen. Auch dies erklärt den hohen Energiebedarf der N_2-Fixierung.

Die große Komponente (Molekulargewicht 220.000) benutzt die Elektronen zur Reduktion von N_2. Im katalytischen Zentrum besitzt die Dinitrogenase eine Vielzahl von Fe- und S-Atomen, weshalb eine gute Versorgung mit diesen Elementen für eine funktionsfähige N_2-Fixierung wichtig ist. Darüber hinaus besitzen die meisten Nitrogenasen im

len. Sie zeigen daher eine größere Leistungsfähigkeit als andere freilebende N_2-Fixierer. Auch Assoziationen profitieren von einer besseren Versorgung mit Assimilaten, indem sie eine relativ enge Lebensgemeinschaft mit Pflanzen eingehen, die Assimilate zum Beispiel in den wurzelnahen Raum abgeben. Hierbei handelt es sich jedoch nicht um eine **Symbiose** (→ Def.), da die Pflanze von dem fixierten Stickstoff nur profitieren kann, wenn die Bakterien absterben und der fixierte Stickstoff durch **Mineralisation** (→ Def.) verfügbar wird.

Der Vorteil der Symbiosen in Bezug auf die Leistungsfähigkeit der N_2-Fixierung beruht darauf, dass die drei oben genannten limitierenden Faktoren überwunden werden: Es werden nicht nur Assimilate in ausreichender Menge bereitgestellt, sondern der **Abtransport des reduzierten Stickstoffs** garantiert, dass es nicht zu einer Produkthemmung der Nitrogenase kommt. Neben der Ausbildung von neuen Organellen, den **Symbiosomen** (→ Def.), kommt es in der Rhizobium-Leguminosen-Symbiose auch zur Entwicklung neuer Organe, den Knöllchen (Abb. 287). Diese Knöllchen enthalten unter anderem eine wirksame **O_2-Diffusionsbarriere**, die die Nitrogenase vor toxischen O_2-Konzentrationen schützt.

Abb. 287

Wurzelknöllchen der Sojabohne (Photo: SCHUBERT).

Unter Mineralisation versteht man den mikrobiellen Abbau organischer Substanz, wobei Pflanzennährstoffe in zum Teil verfügbarer Form (zum Beispiel NH_4^+ oder NO_3^-) freigesetzt werden.

Symbiosomen sind Organellen, die differenzierte Bakterien (sogenannte Bakteroide) enthalten. Sie werden von der Peribakteroidmembran, die sich vom Plasmalemma der Wirtszelle ableitet, umhüllt. Im Gegensatz zu Plastiden und Mitochondrien werden sie nicht von einer Generation zur nächsten vererbt, sondern müssen durch bakterielle Infektion in jeder Generation neu gebildet werden.

katalytischen Zentrum Molybdän (Mo), das an der Reduktion beteiligt ist. Nitrogenasen mancher Prokaryoten enthalten im katalytischen Zentrum anstelle von Mo Vanadium (V) oder Eisen (Fe). Prokaryoten aus den verschiedensten Familien bzw. Gattungen sind zur N_2-Fixierung befähigt (Info-Box 13).

9.3 | Nitrat-Reduktion

Die Reduktion von Nitrat kann dissimilatorisch oder assimilatorisch erfolgen (vgl. Def. S. 70). Die dissimilatorische Reduktion von Nitrat wird von Mikroorganismen durchgeführt, die anaerob leben und anstelle von Sauerstoff Nitrat als Elektronenakzeptor am Ende der Atmungskette benutzen. Dabei entstehen mittels einer **dissimilatorischen Nitrat-Reduktase** molekularer Luftstickstoff (N_2) und Lachgas (N_2O). Ziel ist wie in der aeroben Atmungskette (vgl. Kapitel 7.6) die Gewinnung von ATP mittels chemiosmotischer Phosphorylierung. Bei der pflanzlichen Reduktion von Nitrat handelt es sich um einen zweistufigen Prozess, der der **Nitrat-Assimilation** dient (Abb. 288) und von zwei Enzymen katalysiert wird:

- Nitrat-Reduktase
- Nitrit-Reduktase

Die **Nitrat-Reduktase** ist im Cytosol lokalisiert und kann Elektronen über NADH + H^+ direkt aus der Glycolyse oder indirekt über Shuttle-Systeme aus Chloroplasten oder Mitochondrien erhalten. Die Nitrat-Reduktase enthält drei prosthetische Gruppen:

- FAD
- Cytochrom
- Mo-Cofaktor

Ähnlich wie in der Atmungskette werden die Elektronen, ausgehend von NADH + H^+, über die prosthetischen Gruppen auf Sauerstoff geleitet, der zu H_2O reduziert wird (Abb. 289). Es entsteht Nitrit. Da sich die **Nitrit-Reduktase** in Plastiden befindet, muss Nitrit die äußere und innere Plastidenmembran überwinden. Für das Anion NO_2^- ist die innere Membran schlecht permeabel. Als Anion einer schwachen Säure kann es jedoch protoniert werden und kann als ungeladene Salpetrige Säure (HNO_2)

Abb. 288 | Assimilatorische Reduktion von Nitrat in Pflanzen mit den Enzymen Nitrat-Reduktase und Nitrit-Reduktase.

$$NO_3^- \xrightarrow{\text{Nitrat-Reduktase}} NO_2^- \xrightarrow{\text{Nitrit-Reduktase}} NH_3$$

Nitrat — Nitrit — Ammoniak

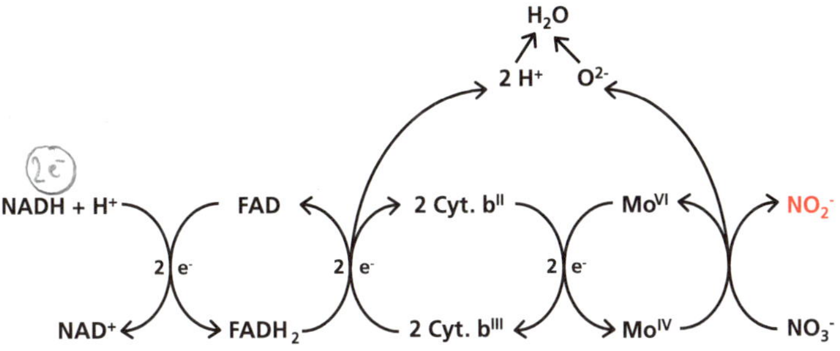

Abb. 289

Übertragung von Elektronen auf NO_3^- mit Hilfe der prosthetischen Gruppen der Nitrat-Reduktase.

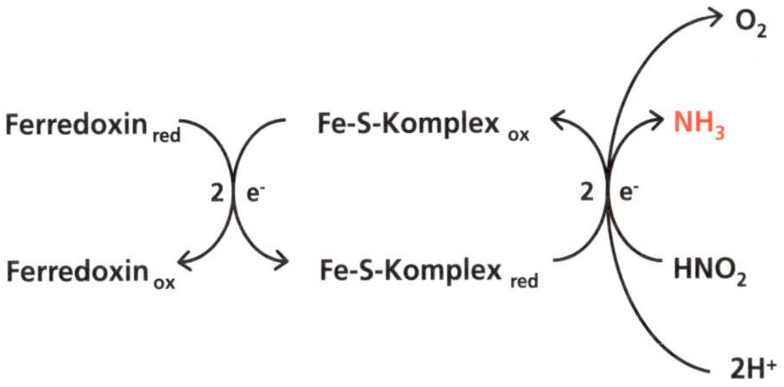

Abb. 290

Übertragung von Elektronen auf NO_2^- mit Hilfe der prosthetischen Gruppen der Nitrit-Reduktase.

über Diffusion die Membran durchdringen. In Chloroplasten erhält die Nitrit-Reduktase die Elektronen über Ferredoxin aus der photosynthetischen Elektronentransportkette, in nicht photosynthetisch aktiven Plastiden, zum Beispiel in Wurzeln, aus der direkten Glucoseoxidation. Die Nitrit-Reduktase enthält zwei prosthetische Gruppen:

- Tetranuclearer Fe-S-Komplex
- Sirohäm

Sirohäm enthält hämartig gebundenes Eisen und überträgt die Elektronen vom **Fe-S-Komplex** auf Nitrit, das zu Ammoniak reduziert wird (Abb. 290).

Das potentiell toxische Nitrit (Info-Box 14) wird vom pflanzlichen Organismus zumeist rasch zu Ammoniak reduziert. Nitrat kann jedoch mikrobiologisch in Nitrit umgewandelt werden. Auch bei langer Lagerung von Gemüse bei hohen Temperaturen im Dunkeln kann es zur Nitritakkumulation kommen, da zwar noch die Nitrat-Reduktase, nicht aber die Nitrit-Reduktase aktiv ist. Dem zweiten Enzym fehlen im Dunkeln die Elektronen aus der photosynthetischen Elektronentransportkette. Aus diesen Gründen wurden strenge Richt- und Grenzwerte für Nitratkonzentrationen in Gemüse festgelegt (Tab. 15).

Tab. 9.15 **Deutsche Richt- und Grenzwerte* für die Nitratkonzentration in Nahrungsmitteln.**

Nahrungsmittel	mg NO_3^-/kg Frischmasse	Nahrungsmittel	mg NO_3^-/kg Frischmasse
Diät-/Babynahrung	250*	Rote Rüben	3000
Kopf-/Eissalat	3000	Radieschen/Rettich	3000
Spinat	2000	Feldsalat	2500

Box 14

Ernährungsphysiologische Probleme des Nitrits

Im sauren Milieu wird Nitrit zu Salpetriger Säure protoniert, die in Nitrosyl und Hydroxyl aufspalten kann (Abb. 291). Das Nitrosyl kann sich an das reduzierte Eisen des Hämoglobins anlagern und es zu dreiwertigem Eisen oxidieren (Abb. 292). In diesem Zustand kann Hämoglobin keinen Sauerstoff anlagern, so dass der O_2-Transport im Blut gehemmt wird. Es kann zu einer Unterversorgung mit O_2 kommen, die in schweren Fällen zum Erstickungstod führt. Die betroffenen Patienten laufen blau an, weshalb die Krankheit als Blausucht oder **Methämoglobinanämie** bezeichnet wird. Sie tritt besonders bei Säuglingen auf. Auch bei Wiederkäuern kann es zur Methämoglobinanämie kommen, während der erwachsene Mensch unempfindlich ist.

Ein zweiter Grund für die potentiell toxische Wirkung von Nitrit beruht auf der Bildung von **Nitrosaminen** aus sekundären Aminen mit Nitrosyl (Abb. 293). Nitrosamine wirken cancerogen. Inwieweit jedoch Nitrit in Lebensmitteln zur Bildung von Nitrosaminen beiträgt, ist umstritten, da die Protonierung von Nitrit ein saures Milieu und die Deprotonierung von Aminen ein basisches Milieu erfordert.

Abb. 291 Protonierung von Nitrit zu Salpetriger Säure und Aufspaltung in Nitrosyl und Hydroxyl.

$$H^+ + NO_2^- \longrightarrow HNO \longrightarrow NO^+ + OH^-$$

Nitrit — Salpetrige Säure — Nitrosyl — Hydroxyl

Abb. 292 Oxidation von Hämoglobin durch Nitrosyl.

$$\text{Hämoglobin} - Fe^{II} + NO^+ \longrightarrow \text{Hämoglobin} - Fe^{III} + NO$$

Abb. 293 Bildung eines Nitrosamins aus einem sekundären Amin.

$$H-\underset{R}{\overset{R}{N}}| + NO^+ \longrightarrow H-\underset{R}{\overset{R}{N^+}}-N=O$$

sekundäres Amin — Nitrosyl — Nitrosamin

Ammonium-Assimilation

9.4

Auch die **Ammonium-Assimilation** kann vom tierisch-menschlichen Organismus nicht geleistet werden, sondern er ist auf die Aufnahme von Aminosäuren mit der Nahrung angewiesen. Pflanzen können Ammonium direkt aufnehmen, aus der Nitrat-/Nitrit-Reduktion oder indirekt aus der biologischen N_2-Fixierung nutzen. Aus den verschiedenen Stickstoff-Ernährungsformen ergeben sich erhebliche Konsequenzen für den pflanzlichen Stoffwechsel, da sich nicht nur der Energiebedarf, sondern auch die zelluläre Kationen-Anionen-Bilanz und die pH-Regulation ändern. Drei Enzyme spielen für die Ammonium-Assimilation eine Rolle:

- Glutamat-Dehydrogenase
- Glutamin-Synthetase
- Glutamat-Synthase

Glutamat-Degydrogenase (Hauptklasse der Oxidoreduktasen) katalysiert eine reduktive Aminierung von α-Ketoglutarat (Anion der α-Ketoglutarsäure) zu Glutamat (Anion der Glutaminsäure, Abb. 294). Bei dieser Reaktion handelt es sich um eine typische Assimilationsreaktion (vgl. Def. 70). Dennoch spielt das Enzym für die eigentliche Assimilation von Ammonium nur eine untergeordnete Rolle. Grund hierfür ist der hohe k_m-Wert, der im millimolaren Bereich liegt. Millimolare Ammoniumkonzentrationen sind jedoch nicht akzeptabel, da dann mit Ammoniaktoxizität gerechnet werden muss (vgl. Kapitel 7.6). Das Enzym spielt daher eine wichtige Funktion beim Abbau hoher Ammoniumkonzentrationen, wie sie unter bestimmten Stresssituationen auftreten.

Das für die Ammoniumassimilation wichtigere Enzym ist die **Glutamin-Synthetase** (Abb. 295). Als Enzym aus der Hauptklasse der Synthetasen benutzt es ATP, um mit der freigesetzten Energie Ammoniak an

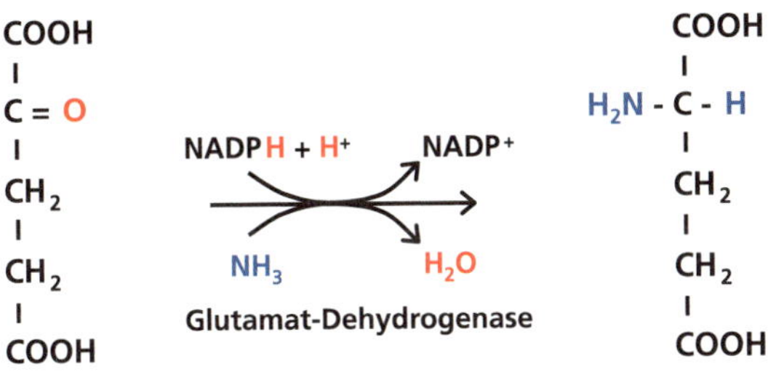

Abb. 294

Reduktive Aminierung von α-Ketoglutarat mit dem Enzym α-Ketoglutarat-Dehydrogenase.

Definition

Ein Amid entsteht, wenn in einer sauren Aminosäure die Hydroxylgruppe der zweiten Carboxylgruppe durch eine Aminogruppe ersetzt wird.

Glutamat anzulagern. Es entsteht Glutamin. Dies ist ein **Amid** (→ Def.), das nicht mit den Aminen (vgl. Abb. 245) verwechselt werden darf. Das für die hydrolytische Spaltung erforderliche Wasser stammt aus der Hydroxylgruppe, die durch die Aminogruppe ersetzt wird und einem H-Atom des Ammoniums. Im Gegensatz zur Glutamat-Dehydrogenase liegt der k_m-Wert der Glutamin-Synthetase im mikromolaren Bereich. Das Enzym kann daher bereits bei sehr niedrigen Ammoniumkonzentrationen effizient assimilieren.

Zur Assimilation von Ammonium arbeitet die Glutamin-Synthetase mit einem weiteren Enzym, der **Glutamat-Synthase** zusammen (Abb. 296). Es ist ein Enzym aus der Hauptklasse der Transferasen und wird auch als **G**lutamin-**O**xo**g**lutarat-**A**mino**t**ransferase (GOGAT) bezeichnet. Es führt die in der Assimilation erforderliche Reduktion durch und überträgt die Aminogruppe des Amids auf α-Ketoglutarat, so dass zwei Moleküle Glutamat entstehen.

Abb. 295

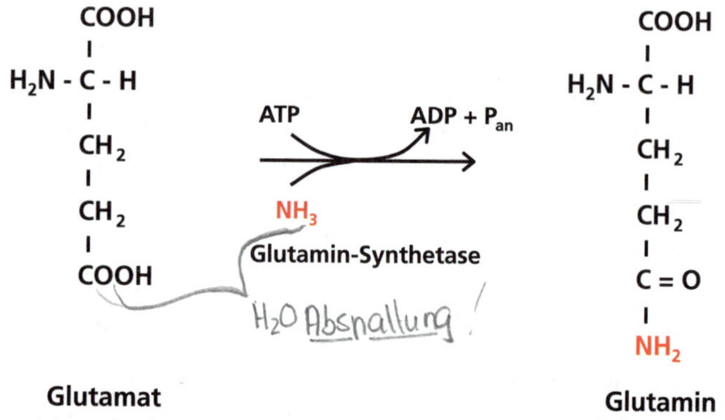

Aminierung von Glutamat mit dem Enzym Glutamin-Synthetase.

Abb. 296

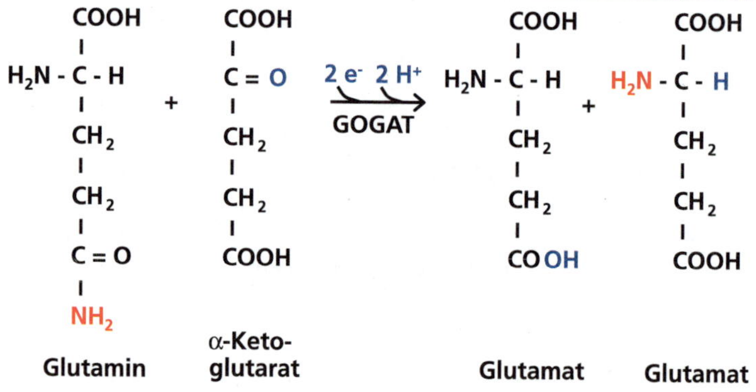

Reduktive Aminoübertragung mit dem Enzym Glutamat-Synthase (**Glut**amin-**O**xo**g**lutarat-**A**mino**t**ransferase, GOGAT).

Aminosäure-Synthese | 9.5

Für die Synthese von Proteinen werden 20 verschiedene Aminosäuren, sogenannte proteinogene Aminosäuren, benötigt. Darüber hinaus erfordert der Stoffwechsel weitere Aminosäuren, wie zum Beispiel Homocystein, Cystathion oder Ornithin. Der menschliche Organismus ist nicht in der Lage, die **Ammonium-Assimilation** durchzuführen, die Glutamat und Glutamin liefert (vgl. Kapitel 9.4). Er muss daher Aminosäuren mit der Nahrung aufnehmen. Teilweise kann er aber neue Aminosäuren aus Grundgerüsten herstellen. Von den drei folgenden Möglichkeiten der Aminosäure-Synthese der Pflanze kann er nur die zweite und dritte Möglichkeit teilweise realisieren:

- Ammonium-Assimilation
- Synthese mittels Transaminasen
- Synthese innerhalb von Aminosäurefamilien

Das Prinzip der **Transaminierung** wurde bereits in Kapitel 5.2 angesprochen (Abb. 133). Es besteht darin, dass eine spezifische Transaminase die Aminogruppe von einer bestimmten Aminosäure auf eine Ketosäure überträgt und so eine neue Aminosäure bildet. Dies setzt nicht nur die Verfügbarkeit der beiden Substrate (Aminosäure und Ketosäure), sondern auch die entsprechende Transaminase voraus. Wichtige Ketosäuren (Pyruvat, α-Ketoglutarat, Oxalacetat) werden zum Beispiel vom Citrat-Zyklus bereitgestellt, aus denen durch Transaminierung Aminosäuren produziert werden (Alanin, Glutamat, Aspartat).

Aus Grundkörpern können weitere Aminosäuren gebildet werden, die fünf **Aminosäurefamilien** bilden (Abb. 297):

- Serinfamilie
- Shikimatfamilie
- Pyruvatfamilie
- Glutamatfamilie
- Aspartatfamilie

Abgeleitet von 3-Phosphoglycerat aus der Glycolyse kann Serin gebildet werden, von dem sich die **Serinfamilie** ableitet. Um das Prinzip der Biosynthese innerhalb der Aminosäurefamilien darzustellen, soll die Serinfamilie beispielhaft näher vorgestellt werden.

3-Phosphoglycerat wird mittels einer Dehydrogenase oxidiert und anschließend durch Transaminierung in 3-Phosphoserin überführt. Hydrolytische Abspaltung des Phosphats liefert **Serin** (Abb. 298). Ausgehend von Serin können die beiden Aminosäuren Glycin und Cystein gebildet werden. **Glycin** entsteht, wenn ein Hydroxymethylradikal abgespalten wird (Abb. 299). Die zuständige Transferase arbeitet mit dem Coenzym Tetrahydrofolsäure zusammen (vgl. Info-Box 6). Durch Kondensation von Serin mit Homocystein wird als Zwischenprodukt Cystathion gebildet, das in α-Ketobutyrat und **Cystein** gespalten wird (Abb. 300). Homocystein wird durch Abspaltung von Pyruvat aus Cystathion gebildet (Abb. 297).

Abb. 297

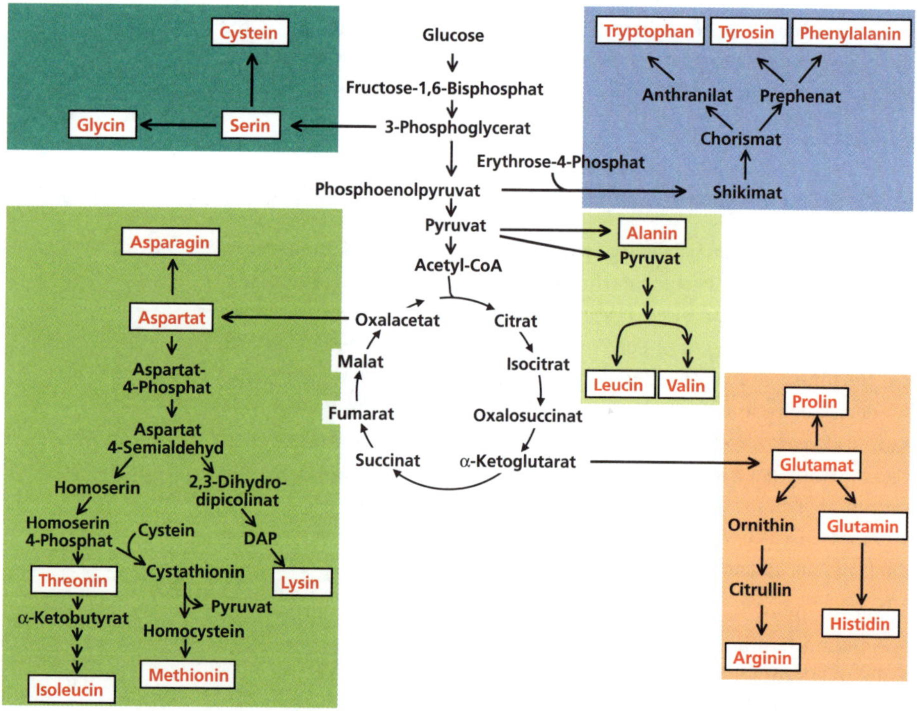

Cystein
Glycin
Serin
Glucose
Fructose-1,6-Bisphosphat
3-Phosphoglycerat
Erythrose-4-Phosphat
Phosphoenolpyruvat
Tryptophan
Tyrosin
Phenylalanin
Anthranilat
Prephenat
Chorismat
Shikimat
Pyruvat
Acetyl-CoA
Alanin
Pyruvat
Leucin
Valin
Asparagin
Aspartat
Aspartat-4-Phosphat
Aspartat 4-Semialdehyd
Homoserin
2,3-Dihydro-dipicolinat
Homoserin 4-Phosphat
Cystein
DAP
Threonin
Cystathionin
Lysin
Pyruvat
α-Ketobutyrat
Homocystein
Isoleucin
Methionin
Oxalacetat
Citrat
Malat
Isocitrat
Fumarat
Oxalosuccinat
Succinat
α-Ketoglutarat
Prolin
Glutamat
Ornithin
Glutamin
Citrullin
Histidin
Arginin

Ableitung der fünf Aminosäurefamilien aus der Glycolyse und dem Citrat-Zyklus. Die 20 proteinogenen Aminosäuren sind rot markiert.

Abb. 298

NAD+
NADH + H+
3-Phosphoglycerat-Dehydrogenase
Glutamat
α-Keto-glutarat
Transaminase
H2O
Pan
Phosphatase
3-Phosphoglycerat
3-Phosphohydroxy-pyruvat
3-Phosphoserin
Serin

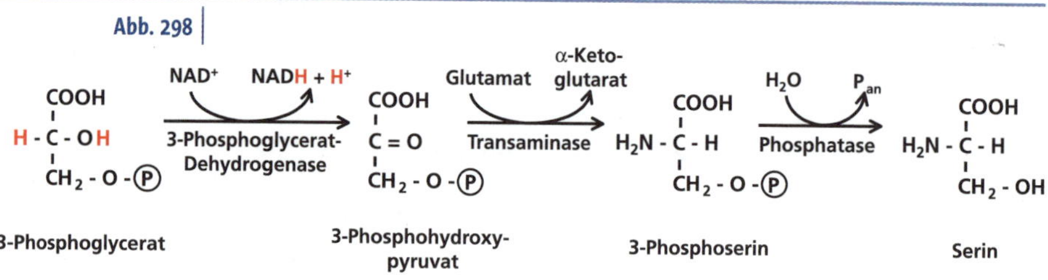

Biosynthese von Serin aus 3-Phosphoglycerat.

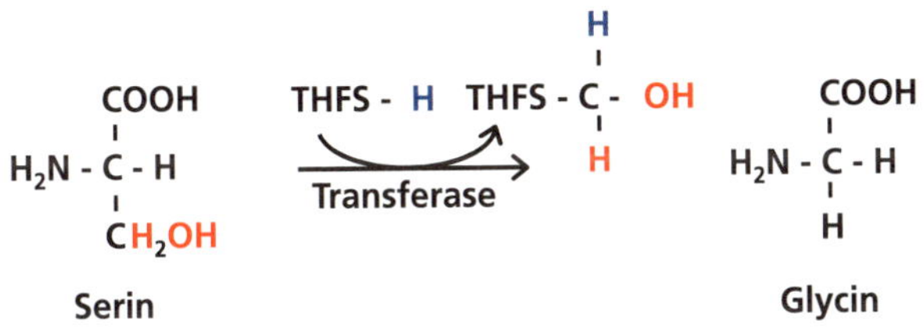

$$HOOC{-}CH(NH_2){-}CH_2OH \xrightarrow[\text{Transferase}]{THFS{-}H \;\rightarrow\; THFS{-}CH_2{-}OH} HOOC{-}CH(NH_2){-}H$$

Serin — Glycin

Abb. 299

Biosynthese von Glycin aus Serin.
THFS-H = Tetrahydrofolsäure.

Abb. 300

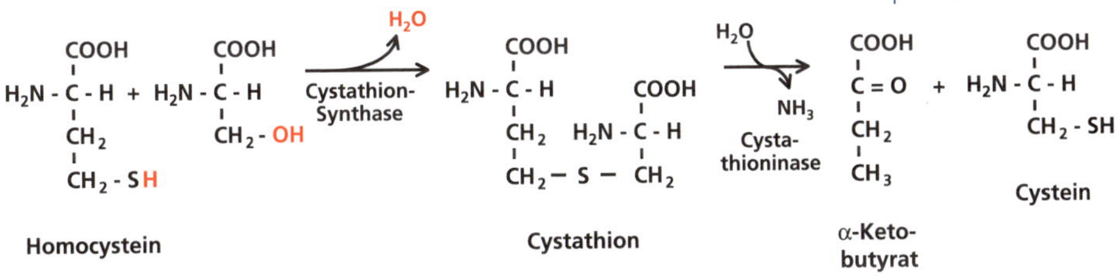

$$HOOC{-}CH(NH_2){-}CH_2{-}CH_2{-}SH + HOOC{-}CH(NH_2){-}CH_2{-}OH \xrightarrow[\text{Cystathion-Synthase}]{-H_2O} HOOC{-}CH(NH_2){-}CH_2{-}CH_2{-}S{-}CH_2{-}CH(NH_2){-}COOH \xrightarrow[\text{Cystathioninase}]{+H_2O,\ -NH_3} HOOC{-}CO{-}CH_2{-}CH_3 + HOOC{-}CH(NH_2){-}CH_2{-}SH$$

Homocystein — Cystathion — α-Ketobutyrat — Cystein

Biosynthese von Cystein aus Cystathion.

Ausgehend von Phosphoenolpyruvat wird mit Erythrose-4-Phosphat aus dem oxidativen oder reduktiven Pentosephosphat-Zyklus **Shikimat** (Anion der Shikimisäure) gebildet (Abb. 297). Dies ist der Grundkörper für die Biosynthese der aromatischen Aminosäuren **Tryptophan**, **Tyrosin** und **Phenylalanin**, die die **Shikimatfamilie** bilden. Die dritte Aminosäurefamilie, die **Pyruvatfamilie**, enthält die drei Aminosäuren **Alanin**, **Leucin** und **Valin**. Ausgehend von Glutamat werden die Aminosäuren der **Glutamatfamilie Prolin**, **Glutamin**, **Histidin** und **Arginin** synthetisiert. In der **Aspartatfamilie** finden sich **Asparagin**, **Lysin**, **Methionin**, **Threonin** und **Isoleucin**.

Acht der für die Biosynthese von Proteinen erforderlichen Aminosäuren können vom menschlichen Organismus nicht synthetisiert werden (Tab. 16). Da sie mit der Nahrung aufgenommen werden müssen, werden sie als **essentiell** bezeichnet. Je nach Zusammensetzung verschiedener Proteine kann bei einseitiger Ernährung ein Mangel bestimmter Aminosäuren entstehen. Die einzelnen Lebensmittel enthalten unterschiedliche Konzentrationen an essentiellen Aminosäuren (Tab. 17). Allgemein enthalten tierische Proteine mehr essentielle Aminosäuren als pflanzliche. Eine Ausnahme bildet das Kartoffelprotein, das eine hohe **biologische Wertigkeit** besitzt (→ Def.).

Während die Aminosäure **Lysin** mit relativ geringem Anteil in Getreidekörnern vorkommt, ist **Methionin** in Leguminosensamen

Definition

Die biologische Wertigkeit gibt den Anteil des absorbierten Stickstoffs an, der im Körper für den N-Erhaltungsstoffwechsel und für die Neusynthese N-haltiger Körperbestandteile Verwendung findet.

Tab. 9.16 | **Für den Menschen essentielle Aminosäuren und ihre Limitierung in Nahrungsmitteln.**

Essentielle Aminosäure	Limitiert die biologische Wertigkeit von:
Lysin	Getreideprotein
Tryptophan	Maisprotein
Methionin	Sojaprotein
Leucin	
Isoleucin	
Threonin	
Valin	
Phenylalanin	

Tab. 9.17 | **Konzentrationen von essentiellen Aminosäuren in verschiedenen Proteinarten.**

Protein	Konzentration (%)	Protein	Konzentration (%)
Eiprotein	51	Sojaprotein	40
Milchprotein	50	Reisprotein	39
Muskelprotein	47	Weizenkornprotein	33
Kartoffelprotein	47	Erdnussprotein	33

Definition

Ein Aufmischeffekt wird erzielt, wenn Nahrungs- bzw. Futtermittel mit unterschiedlich limitierenden Aminosäuren kombiniert werden, so dass sich die essentiellen Aminosäuren gegenseitig ergänzen.

und **Tryptophan** in Maiskörnern limitierend. Durch geschickte Kombination von Nahrungsmitteln (oder Futtermitteln) können die Defizite ausgeglichen werden. So verlässt man sich in der Schweinemast nicht allein auf Getreideproteine, sondern füttert mit Sojaextraktionsschrot ein Eiweißfuttermittel, das reich an Lysin ist. Die geringe Methioninkonzentration des Sojaextraktionsschrots wird mit dem Getreideprotein kompensiert. Dieser Ausgleich wird als **Aufmischeffekt** bezeichnet (→ Def.). Auch Ernährungsgewohnheiten nutzen den Aufmischeffekt. So basiert die traditionelle Ernährung mittel- bzw. südamerikanischer Völker auf Mais und Bohnen. Diese Kombination gleicht den Tryptophanmangel im Maisprotein mit den Bohnen und den Methioninmangel im Bohnenprotein mit Mais aus.

Fragen

1 Beschreiben Sie die Prozesse der N_2-Fixierung und der Nitrat-Reduktion!
2 Wie ist das Enzym Nitrogenase aufgebaut und wie funktioniert es?
3 Welche prosthetischen Gruppen enthält die Nitrat-Reduktase, welche die Nitrit-Reduktase?
4 In welchen zellulären Kompartimenten finden N_2-Fixierung, Nitrat-Reduktion und Nitrit-Reduktion statt?
5 Warum können hohe Nitratkonzentrationen in Lebensmitteln problematisch sein?
6 Welche Enzyme katalysieren die Ammonium-Assimilation und welche Bedeutung kommt den einzelnen Enzymen zu?
7 Welche Möglichkeiten der Biosynthese von Aminosäuren gibt es?
8 Nennen Sie die Aminosäurefamilien! Aus welchen Grundkörpern leiten sie sich ab?
9 Welche Aminosäuren sind für den menschlichen Organismus essentiell?
10 Was versteht man unter dem Aufmischeffekt?
11 Welche Aminosäuren haben saure, basische bzw. hydrophobe Reste?

10 | Proteine

Inhalt

Die Verknüpfung von Aminosäuren über Peptidbindungen ergibt die Primärstruktur eines Proteins. Die Seitenketten der Aminosäuren verleihen den Proteinen spezifische Eigenschaften. Sekundär- und Tertiärstrukturen ergeben sich aus der räumlichen Ausrichtung der Peptide aufgrund von H-Brücken, Ionenbindungen, Ca-Brücken und hydrophoben Bindungen. Mehrere Peptide lagern sich zur Quartärstruktur zusammen. Der Abbau der Proteine beginnt mit der hydrolytischen Spaltung durch Peptidasen und endet mit der Freisetzung von Ammoniak, das im menschlichen Organismus über den Ornithin-Zyklus entgiftet wird.

10.1 | Überblick

Aus den in Abb. 297 (vgl. Kapitel 9) rot markierten 20 Aminosäuren werden die Proteine aufgebaut. Die Biosynthese von Proteinen wird in Kapitel 12 besprochen. Hier soll zunächst auf den strukturellen Aufbau von Proteinen und ihre Funktionen eingegangen werden. Proteine werden im Verdauungstrakt von Tier und Mensch, bei der Mineralisation organischer Substanz im Boden oder bei der Mobilisierung von Stickstoff aus Speicherproteinen beim pflanzlichen Keimungsprozess hydrolytisch in Aminosäuren gespalten. Hierbei werden drei unterschiedliche Ziele verfolgt:

- Aufbau neuer Körpersubstanz
- Energiegewinnung
- Entsorgung überschüssiger Stickstoff-Verbindungen

Der Abbau der Aminosäuren erfolgt über mehrere Zwischenstufen:

- Desaminierung
- Nitrifikation
- Denitrifikation

Am Ende der Abbauprozesse entsteht molekularer Luftstickstoff (N_2), so dass sich hier der Kreislauf wieder schließt (vgl. Kapitel 9.2).

Proteinstruktur

10.2

Proteine entstehen durch Verknüpfung einzelner Aminosäuren über Peptidbindungen (Abb. 301). Die Verbindung von zwei Aminosäuren liefert ein Dipeptid. Weitere Verknüpfungen ergeben ein Tripeptid, Oligopeptid und schließlich ein Polypeptid. Kommt es zu einer charakteristischen Faltung von Polypeptiden, so spricht man von Proteinen. Dabei sind folgende Proteinstrukturen zu unterscheiden:

- Primärstruktur (Sequenz verschiedener Aminosäuren)
- Sekundärstruktur (Faltung durch Aufbau von H-Brücken)
- Tertiärstruktur (Faltung durch Aufbau verschiedener Bindungen)
- Quartärstruktur (Zusammenlagerung von zwei oder mehr Polypeptidketten)

Die Sequenz der verschiedenen Aminosäuren mit ihren unterschiedlichen Seitengruppen liefert die **Primärstruktur** eines Proteins. Die Primärstruktur ist entscheidend für die Eigenschaften eines Proteins, da die Seitengruppen chemische Interaktionen ermöglichen. Die zweite Carboxylgruppe saurer Aminosäuren (Abb. 302) geht nicht in die Peptidbindung ein und liegt daher frei vor. Unter physiologischen Bedingungen dissoziiert das Proton, so dass eine negative elektrische Ladung entsteht. Proteine, die aus vielen sauren Aminosäuren zusammengesetzt sind, haben insgesamt saure Eigenschaften und negative Ladungsstellen. Umgekehrt verhält es sich mit den Resten basischer Aminosäuren (Abb. 303). Die N-Atome besitzen jeweils ein freies Elektronenpaar, das ein Proton anlagern kann. Auch Säureamide (Abb. 304) besitzen basische Eigenschaften und sind für positive Ladungen in Proteinen verantwortlich.

Im Unterschied zu den bisher besprochenen Aminosäuren tragen die Seitengruppen der neutralen Aminosäuren (Abb. 305) keine elektrische

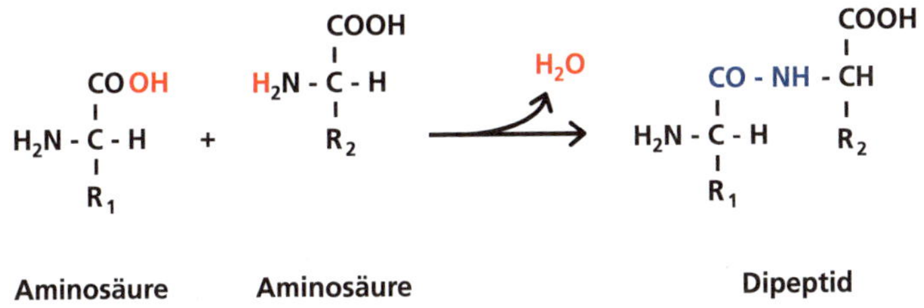

Abb. 301

Aufbau einer Peptidbindung unter Wasserabspaltung.

Ladung. Aminosäuren mit langen Kohlenstoffketten wie Valin, Leucin und Isoleucin verleihen dem Protein lipophile Eigenschaften, was besonders für die Integration von Membranproteinen in die Lipidmatrix von Bedeutung ist. Mit seiner ringförmigen Struktur kann sich Prolin

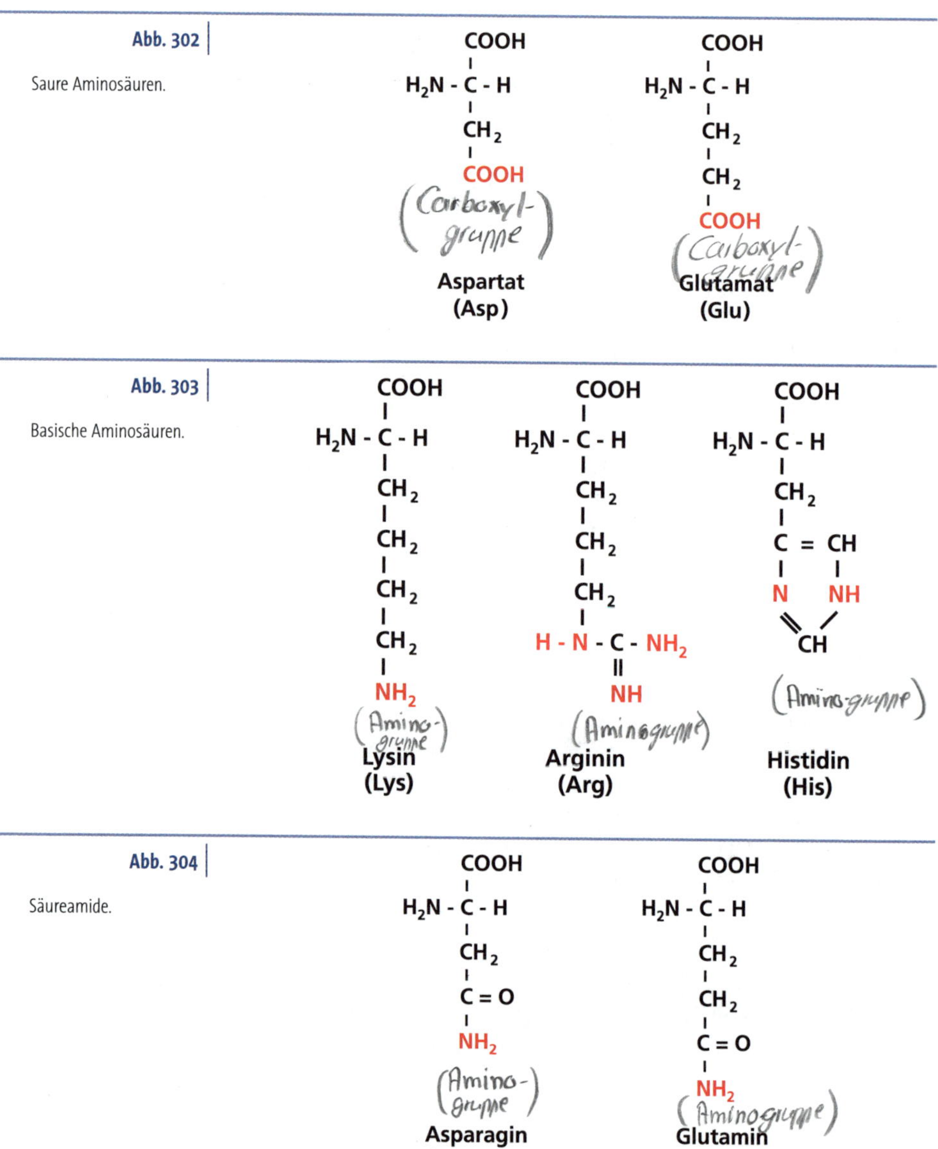

Abb. 302 Saure Aminosäuren.

Abb. 303 Basische Aminosäuren.

Abb. 304 Säureamide.

Abb. 305

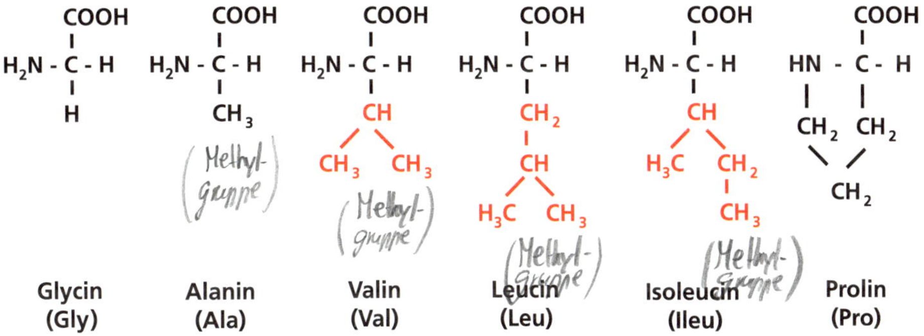

Glycin (Gly) **Alanin (Ala)** **Valin (Val)** **Leucin (Leu)** **Isoleucin (Ileu)** **Prolin (Pro)**

Neutrale Aminosäuren.

Abb. 306

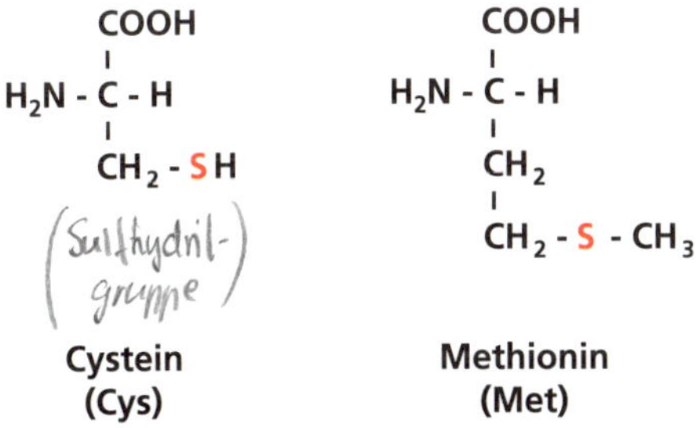

Cystein (Cys) **Methionin (Met)**

Schwefelhaltige Aminosäuren.

Abb. 307

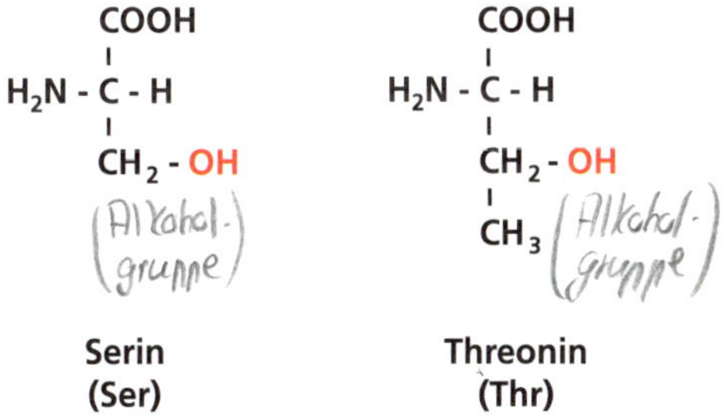

Serin (Ser) **Threonin (Thr)**

Hydroxyaminosäuren.

an Membranen oder Proteinen anlagern und so ihre Struktur bei Wasser- oder Salzstress positiv beeinflussen. Es gibt viele wissenschaftliche Befunde, die die Bedeutung von Prolin für die Stressresistenz von Pflanzen hervorheben.

Die Thiolgruppe des Cysteins (Abb. 306) spielt eine wichtige Rolle in Redoxreaktionen und findet sich daher häufig im katalytischen Zentrum von Oxidoreduktasen. In Methionin ist das H-Atom der Thiolgruppe durch eine Methylgruppe substituiert (Abb. 306). Methionin spielt daher für Redoxreaktionen keine Rolle, ist aber ein wichtiger Methylgruppendonator (vgl. Abb. 277, 278). Die Hydroxylgruppen der Aminosäuren Serin und Threonin (Abb. 307) können phosphoryliert werden. Diese kovalente Modifikation kann die Struktur eines Proteins verändern. Je nach Seitengruppen der Ringstrukturen haben die aromatischen Ami-

Abb. 308

Aromatische Aminosäuren.

Phenylalanin (Phe) **Tyrosin (Tyr)** **Tryptophan (Try)**

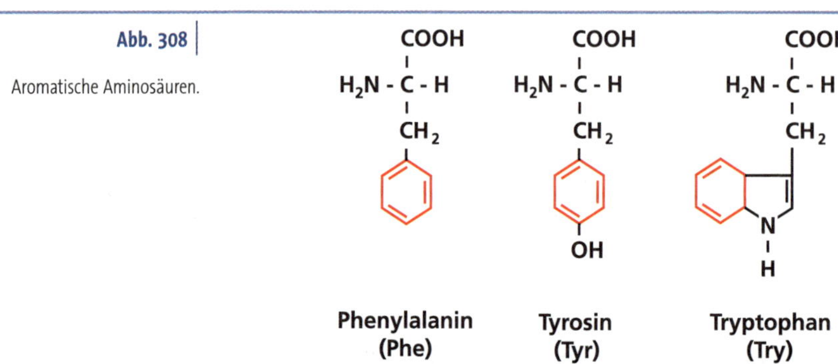

Abb. 309

α-Helixstruktur.

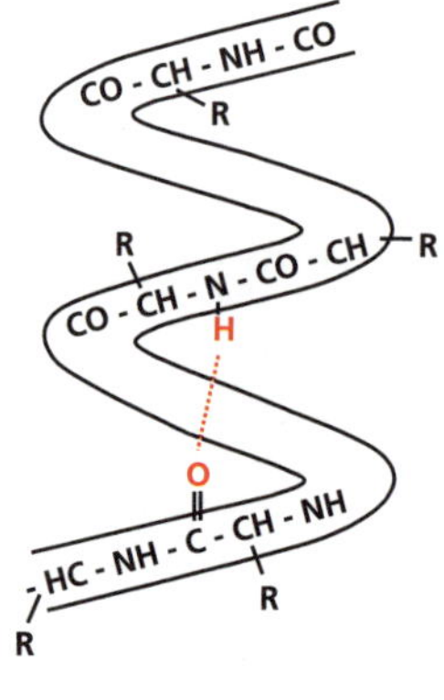

nosäuren (Abb. 308) lipophile Eigenschaften (Phenylalanin), basische Eigenschaften (Tryptophan) oder können phosphoryliert werden (Tyrosin).

Die Peptidbindung bildet die Abfolge **CO-NH** (Abb. 301). Stehen sich das elektrophile H-Atom und das nucleophile O-Atom von zwei Peptidbindungen gegenüber, so kann eine H-Brückenbindung entstehen. Diese führt zu einer charakteristischen Faltung des Polypeptids, die als **Sekundärstruktur** bezeichnet wird. Es gibt zwei Ausprägungen der Sekundärstruktur. Bilden sich die H-Brücken innerhalb eines Polypeptidstrangs, so entsteht die **α-Helixstruktur** (Abb. 309). Dabei ist der Polypeptidstrang schraubenförmig aufgewunden. Die **β-Faltblattstruktur** (Abb. 310) entsteht durch antiparallele Ausrichtung von Polypeptidsträngen. H-Brücken sind sehr schwache chemische Bindungen, die durch hohe Temperaturen leicht zerstört werden.

Abb. 310

β-Faltblattstruktur.

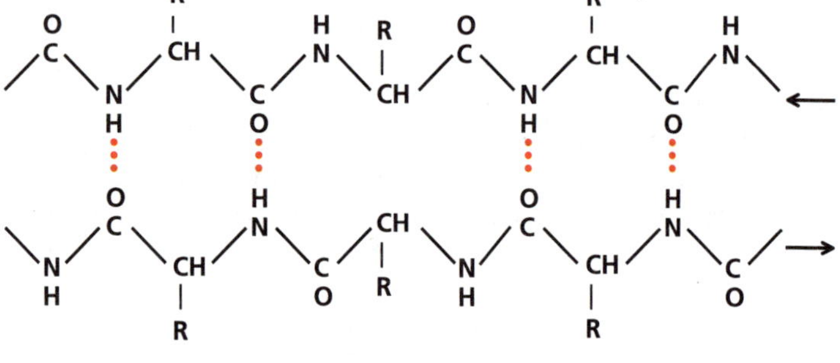

Definition

Unter Konformation versteht man die spezielle dreidimensionale Struktur eines Proteins, die durch Sekundär- und Tertiärstruktur bestimmt wird.

Neben der Sekundärstruktur bestimmt auch die **Tertiärstruktur** die **Konformation** eines Proteins (→ Def.). Die Tertiärstruktur ist eine zusätzliche spontane dreidimensionale Faltung des Proteins. Da die Abfolge der Aminosäuren darüber entscheidet, welche Seitengruppen an welcher Stelle vorhanden sind, resultiert die Tertiärstruktur aus der Primärstruktur. Sie entsteht durch spontane Faltung, kann aber durch besondere Hilfsproteine, die Chaperone, unterstützt werden. Die Tertiärstruktur wird durch folgende chemische Bindungen zwischen den Seitengruppen der Aminosäuren ermöglicht:

- H-Brückenbindung
- Ionenbindung
- Ca-Brückenbindung
- Disulfidbrücke
- Hydrophobe Bindung

H-Brücken können zusätzlich zu solchen ausgebildet werden, die zur Sekundärstruktur führen. Wie bereits angesprochen sind sie gegenüber hohen Temperaturen empfindlich. Die Zerstörung der Bindungen führt zu einer Aufhebung der Sekundär- und Tertiärstruktur, die als **Denaturierung** bezeichnet wird. **Ionenbindungen** entstehen zwischen den sauren und basischen Aminosäureresten. Als besondere Form der Ionenbindung können **Ca-Brücken** zwischen zwei sauren Aminosäureresten durch das zweiwertige Ca^{2+}-Ion hergestellt werden. Aufgrund seiner zweifachen elektrischen Ladung und seiner kleinen Hydrathülle kann es zwei Carboxylgruppen eng verbinden. Ionenbindungen sind gegenüber extremen pH-Werten und hohen freien Ionenkonzentrationen empfindlich. **Disulfidbrücken** entstehen durch Oxidation von zwei Thiolgruppen. Auf diese Weise resultieren feste kovalente Bindungen, die durch Reduktion verloren gehen können. Die Aneinanderlagerung von lipophilen Aminosäureresten bildet **hydrophobe Bindungen**. Hydrophile Bereiche des Proteins richten sich dagegen zur wässrigen Phase aus. Dadurch können kugelförmige Bereiche entstehen, die lipophile Innenräume aufweisen. Auch die Integration von Membranproteinen in die Lipidmatrix durch hydrophobe Bindungen verändert die Konformation. Dies kann für funktionsfähige Strukturen von Membranproteinen entscheidend sein.

Von der **Quartärstruktur** eines Proteins spricht man, wenn sich zwei oder mehrere Polypeptide zu einem größeren Proteinverband zusammenlagern. Die verschiedenen oben genannten chemischen Bindungen können dazu beitragen. Viele Enzyme sind aus mehreren Polypeptiden aufgebaut und besitzen daher eine Quartärstruktur.

10.3 Funktionen von Proteinen

Aufgrund des vielfältigen strukturellen Aufbaus resultieren sehr unterschiedliche Eigenschaften von Proteinen. Sie können daher unterschiedliche Rollen übernehmen:

- Enzymproteine
- Strukturproteine
- Reserveproteine
- Transportproteine
- Rezeptoren
- Hormone
- Schutzproteine
- Kontraktile Proteine
- Toxine

Enzymproteine haben meistens einen globulären Aufbau. Sie katalysieren biochemische Reaktionen (vgl. Kapitel 1). In dieser Funktion werden sie durch Nichtproteinkomponenten wie prosthetische Gruppen oder Coenzyme unterstützt. Es handelt sich überwiegend um wasserlösliche Proteine, die im Zellsaft vorkommen. Manche Enzymproteine, wie zum Beispiel die Succinat-Dehydrogenase oder die F_OF_1-ATPase stellen Membranproteine dar. Sie besitzen partielle lipophile Eigenschaften, die ihre Integration in die Lipidmatrix der Biomembran ermöglichen.

Während Gerüstsubstanzen im pflanzlichen Organismus vornehmlich aus Kohlenhydraten bestehen, spielen **Strukturproteine** im tierischen Organismus eine wichtige Rolle. So bestehen Haare, Wolle oder Federn aus Proteinen, überwiegend mit α-Helixstruktur. Ein typischer Vertreter für Strukturproteine ist das Kollagen, das einen wichtigen Bestandteil in Sehnen, Knorpel und Knochen darstellt.

Reserveproteine spielen kaum eine Rolle im tierischen Organismus. Dagegen werden sie von Pflanzen besonders in Samen gespeichert, wo sie für die Ernährung des keimenden Embryos hydrolytisch in die Aminosäurebausteine gespalten werden. Die Reserveproteine sind als

Tab. 10.18 **Klassifizierung der Getreideproteine nach OSBORNE.**

Proteinfraktion	Löslichkeit
Albumine	Extraktion mit Wasser
Globuline	Extraktion mit 0,5 M NaCl
Prolamine	Extraktion mit 50% Alkohol
Gluteline	Extraktion mit 0,1 M KOH

Bestandteil von Lebens- und Futtermitteln für Mensch und Tier eine dominierende Nahrungsgrundlage. Da die Aminosäurezusammensetzung der Proteine sehr unterschiedlich ist, versucht man pflanzliche Speicherproteine nach ihrer Löslichkeit zu charakterisieren (Tab. 18). Die mit Wasser oder Salzlösungen extrahierbaren Albumine und Globuline stellen überwiegend Enzymproteine mit einem hohen Anteil an essentiellen Aminosäuren (besonders auch Lysin) dar. Sie sind ernährungsphysiologisch wertvoll. Dagegen sind Prolamine und Gluteline als typische Reserveproteine des Getreidekorns arm an Lysin, so dass die biologische Wertigkeit dieser Proteine gering ist.

Transportproteine wurden in Kapitel 3.4 behandelt. Es sind partiell lipophile Proteine, die sich in die Lipidmatrix biologischer Membranen integrieren. Hydrophile Bereiche und bestimmte Bindungsstellen ermöglichen die Passage von Ionen und hydrophilen Metaboliten durch die Membranen. Die Bindungsspezifität ermöglicht zum Teil eine hohe Selektivität für die zu tranportierenden Stoffe. Eine besondere Art von Transportprotein stellt das Hämoglobin dar (Abb. 91, Kapitel 4.3). Es bindet Sauerstoff und ermöglicht so seinen Transport im Blut.

Auch **Rezeptorproteine** sind Membranproteine. Durch ihre spezifischen Seitenketten der Aminosäureste oder bestimmte Oligosaccharide können sie andere Proteine erkennen, die Giftstoffe, Viren, Hormone oder Oberflächenproteine anderer Zellen (zum Beispiel Bakterien) darstellen können. Diese Proteine können sich spezifisch an die Rezeptoren anlagern. Als Botenstoffe liefern sie so Informationen an die Zelle, die dann in das Innere weiter auf sogenannte sekundäre Botenstoffe (second messenger) übertragen werden. Sie stellen so ein wichtiges Bindeglied in der Kommunikation zwischen Zellen mit ihrer Umgebung dar.

Im pflanzlichen Organismus hat man erst in den letzten Jahren Peptide identifiziert, die Hormoncharakter haben. Klassische Phytohormone wie Auxine, Cytokinine, Gibberelline und die Abscisinsäure sind dagegen keine Proteine. In tierischen Organismen spielen dagegen **Hormonproteine** für die Signalübertragung zwischen verschiedenen Geweben eine entscheidende Rolle. Typische Beispiele für Hormonproteine sind das Insulin und das Glucagon, die für die Regulation des Blutzuckerspiegels zuständig sind.

Zu den **Schutzproteinen** zählen die Phytochelatine, auf die wegen ihrer Besonderheit der Biosynthese in Kapitel 11 näher eingegangen werden soll. Es handelt sich um regelmäßig wiederkehrende Dipeptideinheiten aus γ-Glutamyl- und Cysteinylresten, die unterschiedlich häufig wiederholt werden und mit einer Glycineinheit abschließen (Abb. 311). Sie tragen Thiolgruppen, die eine hohe Affinität für Cadmium (Cd^{2+}) besitzen und durch Bindung das Cd^{2+} entgiften.

Abb. 311

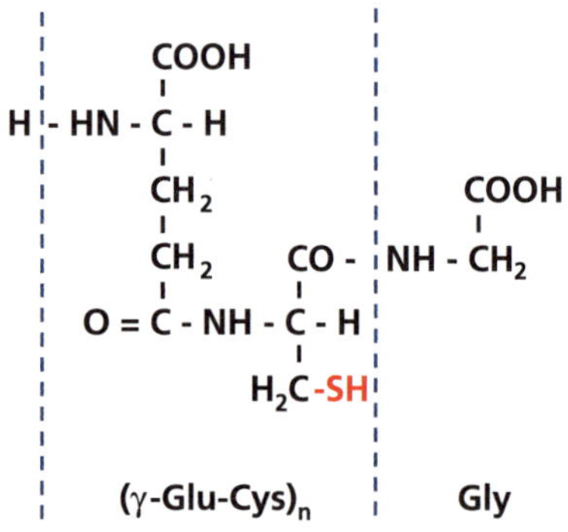

```
         COOH                       
          |                          
H |- HN - C - H                      
          |                          
         CH2                 |  COOH 
          |                  |   |   
         CH2       CO -      | NH - CH2
          |         |        |       
    O =   C - NH -  C - H    |       
                    |        |       
                  H2C-SH     |       

     (γ-Glu-Cys)n            |   Gly 
```

Struktur der Phytochelatine. Die Peptidbindung zwischen Cystein (Cys) und Glutamat (Glu) erfolgt über die Carboxylgruppe in γ-Position.

Kontraktile Proteine ermöglichen Bewegungen, zum Beispiel Geißelbewegungen von Bakterien oder Muskelkontraktionen eukaryotischer Organismen. Die hydrolytische Spaltung von ATP setzt Energie frei, die in Bewegungsenergie umgesetzt wird (Kapitel 2.3). **Toxine** können unter anderem Proteine sein. Hierzu zählen beispielsweise das Schlangengift oder das Ricin in Ricinus. Auch Bakterien bilden Toxinproteine. So bildet das *Corynebacterium diphteriae* ein Toxin, das die Proteinsynthese hemmt. Vor der Einführung von Massenimpfungen war daher die durch dieses Bakterium ausgelöste Diphterie eine häufige Todesursache bei Kindern.

10.4 Proteinabbau

Der Abbau von Proteinen erfolgt stufenweise über folgende Einzelschritte:

- Proteinhydrolyse
- Desaminierung
- Nitrifikation
- Denitrifikation

Der Abbau von Proteinen beginnt mit der hydrolytischen Spaltung der Proteine mit **Peptidasen** (Abb. 312). Im menschlichen Verdauungstrakt beginnt die Spaltung bereits im Magen. Bei extrem niedrigem pH-Wert ($pH < 2$) wird die Vorstufe Pepsinogen zu Pepsin aktiviert, die als Hydrolase den Verdauungsprozess einleitet. Auch im Dünndarm gibt es Peptidasen (Trypsin), die die Verdauung bei hohem pH-Wert ($pH > 7$) fortsetzen. Gelangen abgestorbene Pflanzenreste in den Boden, so werden die Proteine (zum Teil nach der Zerkleinerung durch Bodentiere) von Mikroorganismen hydrolytisch gespalten und mineralisiert. Bei der pflanzlichen Samenkeimung werden Aminosäuren aus Speicherproteinen freigesetzt und für den Aufbau neuer Pflanzensubstanz des wachsenden Embryos verwendet. Speicherproteine werden zu diesem Zweck hydrolytisch mit Peptidasen gespalten.

Abb. 312

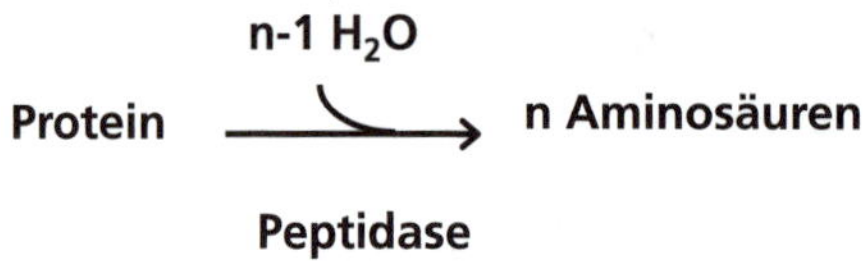

$$\text{Protein} \xrightarrow[\text{Peptidase}]{\text{n-1 } H_2O} \text{n Aminosäuren}$$

Hydrolytische Spaltung von Proteinen mit Peptidasen.

Aminosäureabbau durch Mikroorganismen

10.4.1

Der weitere Abbau der Aminosäuren erfolgt mikrobiell durch **Desaminierung**, wobei unter aeroben Bedingungen Energieäquivalente in Form von $FADH_2$ gewonnen werden (Abb. 313), die in der Atmungskette der ATP-Synthese dienen. Es handelt sich um eine oxidative Desaminierung. Da bei diesem Prozess Ammoniak (bzw. Ammonium) freigesetzt wird, werden Bodenmikroorganismen, die diesen Prozess durchführen, als Ammonifikanten bezeichnet. Eine große Anzahl von Bakteriengattungen ist zu dieser oxidativen Desaminierung befähigt.

In Böden mit nicht zu niedrigem pH-Wert und guter Durchlüftung wird Ammoniak rasch oxidiert. Der Prozess wird als **Nitrifikation** bezeichnet. Bakterien einiger weniger Gattungen benutzen die Oxidation zur Energiegewinnung und werden als Nitrifikanten bezeichnet. Die Nitrifikation erfolgt zweistufig (Abb. 314). Bakterien der Gattung *Nitrosomonas* oxidieren Ammoniak zu Nitrit, das von den Nitratbildnern weiter zu Nitrat oxidiert wird. Zu diesen zählen Vertreter der Gattungen *Nitrobacter*, *Nitrosolobus* und *Nitrosospira*. Unter anaeroben Bedingungen kann Nitrat von sehr vielen verschiedenen Bakteriengattungen zu Lachgas (N_2O) und molekularem Luftstickstoff (N_2) reduziert werden. In diesem Fall nutzen die beteiligten Bakterien Nitrat anstelle von Sauerstoff als Elektronenakzeptor am Ende ihrer Atmungskette. Dies ermöglicht anaeroben Organismen die ATP-Synthese unter Sauerstoffmangel. Der Prozess wird als **Denitrifikation** bezeichnet.

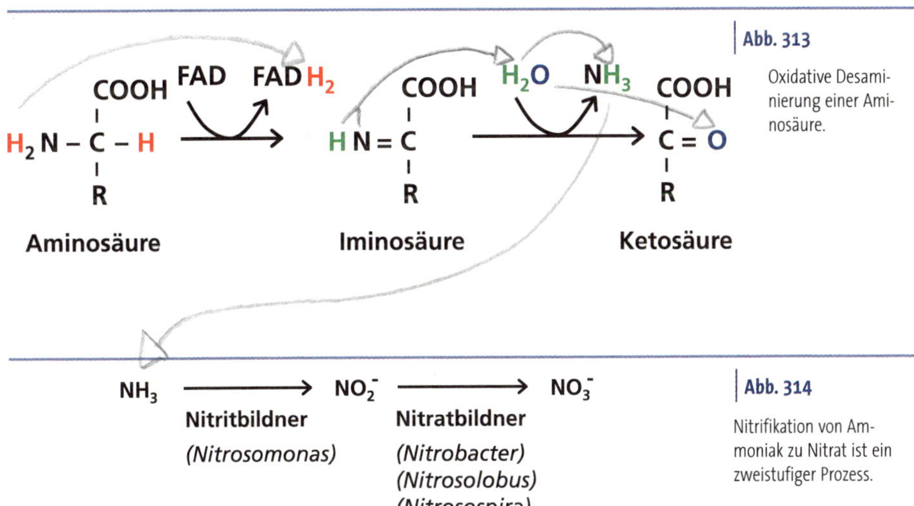

Abb. 313

Oxidative Desaminierung einer Aminosäure.

Abb. 314

Nitrifikation von Ammoniak zu Nitrat ist ein zweistufiger Prozess.

10.4.2 Aminosäureabbau in Säugetieren

Der Abbau von Aminosäuren in Säugetieren findet hauptsächlich in der Leber statt. Dazu wird zunächst die α-Aminogruppe vieler Aminosäuren mittels Transaminasen auf α-Ketoglutarat übertragen, so dass Glutamat entsteht. Glutamat wird dann mittels Glutamat-Dehydrogenase in den Mitochondrien oxidativ desaminiert (Abb. 315). Dieser Prozess liefert Reduktionsäquivalente für die Atmungskette. Da das Gleichgewicht die Bildung von Glutamat begünstigt, wird die Bildung von α-Ketoglutarat forciert, wenn NH_3 aus dem System entfernt wird.

Da Ammoniak als Entkoppler toxisch wirkt (vgl. Kapitel 7.6), muss es entsorgt werden. Bei vielen Wirbeltieren wird es in den **Ornithin-Zyklus** eingespeist und zu Harnstoff umgewandelt, der ausgeschieden wird (Abb. 316). Ammoniak und Bicarbonat (Anion der Kohlensäure) werden mit dem Enzym **Carbamylphosphat-Synthetase** in Carbamylphosphat überführt. Das Enzym wird als Ligase eingestuft, da ATP benutzt wird, um Bicarbonat und Ammoniak zu verbinden. Ein zweites ATP wird verbraucht, um ein Phosphoryl auf Carbamat zu übertragen und energie-

Abb. 315 Oxidative Desaminierung von Glutamat mittels Glutamat-Dehydrogenase.

$$\underset{\text{Glutamat}}{HOOC-CH_2-CH_2-CH(NH_2)-COOH} \xrightleftharpoons[]{NAD(P)^+ \;\rightarrow\; NAD(P)H + H^+} \underset{\text{Iminosäure}}{HOOC-CH_2-CH_2-C(=NH)-COOH} \xrightleftharpoons[]{H_2O \;\rightarrow\; NH_3} \underset{\alpha\text{-Ketoglutarat}}{HOOC-CH_2-CH_2-C(=O)-COOH}$$

Abb. 316 Ornithin-Zyklus.

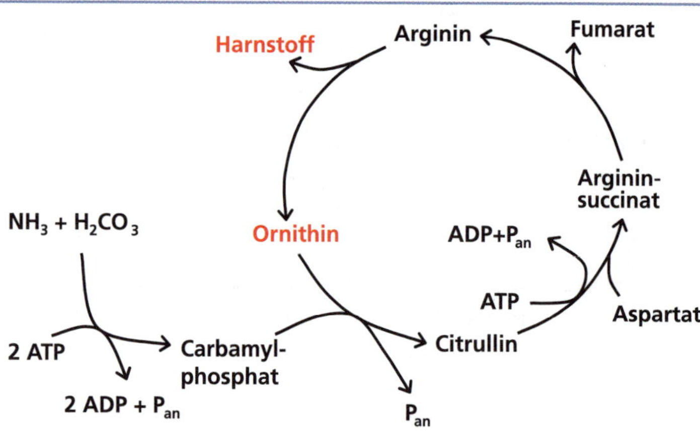

reich zu binden (Abb. 317). Da es sich bei der zweiten Teilreaktion um einen Radikaltransfer handelt, könnte man das Enzym auch als Transferase auffassen.

Die energiereiche Bindung wird genutzt, um das Radikal Carbamyl auf Ornithin zu übertragen. Die Reaktion wird von dem Enzym **Ornithin-Carbamyl-Transferase** katalysiert (Abb. 318). Das entstandene Citrullin wird unter ATP-Verbrauch mit Aspartat verbunden (Abb. 319). Bei der

Abb. 317

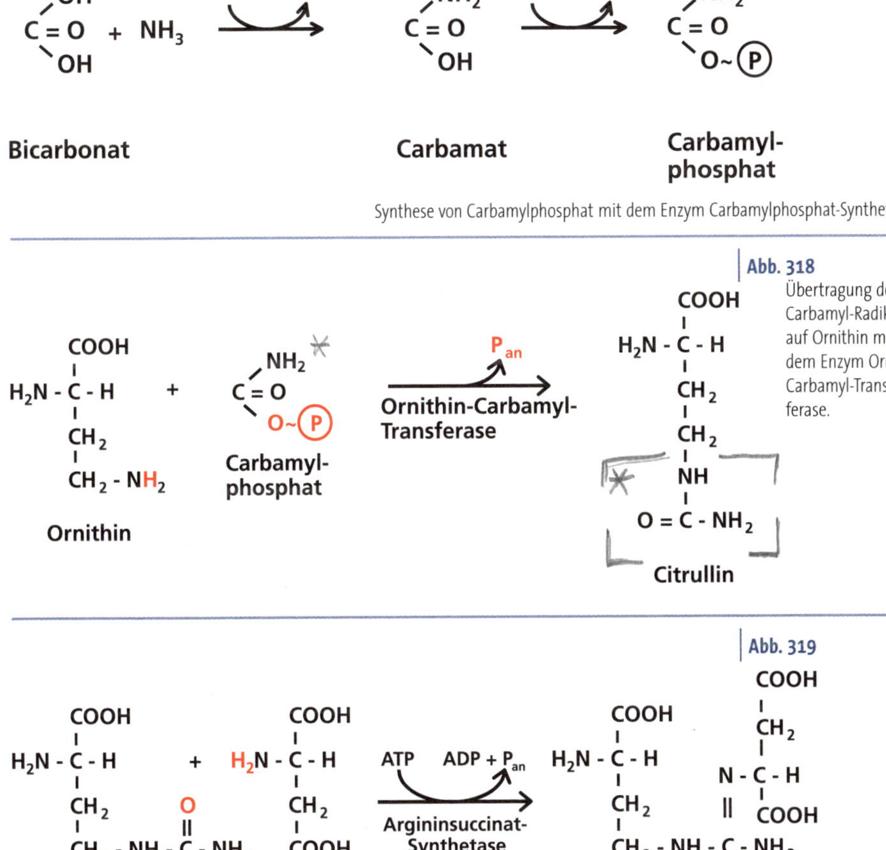

Synthese von Carbamylphosphat mit dem Enzym Carbamylphosphat-Synthetase.

Abb. 318 Übertragung des Carbamyl-Radikals auf Ornithin mit dem Enzym Ornithin-Carbamyl-Transferase.

Abb. 319

Synthese von Argininsuccinat mit dem Enzym Argininsuccinat-Synthetase. ATP wird mit dem freigesetzten H_2O hydrolytisch gespalten.

Bindung wird Wasser freigesetzt, das für die hydrolytische Spaltung von ATP verbraucht wird. Das beteiligte Enzym, die **Argininsuccinat-Synthetase** ist eine Ligase. Eine Lyase spaltet anschließend Argininsuccinat (Anion der Argininbernsteinsäure) in Arginin und Fumarat (Abb. 320). Fumarat kann in den Citrat-Zyklus eingespeist werden, während Arginin hydrolytisch in Ornithin und Harnstoff gespalten wird (Abb. 321). Harnstoff wird über die Nieren ausgeschieden.

Abb. 320

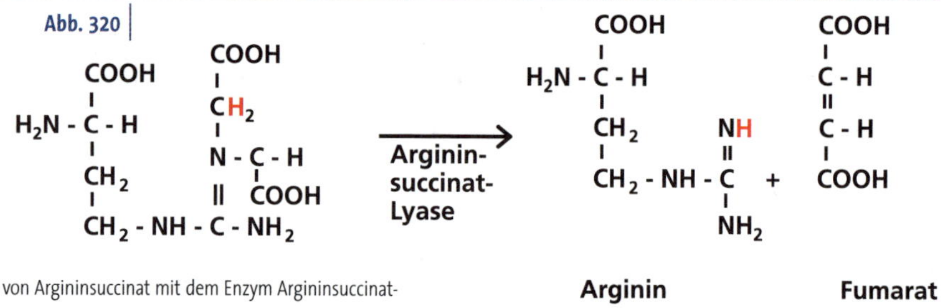

Argininsuccinat-Lyase

Arginin **Fumarat**

Spaltung von Argininsuccinat mit dem Enzym Argininsuccinat-Lyase.

Abb. 321

Hydrolytische Spaltung von Arginin mit dem Enzym Arginase.

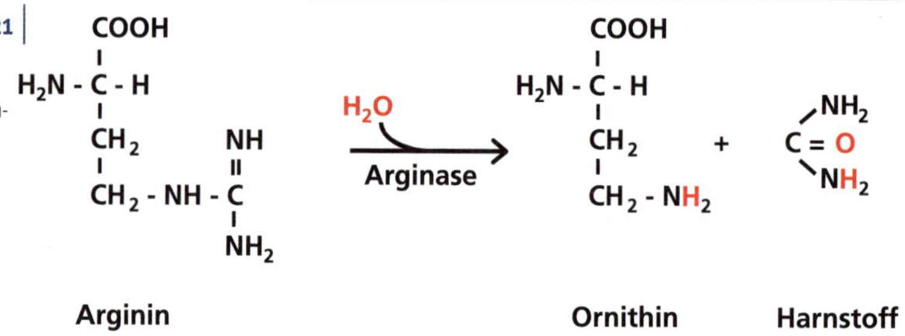

H_2O

Arginase

Arginin **Ornithin** **Harnstoff**

Fragen

1 Welche Funktionen in einem Protein übernehmen die Hydroxyl- und Thiolgruppen?
2 Wodurch werden Primär-, Sekundär-, Tertiär- und Quartärstruktur eines Proteins definiert?
3 Was versteht man unter der Konformation eines Proteins?
4 Was versteht man unter Denaturierung von Proteinen?
5 Nennen Sie verschiedene Funktionen von Proteinen mit Beispielen!
6 Welche Enzyme sind für die hydrolytische Spaltung von Proteinen zuständig?
7 Was versteht man unter Desaminierung?
8 Beschreiben Sie die Prozesse der Nitrifikation! Welche Organismen können sie durchführen?
9 Zu welchem Zweck denitrifizieren manche Mikroorganismen Nitrat?
10 Begründen Sie die Einordnung des Enzyms Carbamylphosphat-Synthetase in die Hauptklasse der Ligasen!
11 Welche Funktion hat der Ornithin-Zyklus?

11 | Schwefel-Assimilation

Inhalt

Schwefel wird von Pflanzen mit den Enzymen ATP-Sulfurylase, APS-Transferase, Thiosulfat-Reduktase und Acetyl-Sulfhydrase in den Plastiden assimiliert. Er kommt in oxidierter und reduzierter Form in verschiedenen Verbindungen wie zum Beispiel Aminosäuren, Coenzymen, prosthetischen Gruppen und Aromastoffen vor. Eine besondere Bedeutung spielen Thiolgruppen für die Backqualität von Weizenmehl und für die Entgiftung von Cadmium in Pflanzen durch Phytochelatine. Die Biosynthese der Phytochelatine weicht von der üblichen Peptidbiosynthese ab.

11.1 | Überblick

Ähnlich wie Kohlenstoff (Kapitel 4) und Stickstoff (Kapitel 9) wird Schwefel (S) im menschlichen und tierischen Stoffwechsel benötigt, kann aber dort nicht assimiliert werden. Mensch und Tier sind daher auch hinsichtlich der S-Ernährung heterotroph. Pflanzen sind dagegen S-autotroph, da sie nicht nur oxidierten Schwefel, wie er zum Beispiel in Form von Sulfat vorliegt, in organische Substanz einbauen können, sondern auch Schwefel reduzieren können. Schwefel kommt daher in organischer Substanz sowohl in oxidierter als auch in reduzierter Form vor. Schwefel wird überwiegend in Form von Sulfat (SO_4^{2-}) von den Pflanzen aus dem Boden aufgenommen. Prinzipiell ist bei höheren Konzentrationen auch die Aufnahme und Nutzung von Schwefeldioxid (SO_2) über die Blattöffnungen aus der Atmosphäre möglich. Schwefel wird in oxidierter Form mittels Sulfurylierung in organische Substanz integriert oder mittels Reduktion assimiliert, wobei als erste Verbindung die Aminosäure Cystein entsteht.

Schwefel-Verbindungen

11.2

In oxidierter Form kommt Schwefel in der Sulfongruppe der **Sulfolipide** vor (vgl. Abb. 247, Kapitel 8.2). Es handelt sich um wichtige amphiphile Membranbausteine, die zur Struktur der Lipidmatrix beitragen. Aufgrund der Dissoziation der Sulfongruppe trägt das Molekül eine negative Ladung, die ihm an dieser Stelle stark hydrophile Eigenschaften verleiht. Auch in **Glucosinolaten** (Senfölglucosiden) liegt Schwefel in oxidierter Form vor. Diese in Kreuzblütlern (Cruciferae) verbreiteten Verbindungen stellen natürliche Abwehrstoffe gegen Schädlinge dar, die bei einer Verletzung **Isothiocyanate** freisetzen (Abb. 322). In reduzierter Form tritt Schwefel primär in der Thiolgruppe der Aminosäure **Cystein** auf (vgl. Abb. 306, Kapitel 10.2). Besonders in Oxidoreduktasen spielt

Box 15

Kleberproteine

Die Kleberproteine des Weizens sind für die Backqualität von großer Bedeutung. Sie lassen sich der Prolaminfraktion und teilweise der Glutelinfraktion zuordnen (vgl. Tab. 18, Kapitel 10.3). Da jedoch nicht alle Proteine der Glutelinfraktion für die Backqualität relevant sind, ist das ursprüngliche Osbornesche Exktraktionsverfahren zur Charakterisierung der Kleberproteine modifiziert worden. Nach der Prolaminextraktion mit Alkohol (Prolamin I-Fraktion) führt man eine zweite Extraktion mit Alkohol unter Zusatz eines Reduktionsmittels durch und erhält die Prolamin II-Fraktion. Dabei werden Disulfidbrücken gespalten, so dass freie Thiolgruppen entstehen (Abb. 323). Dies führt dazu, dass zusätzliche Proteine mit Alkohol extrahierbar sind. Diese Prolamin II-Fraktion wird für Weizen als **Gluteninfraktion** bezeichnet. Sie ist wichtig für die **Elastizität** (→ Def.) des Teiges. Die Prolamin I-Fraktion ist im Weizen die Gliadinfraktion. Sie bestimmt die **Extensibilität** (→ Def.) und die **Viskosität** (→ Def.) des Teiges. Glutenine und Gliadine fasst man unter dem Begriff Kleberproteine zusammen.

- Extraktion mit Alkohol
  → Prolamine I:
  Hordein (Gerste), Gliadin (Weizen), Zein (Mais), Secalin (Roggen), Avenin (Hafer)
- Extraktion mit Alkohol + Reduktionsmittel
  → Prolamine II
  R-S-S-R → R-SH + R-SH
  Weizen: Glutenin
  Andere: Hordein II, etc.

Abb. 323 Klassifizierung der Kleberproteine (nach SHEWRY und MIFLIN 1985).

Bei einer **elastischen Dehnbarkeit** kehrt der Körper bei Nachlassen der Spannung in die ursprüngliche Form zurück.

Ein Teig mit hoher **Extensibilität** ist dehnbar.

Viskosität beschreibt das durch Reibung zwischen den Molekülen bedingte zähflüssige Verhalten des Teiges.

Box 16

Phytochelatine

Phytochelatine sind pflanzliche Peptide mit klar definierter Struktur (vgl. Abb. 311, Kapitel 10.3). Aufgrund der Thiolgruppen können sie Cd^{2+} spezifisch binden und so entgiften (Abb. 324). Obwohl die Bindung des Cd^{2+} recht fest ist, wird das toxische Schwermetall bei der menschlichen Verdauung der Phytochelatine freigesetzt. Dies erklärt die hohe Humantoxizität, und warum für pflanzliche Nahrungsmittel (zum Beispiel Salat und Gemüse) und Arzneipflanzen strenge Richtwerte festgelegt wurden.

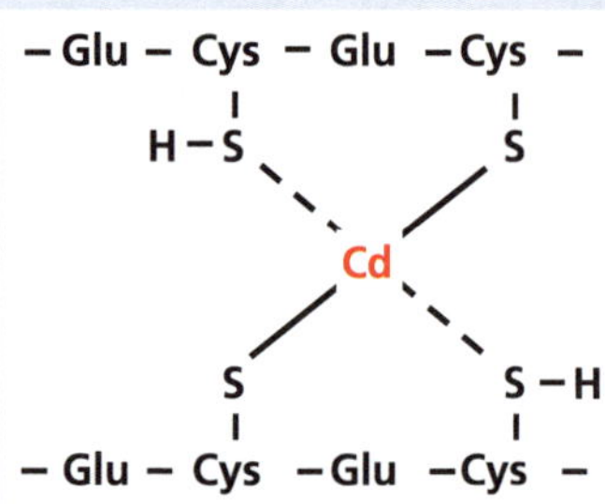

Abb. 324 Spezifische Bindung von Cadmium in Phytochelatinen.

Die Biosynthese der Phytochelatine weicht von dem üblichen Weg der Proteinsynthese (vgl. Kapitel 12) ab. Insgesamt sind drei Enzyme an der Synthese beteiligt:

- γ-Glutamylcystein-Synthetase
- Glutathion-Synthetase
- Phytochelatin-Synthase

Das erste Enzym, die **γ-Glutamylcystein-Synthetase** verbindet unter Energieverbrauch in Form von ATP Cystein mit Glutamat (Abb. 325). Es handelt sich also um eine typische Ligasereaktion. Das bei der Reaktion freigesetzte H_2O wird für die hydrolytische Spaltung von ATP genutzt. Eine ähnliche Reaktion wird mit der zweiten Ligase, der **Glutathion-Synthetase**, katalysiert, die zu dem Tripeptid Glutathion führt (Abb. 326). Die eigentliche Phytochelatinsynthese erfolgt mit einer Transferase, der **Phytochelatin-Synthase** (Abb. 327). Ausgehend von einem Glutathion wird unter Abspaltung von Glycin ein γ-Glutamylcystein-Radikal auf ein Glutathion oder Phytochelatin übertragen und so eine Verlängerung der Peptidkette ermöglicht. Durch mehrmalige Wiederholung des Vorgangs werden längerkettige Phytochelatine mit der typischen Struktur synthetisiert.

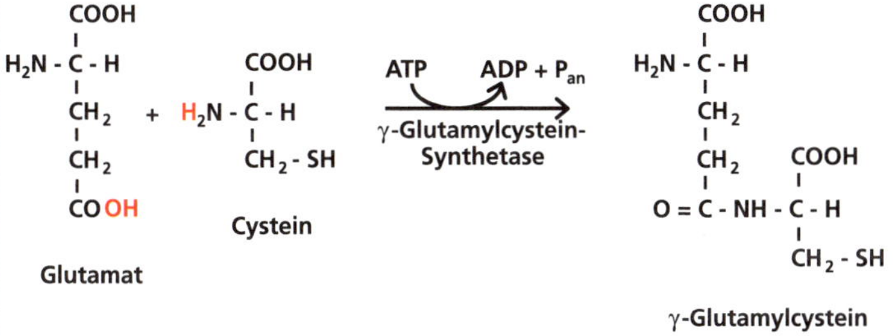

Abb. 325

Biosynthese von γ-Glutamylcystein mit dem Enzym γ-Glutamylcystein-Synthetase.

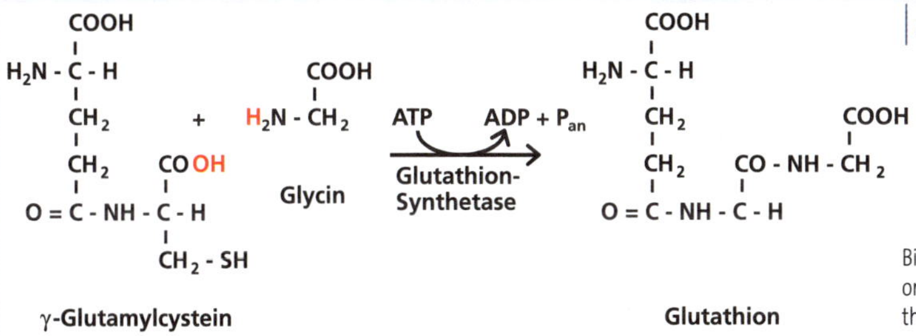

Abb. 326

Biosynthese von Glutathion mit dem Enzym Glutathion-Synthetase.

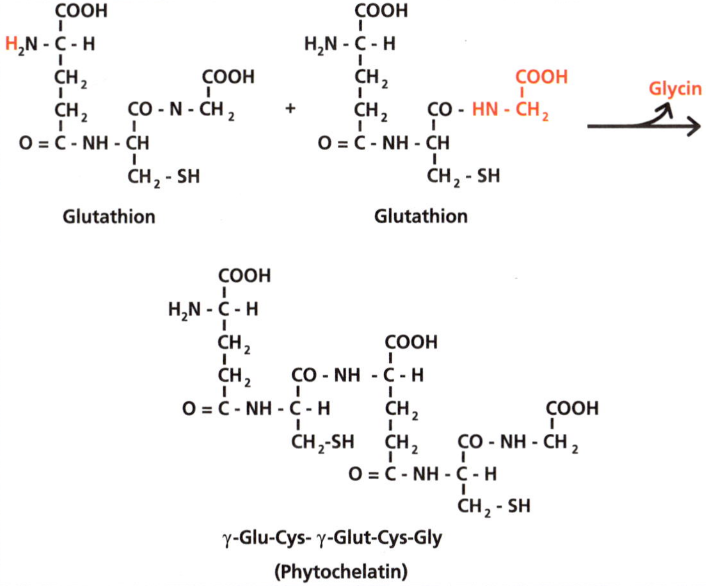

Abb. 327

Biosynthese von Phytochelatinen mit der Phytochelatin-Synthase.

Abb. 322

Hydrolytische Spaltung von Glucosinolaten durch Myrosinase.

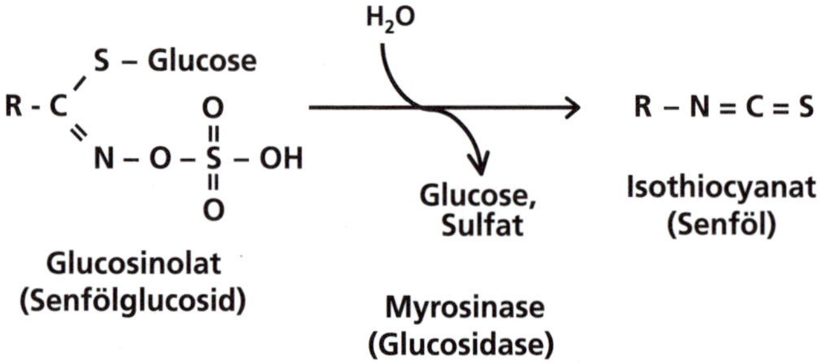

H_2O

$R-C(-S-\text{Glucose})=N-O-SO_2-OH$ → $R-N=C=S$

Glucosinolat (Senfölglucosid)

Glucose, Sulfat

Myrosinase (Glucosidase)

Isothiocyanat (Senföl)

die Thiolgruppe eine wichtige Rolle für die Funktionsfähigkeit des katalytischen Zentrums. Da Cystein als einzige proteinogene Aminosäure eine Thiolgruppe trägt, kommt dieser Aminosäure eine bedeutende Funktion zu. Auch für die Backqualität von Weizenmehl spielt Cystein in **Kleberproteinen** eine bedeutsame Rolle, so dass auf eine ausreichende S-Versorgung der Pflanzen zu achten ist (Info-Box 15).

In Transaminasen kann das H-Atom der Thiolgruppe durch Radikale ersetzt werden, die zum Teil energiereich gebunden werden. Die Thiolgruppe besitzt eine hohe Affinität zu Zink (Zn^{2+}) und die Bindung dieses Ions kann Enzyme aktivieren. Wegen der großen Ähnlichkeit des zweiwertigen Cadmiums (Cd^{2+}) kann es das Zn^{2+} von seinen Bindungsstellen verdrängen, ohne jedoch die physiologischen Funktionen zu übernehmen. Darauf beruht die Toxizität des Cd^{2+}, das aus verschiedenen Gründen zu den gefährlichsten Schwermetallen zählt:

- Diffuse Freisetzung in die Umwelt
- Gute Verlagerbarkeit in Boden und Pflanze
- Bevorzugte Bindung an Thiolgruppen und dadurch Enzymhemmung
- Entgiftung in der Pflanze
- Da Pflanzen mit speziellen Peptiden das Cd^{2+} entgiften können, ist die Humantoxizität etwa zehnfach höher als die Phytotoxizität (Info-Box 16).

Durch Substitution des H-Atoms der Thiolgruppe durch eine Methylgruppe entsteht aus Cystein eine weitere Aminosäure, das **Methionin**, das eine wichtige Rolle als Methylgruppen-Donator spielt (vgl. Abb. 278). Im Gegensatz zu den Senfölglucosiden kommt S in Lauchölen nur in reduzierter Form vor (Abb. 328). Schwefel in reduzierter Form kommt darüber hinaus in mehreren prosthetischen Gruppen vor:

Abb. 328

$CH_2=CH-CH_2-S-S-CH_2-CH=CH_2$

Diallyldisulfid ist ein Lauchöl. Es kommt zum Beispiel im Knoblauch vor.

- Bi- und Tetranucleare Fe-S-Komplexe (vgl. Abb. 95, 96, Kapitel 4.3)
- Biotin (vgl. Abb. 265, Kapitel8.3)
- Thiaminpyrophosphat (vgl. Abb. 207, Kapitel 7.5)
- Liponat (vgl. Abb. 208, Kapitel 7.5)

11.3 Schwefel-Reduktion

11.3

Ähnlich wie bei der Reduktion von Nitrat ist bei der Reduktion von Sulfat zwischen der dissimilatorischen und der assimilatorischen Reduktion zu unterscheiden. Unter O_2-Mangel im Boden können manche Bakterien (Gattung: *Desulfovibrio*) SO_4^{2-} als Elektronenakzeptor für ihre Atmungskette nutzen und zu Schwefelwasserstoff (H_2S) reduzieren. Dieser dissimilatorische Prozess wird als **Desulfurikation** bezeichnet und ist vergleichbar mit der Denitrifikation (vgl. Kapitel 10.2).

Die **assimilatorische Sulfat-Reduktion** der Pflanze findet in den Chloroplasten statt. Die benötigten Elektronen stammen aus der photosynthetischen Elektronentransportkette und werden über Ferredoxin angeliefert (Abb. 329). Ferredoxin übernimmt so eine zentrale Rolle bei der Übertragung von Elektronen an die unterschiedlichen Assimilationsprozesse. An der Sulfat-Reduktion sind vier Enzyme beteiligt:

- ATP-Sulfurylase
- Adenosinphosphosulfat-Transferase (APS-Transferase)
- Thiosulfat-Reduktase
- Acetylserin-Sulfhydrase

Sulfat kann nicht direkt reduziert werden, da das physiologische Standardredoxpotential sehr negativ ist (E_o' für SO_4^{2-}/SO_3^{2-}: -517 mV). Es ist daher zunächst eine Aktivierung mit ATP erforderlich, wobei unter Abspaltung von Pyrophosphat das Sufuryl-Radikal energiereich auf AMP übertragen wird. Unter katalytischer Wirkung des Enzyms **ATP-Sulfurylase** entsteht Adenosinphosphosulfat (APS, Abb. 330).

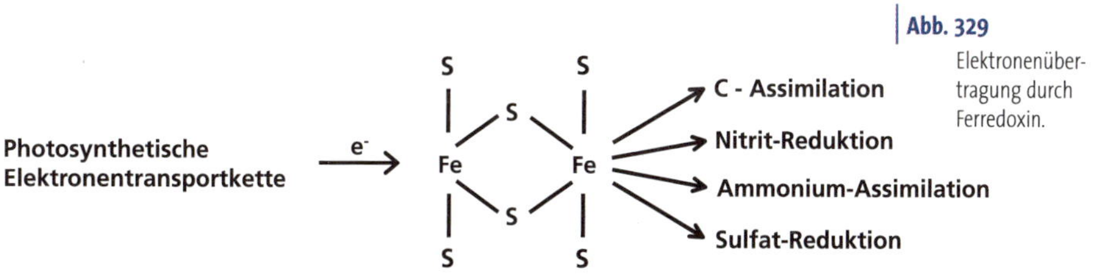

Abb. 329 Elektronenübertragung durch Ferredoxin.

Abb. 330

Aktivierung von Sulfat mit dem Enzym ATP-Sulfurylase.

Sulfat
HO–S–OH
Adenosin –O–P–O~P–O~P–OH
OH OH OH
ATP
Adenosin –O–P–O~S–OH
APS
(Adenosin-
phosphosulfat)
HO–P–O~P–OH
Pyrophosphat

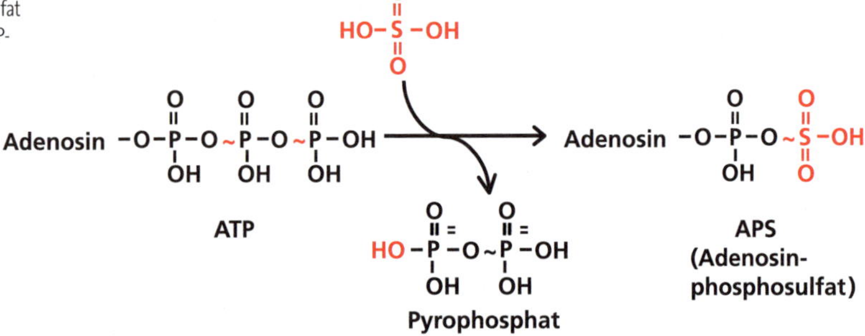

Abb. 331

Übertragung des Sulfuryl-Radikals auf Glutathion mit dem Enzym APS-Transferase.

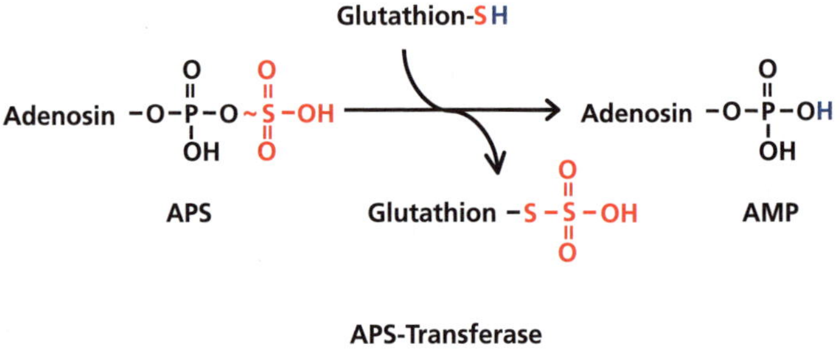

Glutathion-SH
Adenosin –O–P–O~S–OH
APS
Adenosin –O–P–OH
AMP
Glutathion –S–S–OH
APS-Transferase

Abb. 332

Reduktion der Sulfongruppe mit dem Enzym Thiosulfat-Reduktase.

6 e⁻ 6 H⁺
Glutathion –S–S–OH
Glutathion – S – SH
3 H₂O
Thiosulfat-Reduktase

Abb. 333

Übertragung der Thiolgruppe auf einen Serinrest und Bildung der Aminosäure Cystein mit dem Enzym Acetyl-Sulfhydrase.

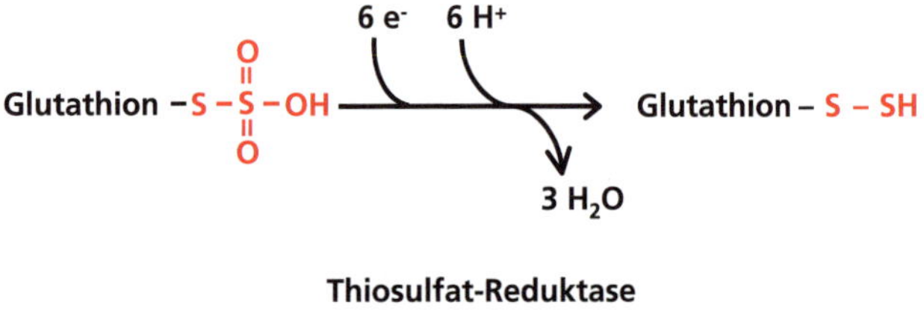

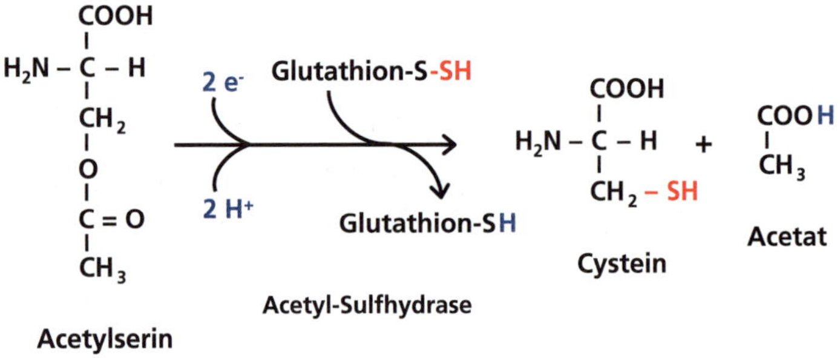

COOH
H₂N – C – H
CH₂
O
C = O
CH₃
Acetylserin
2 e⁻
2 H⁺
Glutathion-S-SH
Glutathion-SH
Acetyl-Sulfhydrase
COOH
H₂N – C – H
CH₂ – SH
Cystein
+
COOH
CH₃
Acetat

Mit dem Enzym **APS-Transferase** wird das Sulfuryl-Radikal auf die Thiolgruppe des Glutathions übertragen (Abb. 331). Die eigentliche Reduktion erfolgt mit dem Enzym **Thiosulfat-Reduktase**, wobei eine neue Thiolgruppe entsteht (Abb. 332). Die neue Thiolgruppe wird schließlich mit dem Enzym **Acetylserin-Sulfhydrase** auf Acetylserin übertragen, wobei unter Abspaltung von Acetat Cystein gebildet wird (Abb. 333).

Sulfurylierung | 11.4

Die Synthese von Sulfatestern, wie zum Beispiel in Sulfolipiden oder Glucosinolaten, geht ebenfalls von Adenosinphosphosulfat (APS) aus, das jedoch zunächst phosphoryliert werden muss (Abb. 334). Die APS-Kinase phosphoryliert APS zu Phosphoadenosinphosphosulfat (PAPS). Das energiereich gebundene Sulfuryl kann dann mittels Transferasen übertragen werden.

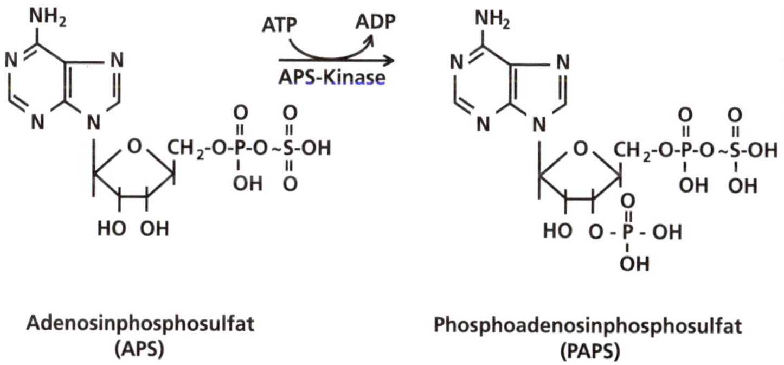

ATP → ADP, APS-Kinase

Adenosinphosphosulfat (APS) → Phosphoadenosinphosphosulfat (PAPS)

Abb. 334

Phosphorylierung von APS zu PAPS mit dem Enzym APS-Kinase.

Fragen

1 In welchen Verbindungen kommt Schwefel in oxidierter, in welchen in reduzierter Form vor?
2 Warum zählt Cadmium zu den gefährlichsten Schwermetallen?
3 Beschreiben Sie die Biosynthese der Phytochelatine!
4 Worin besteht der Unterschied zwischen Prolaminen, Glutelinen, Gliadinen und Gluteninen?
5 Wie beeinflussen Gliadine und Glutenine die Teigeigenschaften?
6 Worin besteht der Unterschied zwischen der dissimilatorischen und assimilatorischen Sulfat-Reduktion?
7 Welche enzymatischen Reaktionen sind an der assimilatorischen Sulfat-Reduktion beteiligt?

12 | Genetischer Code und Genexpression

Inhalt

Die Nucleinsäuren DNA und RNA sind die Träger der genetischen Information, die die Primärstruktur der Proteine definiert. DNA besteht aus Nucleotiden mit den N-Basen Adenin, Guanin, Thymin, und Cytosin. Thymin ist in RNA durch Uracil substituiert. Die Abfolge von jeweils drei N-Basen repräsentiert eine Aminosäure, wodurch der genetische Code festgelegt wird. Transkription stellt die Überschreibung der Information von der DNA auf die RNA dar. Sie wird durch RNA-Polymerasen katalysiert. Die Übersetzung des genetischen Codes der RNA in die Primärstruktur der Proteine ist die Translation. Sie erfolgt an den Ribosomen.

12.1 | Überblick

Die Träger der genetischen Information sind die Nucleinsäuren. Es sind lineare Makromoleküle, die sich aus Nucleotiden zusammensetzen. In allen Zellen repräsentiert die Desoxyribonucleinsäure (DNA) die Erbinformation. Vor der Zellteilung muss sich die DNA verdoppeln. Dieser Prozess wird als **Replikation** bezeichnet (Abb. 335). Um die genetische Information in den Stoffwechsel zu tragen, erfolgt eine zweistufige Übertragung in Proteine, die **Genexpression**. Aufgrund ihrer Spezifität und ihrer Fähigkeit, Reaktionsprozesse selektiv zu beschleunigen, steuern die exprimierten Proteine als Enzyme die Richtung des Stoffwechsels. Da nicht ständig alle Proteine exprimiert werden, entscheidet die selektive Genexpression über die zeitliche Entwicklung der Zellen und damit über die Entwicklung eines vielzelligen Gesamtorganismus. Umwelteinflüsse modifizieren in einem komplizierten Wechselspiel die zeitliche Abfolge der Genexpression.

Viren, die generell keinen eigenen Stoffwechsel besitzen und daher keine echten Lebewesen sind, bestehen aus Nucleinsäuren und einer

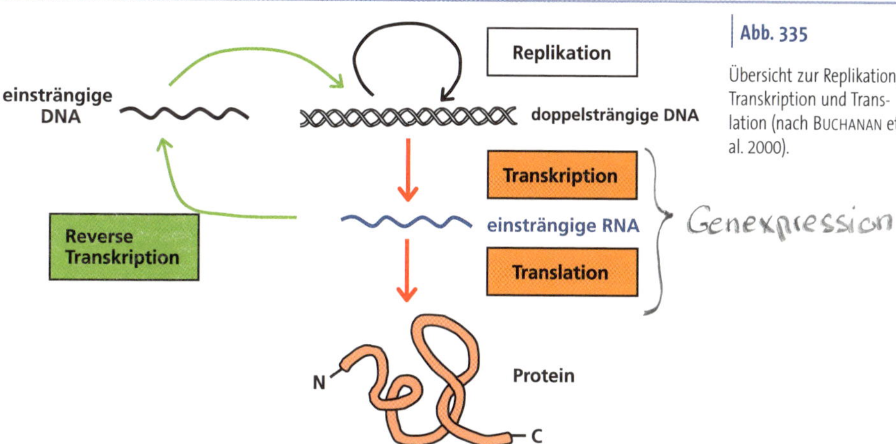

Abb. 335

Übersicht zur Replikation, Transkription und Translation (nach BUCHANAN et al. 2000).

Proteinhülle. Zur Replikation und Genexpression sind sie auf die Maschinerie des Stoffwechsels ihrer Wirtszellen angewiesen. Manche Viren, die **Retroviren**, speichern ihre genetische Information nicht in Form von DNA, sondern als RNA. Hierzu zählt unter anderem das HI-Virus, das für die Immunschwäche AIDS verantwortlich ist. Bevor die Genexpression erfolgen kann, müssen Retroviren zunächst mit Hilfe des Stoffwechsels ihrer Wirtszelle die RNA in DNA umschreiben. Dieser Prozess wird als **reverse Transkription** bezeichnet. In der Gentechnik benutzt man die reverse Transkription, um aus isolierter RNA sogenannte cDNA (copy-DNA) zu produzieren, die man beispielsweise in Modellsystemen exprimieren lassen kann, um Stoffwechselprozesse zu studieren.

Die Genexpression gliedert sich in die **Transkription** und die **Translation**. Bei der Transkription wird die Erbinformation zunächst von der meist doppelsträngigen DNA in die einsträngige mRNA (messenger RNA, Boten-RNA) umgeschrieben. In einem zweiten Schritt wird dann die Information von der mRNA in die Proteinstruktur übersetzt. An diesem Prozess sind weitere RNA-Formen beteiligt, die zum Teil regulatorische Funktionen übernehmen.

RNA und DNA 12.2

Wie bereits in Kapitel 2.2 erläutert, besteht ein **Nucleotid** aus einer N-Base, einer Pentose und Phosphat. Mononucleotide sind die Bausteine der Nucleinsäuren **Desoxyribonucleinsäure (DNA)** und **Ribonucleinsäure (RNA)**. Fünf N-Basen tragen zum Aufbau der Nucleinsäuren bei (Abb. 336):

Abb. 336

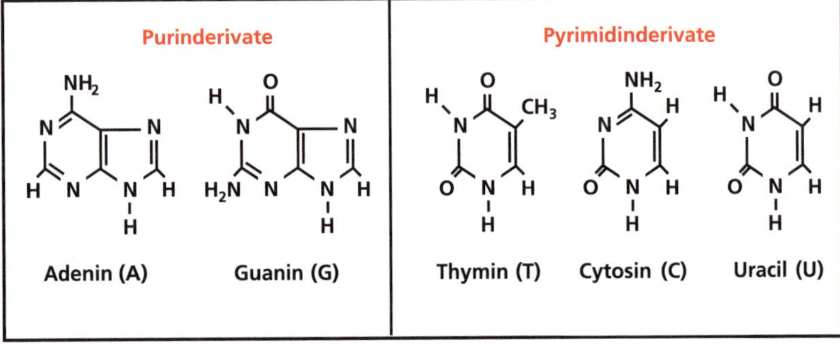

Purin- und Pyrimidinderivate als Bausteine der Nucleinsäuren.

- Adenin
- Guanin
- Thymin (nur DNA)
- Cytosin
- Uracil (nur RNA)

Jede der beiden Nucleinsäuregruppen besteht aus jeweils vier verschiedenen N-Basen, die sich von den Purinen und den Pyrimidinen ableiten. Die N-Basen sind mit Pentosen N-glycosidisch verknüpft, wobei die **Ribose** den Zucker der RNA und **Desoxyribose** den Zucker der DNA darstellt (Abb. 337). Daraus ergeben sich die folgenden **Nucleoside**:

- Adenin + Pentose → **Adenosin**
- Guanin + Pentose → **Guanosin**
- Thymin + Pentose → **Thymidin**
- Cytosin + Pentose → **Cytidin**
- Uracil + Pentose → **Uridin**

Abb. 337

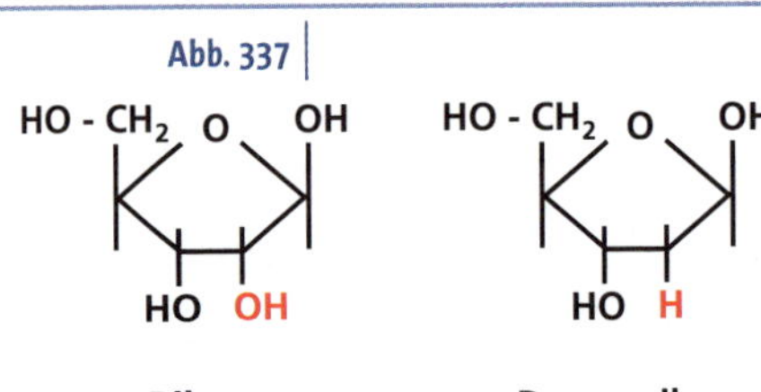

Pentosen als Bausteine der Nucleinsäuren.

Durch Phosphorylierung der Nucleoside erhält man die Nucleotide AMP, GMP, TMP, CMP und UMP. DNA und RNA unterscheiden sich in den N-Basen Thymin (DNA) und Uracil (RNA) sowie in den Pentosen Desoxyribose (DNA) und Ribose (RNA).

Die Nucleotidkette wird durch esterartige Verknüpfung zwischen der OH-Gruppe am C_3-Atom des Pentosylrests und dem Phosphorylrest gebildet (Abb. 338). Die veresterten Zucker- und Phosphatgruppen bilden so das Rückgrat der Nucleinsäuren, während die N-Basen spezifische Seitengruppen repräsentieren. Während die RNA einsträngig vorliegt, neigt die DNA zur Bildung von antiparallelen Doppelsträngen, indem sich jeweils zwei gegenüberstehende N-Basen spezifisch paaren (Abb. 339). Diese **Basenpaarung** kommt durch Ausbildung von Wasserstoffbrücken zustande. Thymin und Adenin können zu den nucleophilen O- und N-Atomen zwei Wasserstoffbrücken ausbilden, während Cytosin und Guanin sogar drei Wasserstoffbrücken eingehen. Adenin und Thymin einerseits und Guanin und Cytosin andererseits werden daher als **komplementäre Basenpaare** (→ Def.) bezeichnet. Die Basenpaarung führt zu einer charakteristischen Aufwindung der beiden DNA-Stränge zu einer Doppelhelix (Abb. 340).

Die Reihenfolge der N-Basen Adenin (A), Thymin (T), Guanin (G) und Cytosin (C) repräsentiert biochemisch die genetische Information einer Zelle. Man kann die vier N-Basen als Symbole auffassen, mit denen die Information verschlüsselt ist.

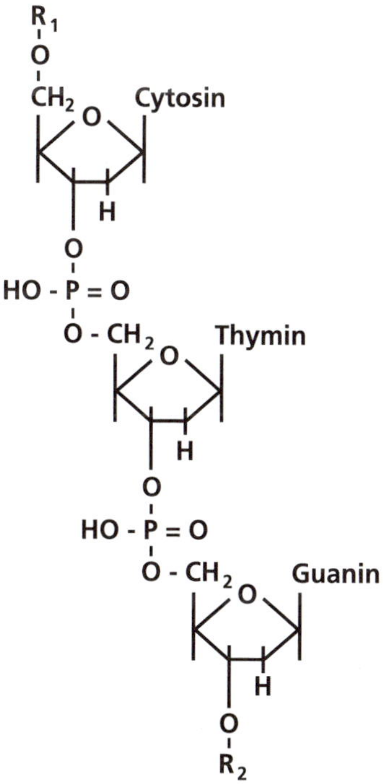

Definition

Basenpaarung ist die spezifische Ausbildung von Wasserstoff-Brückenbindungen zwischen den N-Basen Guanin und Cytosin sowie Adenin und Thymin.

Abb. 338

Ausschnitt aus einem DNA-Strang.

Abb. 339

Basenpaarung in einem DNA-Doppelstrang: Die komplementären Basen Adenin und Thymin sowie Guanin und Cytosin verbinden sich über Wasserstoffbrücken (nach BUCHANAN ET AL. 2000).

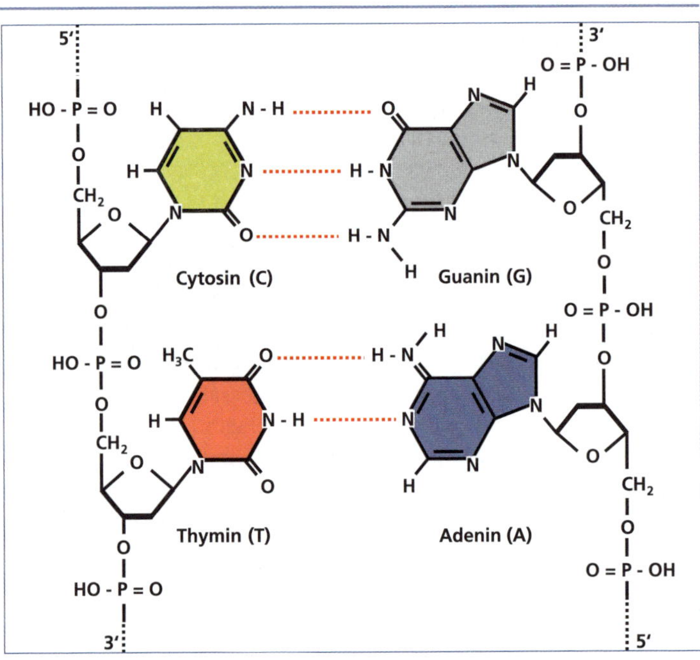

Abb. 340

Struktur der DNA-Doppelhelix. A, C, G und T repräsentieren die N-Basen Adenin, Cytosin, Guanin und Thymin (nach BUCHANAN ET AL. 2000).

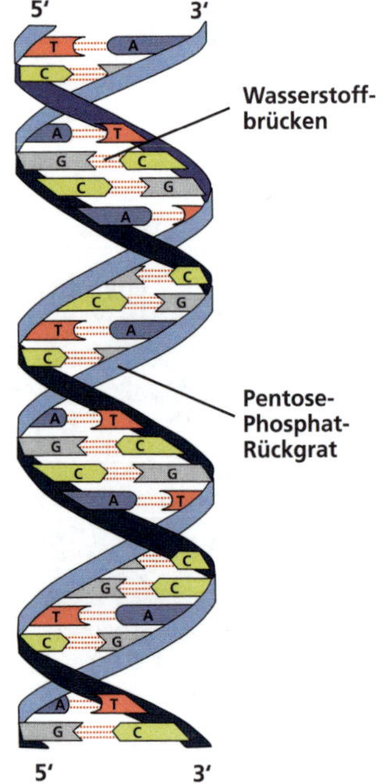

Transkription

12.3

Bei der Spezialisierung von Zellen, zum Beispiel bei der Differenzierung einer pflanzlichen Meristemzelle in eine Mesophyllzelle, werden nur bestimmte Informationen von der DNA abgerufen, die für diese Zelle wichtig sind. Früher ging man davon aus, dass eine Zelle, die sich differenziert, nur diejenigen Teile der DNA behält, die für sie wichtig sind. Heute weiß man jedoch, dass auch differenzierte Zellen eines vielzelligen Organismus im Prinzip die gesamte genetische Information besitzen, und dass nur ein Teil dieser Information während der Transkription abgerufen wird.

Die Transkription erfordert zunächst die partielle Entwindung des DNA-Doppelstrangs, damit das zuständige Enzym, die **RNA-Polymerase**, die Basensequenz des DNA-Strangs ablesen kann. Dabei wird der pyrimidinreichere DNA-Strang als Matrize benutzt, um komplementäre Basen zur RNA-Synthese anzulagern. Die Verknüpfung der Mononucleotide zu einem RNA-Strang erfordert Energie. Aus diesem Grund werden die Trinucleotide ATP, GTP, UTP und CTP für den Aufbau der Esterbindungen eingesetzt. Bei der Abspaltung von Pyrophosphat wird die erforderliche Energie freigesetzt (Abb. 341).

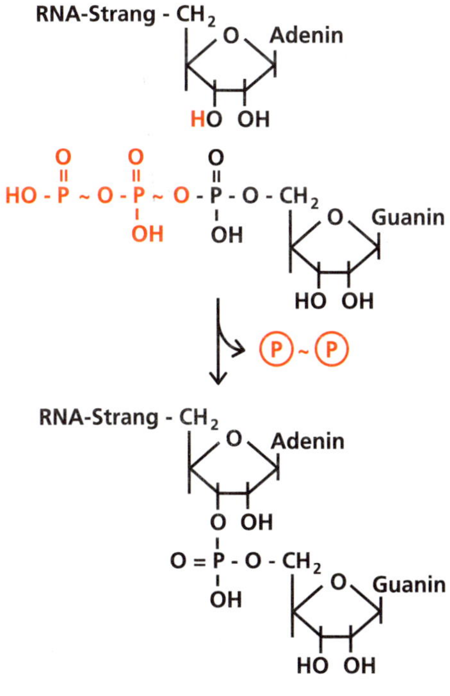

Abb. 341

Aufbau der Esterbindung zur Verknüpfung von Nucleotiden zu einem RNA-Strang.

Die RNA wächst antiparallel zum DNA-Matrizenstrang. Bei dieser Synthese bildet sich temporär ein Doppelstrang, der sich aus DNA und RNA zusammensetzt. Dieses Phänomen wird als **Hybridisierung** bezeichnet. Da die RNA-Moleküle wesentlich kleiner als die DNA-Stränge sind, wird immer nur ein relativ kurzer Abschnitt der DNA abgelesen. Allerdings wird der entwundene DNA-Abschnitt von mehreren RNA-Polymerasen, die nacheinander arbeiten, abgelesen, so dass das neu gebildete RNA-Molekül nicht nur einmal, sondern in mehr oder weniger großer Anzahl gebildet wird.

Das Prinzip des genetischen Codes und der Realisation in der Genexpression ist für Prokaryoten und Eukaryoten ähnlich. Im Detail ergeben sich jedoch erhebliche Unterschiede in der Transkription:

- Lokalisation und Konstitution der DNA
- Aufbau der RNA-Polymerase
- Regulation der Transkription

Definition

Promotoren sind spezifische kurzkettige DNA-Nucleotidsequenzen, die an die RNA-Polymerase binden und so die Transkription starten.
Gene sind DNA-Abschnitte, die die Information für Peptide enthalten. Strukturgene enthalten die genetische Information für die Aminosäuresequenz von Peptiden, die zum Aufbau von Proteinen beitragen, Regulatorgene dienen der Steuerung der Transkription.

In **Prokaryoten** (sowie Plastiden und Mitochondrien) liegt die **DNA** in freien Ketten im Cytosol (bzw. im Stroma oder in der Matrix) vor und ist direkt zugänglich. Die **prokaryotische RNA-Polymerase** ist vergleichsweise einfach strukturiert und aus mehreren Untereinheiten aufgebaut (Abb. 342). Man kann sich das Enzym als Lokomotive vorstellen, die auf ihrem Gleis, dem DNA-Einzelstrang, entlangfährt und dabei die Sequenz der N-Basen abtastet. Die Aktivität der RNA-Polymerasen wird durch Promotoren (→ Def.) gestartet. Diese Promotoren werden ihrerseits durch Aktivatoren und Repressoren reguliert. Auf diese Weise wird die Transkription durch andere Gene (→ Def.), durch den Stoffwechsel oder durch Umweltfaktoren kontrolliert (Info-Box 17).

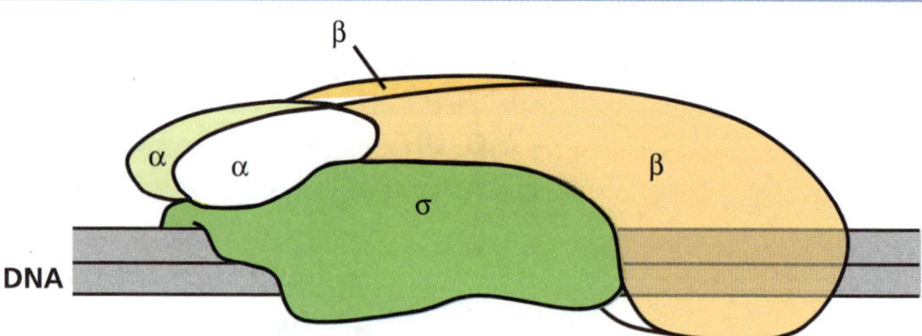

Abb. 342 Struktur einer prokaryotischen RNA-Polymerase (nach Buchanan et al. 2000).

Box 17

Regulation der prokaryotischen Transkription.

Die Grundlagen der Regulation der prokaryotischen Transkription sollen an einem Beispiel des Bakteriums *Escherichia coli* erläutert werden. Das Bakterium kann Lactose oder auch andere Zucker als Nährstoff nutzen. Liegt keine Lactose im Medium vor, so werden die Enzyme β-Galactosidase, Permease und Transacetylase, die für die Nutzung von Lactose im Stoffwechsel erforderlich sind, nicht gebildet. Die Hemmung der Genexpression erfolgt in diesem Fall auf der Ebene der Transkription (Abb. 343). Ausgehend von einem Regulatorgen (I) wird ein Repressor gebildet, der sich an ein Regulatorgen (O) anlagert. Dies verhindert, dass die RNA-Polymerase über die Strukturgene X, Y und Z entlanggleiten und sie transkribieren kann. Die Enzyme β-Galactosidase, Permease und Transacetylase, die für die Nutzung von Lactose erforderlich sind, können daher nicht gebildet werden.

Wird dem Bakterium Lactose angeboten, so bindet sich dieser Zucker allosterisch an den Repressor, der nun nicht mehr vom Regulatorgen O gebunden wird und so die „Fahrt" für die RNA-Polymerase freigibt. Die RNA-Polymerase bekommt so freien Zugang zu den Strukturgenen und kann die genetische Information für die Enzyme β-Galactosidase, Permease und Transacetylase transkribieren.

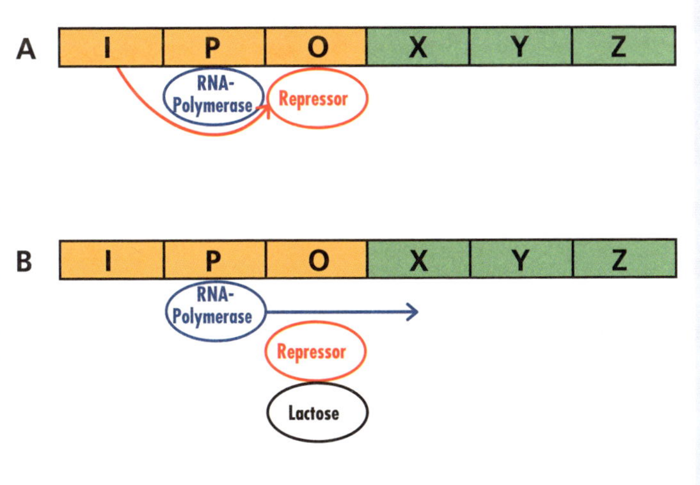

Abb. 343

Ausschnitt der Gensequenzen von *Escherichia coli*, die für die Synthese von Lactose abbauenden Enzymen codieren.
I = Regulatorgen, das einen Repressor codiert,
P = Promotor, der die RNA-Polymerase bindet,
O = Regulatorgen, das den Repressor bindet,
X = Strukturgen für das Enzym β-Galactosidase,
Y = Strukturgen für das Enzym Permease,
Z = Strukturgen für das Enzym Transacetylase.
A = Abwesenheit von Lactose, B = Anwesenheit von Lactose.

Im Gegensatz zur prokaryotischen DNA liegt die **eukaryotische DNA** nicht frei im Cytosol vor, sondern im Zellkern. Zudem sind die sehr langen DNA-Moleküle in **Nucleosomen** verknäult. Nucleosomen sind die Grundeinheiten der **Chromosomen**. Sie enthalten basische Proteine, die **Histone**, um die sich die DNA-Stränge winden (Abb. 344). Dadurch ist die DNA für die Transkription nicht frei zugänglich, sondern die Chromosomen müssen zunächst enzymatisch entknäult werden, bevor sich der DNA-Doppelstrang öffnen kann. Dies stellt eine erste Regulationsstufe eukaryotischer Transkription dar.

Definition

Transkriptionsfaktoren sind Proteine, die spezifisch Promotoren binden, wodurch die eukaryotische RNA-Polymerase aktiviert wird.

Eukaryotische RNA-Polymerasen sind wesentlich komplizierter aufgebaut als prokaryotische (Abb. 345). Sie werden in verschiedene Klassen eingeteilt, die sich in den Untereinheiten unterscheiden. Promotoren werden von spezifischen **Transkriptionsfaktoren**, erkannt (→ Def.). Die Bindung der Transkriptionsfaktoren aktiviert die RNA-Polymerase. Die eukaryotische DNA besitzt zusätzlich regulatorische Abschnitte, die die Aktivität der

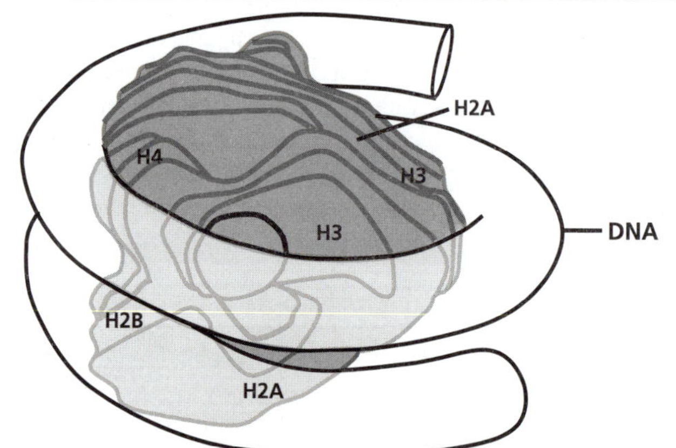

Abb. 344

Struktur eines Nucleosoms bestehend aus Histonen (H) und DNA.

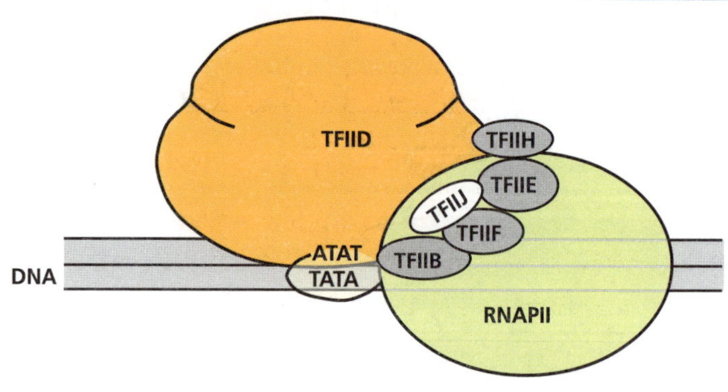

Abb. 345

Struktur einer eukaryotischen RNA-Polymerase (nach BUCHANAN ET AL. 2000). Transkriptionsfaktoren (TF) erkennen spezifische Promotoren und aktivieren so die RNA-Polymerase.

RNA-Polymerase verstärken (Enhancer) oder bremsen können (Silencer). Dabei binden sich diese regulatorischen DNA-Abschnitte an regulatorische Untereinheiten der RNA-Polymerase. Insgesamt ergibt sich aus diesen strukturellen Unterschieden eine wesentlich kompliziertere Regulation der Transkription eukaryotischer DNA, als dies bei prokaryotischen RNA-Polymerasen der Fall ist.

Bevor die eukaryotischen RNA-Abschnitte für die Proteinsynthese genutzt werden können, müssen sie den Zellkern verlassen. Hier ergibt sich eine weitere Stufe der Regulation, da die RNA zunächst zurechtgeschnitten wird, bevor sie den Zellkern als mRNA verlässt. Dieser Vorgang wird als **Splicing** (→ Def.) bezeichnet. Während sogenannte Exons die codierenden DNA-Abschnitte darstellen, wurden die nicht codierenden DNA-Abschnitte (Introns), die über 90% der eukaryotischen DNA aus-

Box 18

Introns als wichtige regulatorische RNA-Formen

Große Teile der eukaryotischen DNA stellen Bereiche dar, die keine Proteine codieren. Lange Zeit nahm man an, dass diese sogenannten Introns keine Funktion haben, sondern Abfall (junk DNA) darstellen. Inzwischen wurden viele Publikationen veröffentlicht, die zeigen, dass Introns wichtige RNA-Formen repräsentieren, die regulatorisch in die Translation eingreifen:

- Antisense-RNA
- Riboswitch-RNA

Antisense-RNA besitzt eine Basensequenz, die zur codierenden mRNA komplementär ist. Wird diese Antisense-RNA freigesetzt, so kann sie mit der mRNA zumindest teilweise einen Doppelstrang bilden, der die Translation unterbindet. Antisense-RNA nimmt somit Einfluss auf die Translation und entscheidet, ob das betreffende Peptid synthetisiert wird. Kennt man die zugrundeliegende mRNA, die für die Synthese von Krankheit auslösenden Peptiden verantwortlich ist, lässt sich durch Injektion von Antisense-RNA ein Gen gezielt ausschalten. Mit dieser Technik, für deren Erforschung 2006 der Nobelpreis für Medizin an Craig C. Mello und Andrew Z. Fire verliehen wurde, erhofft man sich in der Zukunft neue therapeutische Möglichkeiten bei der Behandlung bestimmter Krankheiten. **Riboswitch-RNA** kann sich an spezielle Proteine anlagern. Dadurch wird das RNA-Molekül so aktiviert, dass es die Proteinsynthese stimuliert.

Definition

Beim **Splicing** werden Teile der eukaryotischen RNA, Transkripte der sogenannten Introns, herausgeschnitten. Es handelt sich um nicht codierende Bereiche der DNA. Die Exons repräsentieren die codierenden DNA-Bereiche. Sie werden als mRNA in das Cytosol abgegeben.

machen können, früher als Abfall betrachtet. Heute weiß man, dass diese Introns Informationen für die Synthese besonderer RNA-Formen bereitstellen, die wichtige regulatorische Aufgaben erfüllen (Info-Box 18).

Neben der mRNA, die die genetische Information von der DNA übernimmt und für die Sequenz der Verknüpfung der Aminosäuren bereitstellt, werden weitere RNA-Formen gebildet, die spezifische Funktionen in der Translation übernehmen:

- Ribosomale RNA (rRNA)
- Transfer-RNA (tRNA)

Ribosomale RNA ist Bestandteil der Ribosomen, an denen die Peptidsynthese erfolgt (siehe unten). **Transfer-RNA** ist eine besonders strukturierte RNA, die spezifisch die einzelnen Aminosäuren bindet und den Ribosomen für die Verknüpfung zu Peptiden zur Verfügung stellt.

12.4 | Translation

Definition

Ein **Codon** ist ein Basentriplett der mRNA, das eine Aminosäure codiert.

Das Produkt der Transkription ist RNA. Ein kleiner Prozentsatz (etwa 1-2%) ist mRNA. Sie ist die Form genetischer Information, die für die Bildung der Primärstruktur (Aminosäuresequenz) von Proteinen benötigt wird. Für die Identifikation einer Aminosäure wird jeweils eine Folge von drei verschiedenen N-Basen (**Basentriplett**) benötigt. Diese wird als **Codon** bezeichnet (→ Def.). Mit Ausnahme der Aminosäuren Methionin und Tryptophan, die nur durch AUG bzw. UGG codiert werden, gibt es für die Aminosäuren jeweils zwei bis fünf unterschiedliche Codons, die für eine Aminosäure stehen (Tab. 19). Häufig variiert die dritte Base im Codon. Der genetische Code ist für alle Lebewesen, vom pimitivsten Prokaryoten bis zum Menschen identisch. Das Stopp-Codon signalisiert das Ende der Peptidsynthese.

Die Synthese eines Peptidstrangs ist ein endergoner Vorgang, der zunächst die Aktivierung der Aminosäuren erfordert. Mit Hilfe des Enzyms **AMP-Aminoacyl-Pyrophosphorylase** werden aktivierte Aminosäuren gebildet (Abb. 346). Unter Abspaltung von AMP kann dann das Aminoacyl-Radikal auf eine spezielle RNA, die **Transfer-RNA** (**tRNA**, Abb. 347) übertragen werden. Das zuständige Enzym ist die **Aminoacyl-tRNA-Synthase**. Aufgrund besonderer N-Basen besitzt die tRNA eine zum Teil doppelsträngige Struktur, die einem Kleeblatt mit vier Fiederblättchen ähnelt. Am 3'-Ende substituiert das Aminoacyl das H-Atom der Hydroxylgruppe.

Tab. 12.19

Codierung der zwanzig proteinogenen Aminosäuren.

Aminosäure	3-Buchstaben-Code	1-Buchstaben-Code	Codons
Alanin	Ala	A	GCC, GCU, GCG, GCA
Arginin	Arg	R	CGC, CGG, CGU, CGA, AGA
Asparagin	Asn	N	AAU, AAC
Aspartat	Asp	D	GAU, GAC
Cystein	Cys	C	UGU, UGC
Glutamat	Glu	E	GAA, GAG
Glutamin	Gln	Q	CAA, CAG
Glycin	Gly	G	GGU, GGC, GGA, GGG
Histidin	His	H	CAU, CAC
Isoleucin	Ile	I	AUU, AUC, AUA
Leucin	Leu	L	UAA, UUG, CUA, CUG, CUU
Lysin	Lys	K	AAA, AAG
Methionin	Met	M	AUG
Phenylalanin	Phe	F	UUC, UUU
Prolin	Pro	P	CCU, CCC, CCA, CCG
Serin	Ser	S	UCU, UCC, UCA, UCG, AGU
Threonin	Thr	T	ACU, ACC, ACA, ACG
Tyrosin	Tyr	Y	UAU, UAC
Tryptophan	Trp	W	UGG
Valin	Val	V	GUU, GUC, GUA, GUG
Stopp-Codon	–	–	UAA, UAG, UGA

Die tRNA besitzt außerdem ein spezifisches Anticodon, das zum jeweiligen Codon der mRNA komplementär ist. Damit kann sie sich an das Codon der mRNA anlagern und es so erkennen. Mit ihrer jeweils spezifischen tRNA werden die Aminoacylradikale zu den Orten der Peptidsynthese, den **Ribosomen**, transportiert. Es handelt sich um globuläre Gebilde, die aus Proteinen und rRNA bestehen. Sie sind aus jeweils einer

Abb. 346

COOH
H_2N - C - H
R
+
HO - P(=O)(OH) ~ O - P(=O)(OH) ~ O - P(=O)(OH) - O - Adenosin
→ (P ~ P)
AMP-Aminoacyl-Pyrophosphorylase
H_2N - C(R)(H) - C(=O) ~ O - P(=O)(OH) - O - Adenosin

Aminosäure **ATP** **AMP-Aminoacyl**

Aktivierung einer Aminosäure mit dem Enzym AMP-Aminoacyl-Pyrophosphorylase.

Abb. 347

Struktur der Transfer-RNA (tRNA). Aufgrund spezieller N-Basen bildet sie Schleifen und zum Teil Doppelstränge.
ψ = Pseudouridin,
T = Ribotymidin,
I = Isopentenyladenosin,
MG = Methylguanosin,
D = Dihydrouridin,
MA = Methyladeonsin.

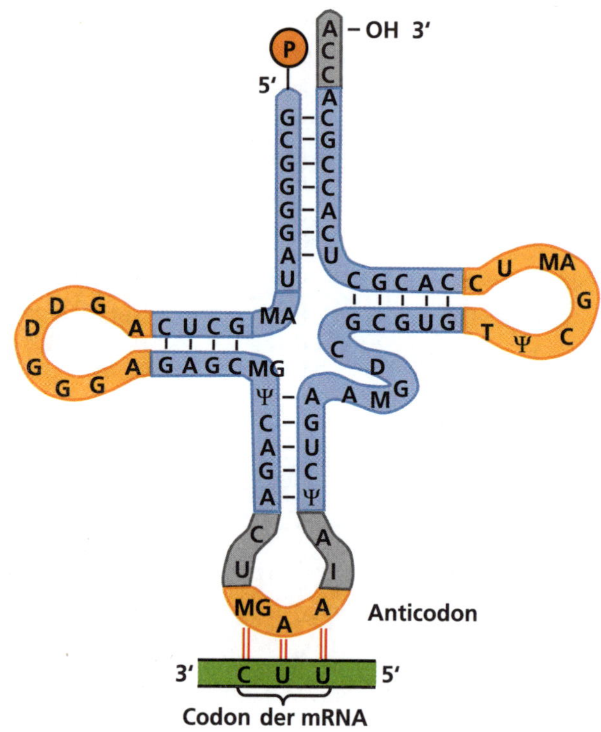

Abb. 348

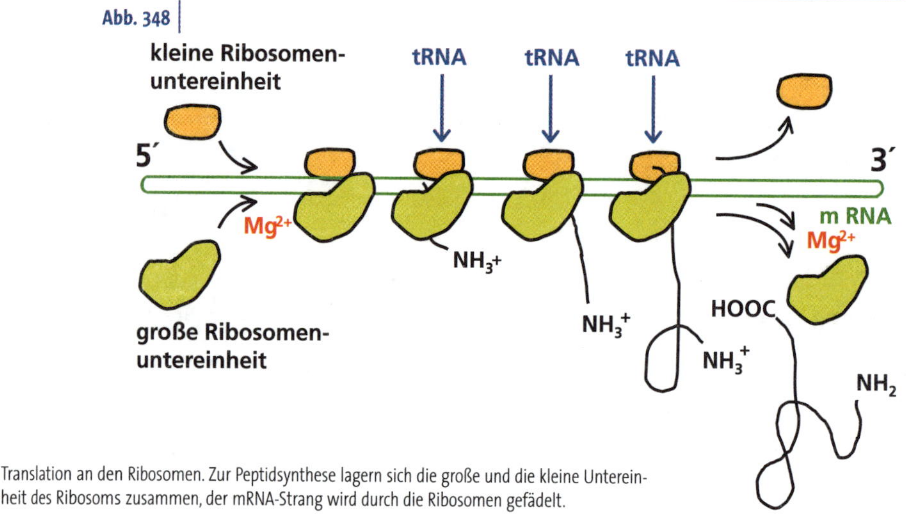

Translation an den Ribosomen. Zur Peptidsynthese lagern sich die große und die kleine Untereinheit des Ribosoms zusammen, der mRNA-Strang wird durch die Ribosomen gefädelt.

kleinen und einer großen Untereinheit aufgebaut, die im inaktiven Zustand getrennt vorliegen. Die eukaryotischen und prokaryotischen Ribosomen-Untereinheiten unterscheiden sich in ihrer Größe. Zur Peptidsynthese lagern sich die beiden Untereinheiten zusammen, wobei Mg^{2+} essentiell ist (Abb. 348). Die mRNA wird durch das Ribosom gefädelt und dient als Matrize für die Sequenz der Aminosäuren.

Beim Entlanggleiten des mRNA-Stranges durch das Ribosom wächst der Peptidstrang mit jedem Basentriplett um eine Aminosäure. Dabei wird das Peptidyl auf das angelagerte tRNA-Aminoacyl übertragen. Die erforderliche Energie wird durch hydrolytische Spaltung von GTP bereitgestellt. Wird das Stopp-Codon erreicht, so löst sich der Peptidstrang vom Ribosom und die beiden Untereinheiten trennen sich. Meistens werden an einem mRNA-Molekül mehrere Peptidstränge durch mehrere Ribosomen gleichzeitig synthetisiert. Der abgespaltene Peptidfaden faltet sich spontan zur Sekundär- und Tertiärstruktur und verbindet sich gegebenenfalls mit anderen Peptiden zur Quartärstruktur. Die Faltung kann durch spezielle Proteine, sogenannte **Chaperone**, unterstützt werden.

Über die Proteinsynthese wird die genetische Information in den Stoffwechsel getragen. Da Proteine als Enzyme selektiv bestimmte Reaktionen beschleunigen, können sie den Stoffwechsel in eine bestimmte Richtung lenken. Umweltfaktoren und andere Gene regulieren dabei die Genexpression. Sie ermöglichen so die spezifische Entwicklung eines Individuums, als auch die Reaktion auf Umweltfaktoren. Die Regulation der Genexpression ist dabei auf verschiedenen Stufen möglich:

- Transkription
- Posttranskriptionale Modifikation (zum Beispiel Splicing)
- Translation
- Posttranslationale Modifikation (zum Beispiel Phosphorylierung)

Fragen

1 In welchen Teilschritten erfolgt die Genexpression?
2 Was versteht man unter reverser Transkription?
3 Welche RNA-Formen gibt es und welche Funktionen haben sie?
4 Wie sind Nucleinsäuren strukturiert?
5 Wie unterscheiden sich DNA und RNA?
6 Welches Enzym hat eine zentrale Bedeutung für die Transkription?
7 Was ist ein Promotor?
8 Was sind Ribosomen?
9 Wie funktioniert die Translation?
10 Was sind Chaperone?

Quellenangaben

ATKINSON, D.E.: The energy charge of the adenylate pool as a regulatory parameter. Interaction with feedback modifiers. Biochemstry **7**, 4030-4034 (1968)

BADGER, M.R. UND G.D. PRICE: The role of carbonic anhydrase in photosynthesis. Annu. Rev. Plant Physiol. Plant Mol. Biol. 45, 369–392 (1994)

BUCHANAN, B.B., W. GRUISSEM UND R.L. JONES: Biochemistry and Molecular Biology of Plants. American Society of Plant Physiologists, Rockville, Maryland, USA (2000).

DE DUVE, C.: Die Herkunft der komplexen Zellen. Spektrum d. Wissensch. Heft 6, 60–68 (1996)

FEUERLE, R.: Einfluss der Beschattung und der Stengelverkürzung mittels CCC-Behandlung auf die Zwischenspeicherung von Zuckern im Spross und den Inulinertrag der Knollen von Topinambur (*Helianthus tuberosus* L.). Diplomarbeit, Institut für Pflanzenernährung der Justus-Liebig-Universität Giessen (1992)

FORTMEIER, R.: Untersuchungen zur Kohlenhydratspeicherung in vegetativen Pflanzenorganen von steriler und fertiler Zuckerhirse (*Sorghum bicolor* var. *saccharatum* L. sowie Mais (*Zea mays*) L. und Weizen (*Triticum aestivum* L.). Diplomarbeit, Institut für Pflanzenernährung der Justus-Liebig-Universität Giessen (1992)

GREEN, B.R. UND D.G. DURNFORD: The chlorophyll-carotenoid proteins of oxygenic photosynthesis. Annu. Rev. Plant Physiol. Plant Mol. Biol. **47**, 685–714 (1996)

HACHTEL, W.: Evolution der Plastiden – die Geschichte einer genetischen Versklavung. Spektrum d. Wissensch. Heft 1 (1997)

MACKINNON, R.: Membrane protein insertion and stability. Science **307**, 1425–1426 (2005)

MENGEL, K.: Ernährung und Stoffwechsel der Pflanze. Siebente Auflage, Gustav-Fischer-Verlag, Jena (1991)

SCHUBERT, S.: Pflanzenernährung. Grundwissen Bachelor. UTB 2802, Verlag Eugen Ulmer (2006)

SCHUBERT, S. UND K. MENGEL: Effect of light intensity on proton extrusion by roots of intact maize plants. Physiol. Plant. **67**, 614–619 (1986)

SHEWRY, P.R. UND B.J. MIFLIN: Seed storage proteins of economically important cereals. Adv. Cereal Sci. Technol. **7**, 1–83 (1985)

YAN, F., R. FEUERLE, S. SCHÄFFER, H. FORTMEIER UND S. SCHUBERT: Adaptation of active proton pumping and plasmalemma ATPase activity of corn roots to low root medium pH. Plant Physiol. **117**, 311–319 (1998)

YAN, F., S. SCHUBERT UND K. MENGEL: Effect of low root medium pH on net proton release, root respiration, and root growth of corn (*Zea mays* L.) and broad bean (*Vivia faba* L.). Plant Physiol. **99**, 415–421 (1992)

YAN, F., Y. ZHU, C. MÜLLER, C. ZÖRB UND S. SCHUBERT: Adaptation of H^+-pumping and plasma membrane H^+ ATPase activity in proteoid roots of white lupin under phosphate deficiency. Plant Physiol. 129, 50–63 (2002)

Weiterführende Literatur

Bereich Pflanzliche Biochemie:

BUCHANAN, B.B., W. GRUISSEM UND R.L. JONES: Biochemistry and Molecular Biology of Plants. American Society of Plant Physiologists (Hrsg.), Rockville, Maryland, USA (2000)

HELDT, H.W.: Pflanzenbiochemie. 3. Auflage, Spektrum Akademischer Verlag Heidelberg (2003)

Bereich Ernährungswissenschaften:

REHNER, G. UND H. DANIEL: Biochemie der Ernährung. 2. Auflage, Spektrum Akademischer Verlag Heidelberg (2002)

Bereich Medizin:

BERG, J.M., J.L. TYMOCZKO UND L. STRYER: Biochemie. 6. Auflage, Spektrum Akademischer Verlag Heidelberg (2007)

MÜLLER-ESTERL, W.: Biochemie. Eine Einführung für Mediziner und Naturwissenschaftler. Spektrum Akademischer Verlag Heidelberg (2004)

Sachregister

Der Autor

Sven Schubert, geb. 1956 in Menden (Sauerland). Studium der Agrarwissenschaften, Promotion (1985) und Habilitation für das Fach Pflanzenernährung (1991) an der Justus-Liebig-Universität in Gießen. Postdoktoranden-Aufenthalt an der University of California in Davis, USA (1985–1986) und Professor für Pflanzenernährung an der Universität Hohenheim in Stuttgart (1992–1997). Seit 1997 Professor und Leiter des Instituts für Pflanzenernährung in Gießen. Forschungsgebiete: Membranbiochemie, Verbesserung der Salzresistenz von Kulturpflanzen, Nährstoffaneignung von Kulturpflanzen, Bedeutung der Düngung für die Qualität pflanzlicher Nahrungsrohstoffe.

Bibliografische Information der Deutschen Nationalbibliothek

Die Deutsche Nationalbibliothek verzeichnet diese Publikation in der Deutschen Nationalbibliografie; detaillierte bibliografische Daten sind im Internet über http://dnb.d-nb.de abrufbar.

ISBN 978-3-8001-2870-9 (Ulmer)
ISBN 978-3-8252-3118-7 (UTB)

Wollgrasweg 41, 70599 Stuttgart (Hohenheim)
E-Mail: info@ulmer.de
Internet: www.ulmer.de
Lektorat: Alessandra Kreibaum
Herstellung: Jürgen Sprenzel
Entwurf Umschlag und Innenlayout: Atelier Reichert, Stuttgart
Satz: Duotone Medienproduktion, München
Druck und Bindung: Friedr. Pustet, Regensburg
Printed in Germany

ISBN 978-3-8252-3118-7 (UTB-Bestellnummer)